Bluthänfling (S. 166)

Erlenzeisig (S. 164)

Stieglitz (S. 166)

Grünfink (S. 164)

Bergfink (S. 162)

Buchfink (S. 162)

Kernbeißer (S. 162)

Gimpel (S. 162)

Was fliegt denn da?

Peter H. Barthel
Paschalis Dougalis

Das Original

KOSMOS

Das „Was fliegt“-Artenquiz und 478 Vogelstimmen auf der App „Kosmos Plus“

Quizzen Sie sich schlau: Mit diesem kostenlosen Extra können Sie auf spielerische Weise testen, wie viele Arten Sie aus diesem Buch erkennen, und so Ihr Vogelwissen weiter vertiefen.

Vogelstimmen hören und erkennen: Außerdem bietet Ihnen die App 478 Vogelstimmen und 6 weitere Tierstimmen, die Sie über die App hören und vergleichen, sich einprägen oder wiedererkennen können. Weitere hilfreiche Informationen zum Erlernen von Vogelstimmen finden Sie ab Seite 174.

UND SO GEHT'S:

1. Besuchen Sie im Internet den App Store oder Google Play.
2. Laden Sie die kostenlose App „KOSMOS PLUS“ auf Ihr Mobilgerät.
3. Öffnen Sie die App, scrollen zum Cover des Buches „Was fliegt denn da? Das Original“, schalten die Quizfunktion und die Vogelstimmen mit dem Code **Gimpel** frei und laden Sie sich die Inhalte herunter.
4. Nun können Sie loslegen:

Quiz: Ganz oben in der App finden Sie das Quiz. Einfach antippen und los geht's. Sie bekommen jeweils vier Vogelarten angezeigt. Welche ist die richtige Abbildung zur gefragten Art? Einfach antippen.

Stimmen: Unterhalb des Quiz finden Sie die Stimmen der verschiedenen Arten. Auf den Buchseiten sehen Sie neben den Artnamen ein Symbol mit drei Ziffern 001. Mithilfe dieser Nummer können Sie die Stimme der jeweiligen Art hören. Dazu geben Sie einfach den dort genannten Zahlen-Code, z. B. 001, in die App ein.

Weitere Informationen finden Sie unter **plus.kosmos.de**

Inhalt

Zeichnung des Sumpfläufers *Calidris falcinellus* aus einer alten Ausgabe von „Was fliegt denn da?" aus dem Jahr 1950

Vorwort

EIN BUCH MIT GESCHICHTE UND ZUKUNFT
Diese 36. Auflage des Buchs „Was fliegt denn da?" geht mit einem kleinen Jubiläum einher. Der Titel hat sich 90 Jahre lang gehalten, kein Vogelbuch blickt auf eine so lange Geschichte zurück. Man darf ihn daher mit Recht einen „Klassiker" nennen. Da er mehrfach als Vorlage für ähnliche Bücher diente, ist es auch angemessen, ihn als „das Original" zu bezeichnen. Denn „Was fliegt denn da?" wurde bereits 1936 von Wilhelm Götz begründet und war das erste farbig illustrierte und mit damals 327 Arten zudem vollständige Taschenbuch über die Vögel Mitteleuropas. Es erlebte zahlreiche Auflagen, bis Heinrich Frieling 1950 eine Neubearbeitung vornahm, die sich fast vier weitere Jahrzehnte millionenfach bewährte.

Wie für viele Einsteiger war „Was fliegt denn da?" vor Jahrzehnten selbstverständlich mein erstes Bestimmungsbuch. Als ich 1996 mit der Neubearbeitung betraut wurde, holte ich es hervor und war erstaunt, wie gut durchdacht es war. So fiel die Entscheidung leicht, es zwar neu zu verfassen und die Illustration überarbeiten zu lassen, aber bei der bewährten Konzeption zu bleiben. Zehn weitere Jahre blieb das Buch eine vollständige Übersicht der mitteleuropäischen Vogelwelt.

Doch dann veränderten sich die Zeiten so schnell, dass eine langsame Evolution des Buchs kaum noch möglich war. Grenzen fielen, die Reiselust der Vogelbeobachter stieg, molekulargenetische Untersuchungen führten zu massiven Umstellungen in der Systematik und die Bestimmungstechnik wurde verfeinert. Gleichzeitig erhöhten sich die Ansprüche der Benutzer an Aktualität, Druckqualität, moderne Präsentation und Behandlung aller europäischer Arten so sehr, dass auch ein „Klassiker" sich ihnen nicht länger entziehen durfte. Als Paschalis Dougalis und ich 2004 begannen, dieser Entwicklung zu folgen, ahnten wir allerdings noch nicht, dass ein völlig neues Buch entstehen würde, dessen einzige Gemeinsamkeit mit seinen Vorgängern der Titel war …

Wirklich nur der Titel „Was fliegt denn da"? Was den bisherigen Erfolg dieses Bestimmungsbuchs ausmachte, war die Kombination mehrerer Faktoren: Preiswert, klein und handlich genug, um es jederzeit griffbereit bei sich zu führen, mit allen für die Bestimmung nötigen Informationen und sämtlichen Arten. So ist es auch für den Einsteiger geeignet, der durch die in größeren Büchern enthaltenen in Europa nicht zu sehenden Arten eher verwirrt wird. Zudem erleichterte die übersichtliche Anordnung ähnlicher Arten auf den neuen Farbtafeln das Vergleichen. Der kompakte Text ist schnell erfassbar und sucht keine Antworten auf Fragen, die sich der Benutzer gar nicht gestellt hat. Wir haben uns bemüht, diesem bisherigen Anspruch gerecht zu werden. Allerdings ist es kein reines „Einsteigerbuch" mehr, denn auch Fortgeschrittene finden im Text und in den Details der Tafeln nun viel komprimiertes Wissen.

Seit der kompletten Neufassung im Jahr 2006 folgten weitere Auflagen und Verbesserungen. Mit jetzt 550 ausführlich behandelten Arten hat sich „Was fliegt denn da?" zum vollständigsten und aktuellsten kompakten Vogelbestimmungsbuch für Europa gemausert, ohne dadurch seine Übersichtlichkeit und Handlichkeit einzubüßen.

Die aktuelle 36. Auflage hat allerdings zahlreiche Neuerungen erfahren. Texte wurden massiv überarbeitet und aktualisiert, alle Verbreitungskarten überprüft und auf den neuesten Stand gebracht, zahlreiche Zeichnungen ergänzt sowie neue Tafeln eingefügt und die Bildlegenden übersichtlicher gestaltet. Alle wissenschaftlichen und deutschen Vogelnamen entsprechen den Richtlinien der Deutschen Ornithologischen Gesellschaft.

Hinsichtlich der Vogelstimmen ist die Ergänzung nun so gewaltig, dass zum Buch fast der Untertitel „und was singt denn da" passen würde. Über die zum Buch gehörende **KOSMOS-PLUS-APP** (S. 4 und 175) lassen sich jetzt kostenlos die Lautäußerungen aller Brutvögel Europas, der Durchzügler und sogar vieler seltener Gäste zwischen Nordkap und Sizilien auf Smartphone oder Tablet herunterladen – über 460 Arten in langen, brillanten Aufnahmen von Jean C. Roché.

Wie mag „Was fliegt denn da?" wohl zu seinem hundertjährigen Jubiläum aussehen? Wohl fast genauso aufgebaut wie jetzt, doch wird es dann noch als Buch oder nur noch digital erscheinen? Aber sicher wird es weiterhin sehr kompakt und modern vielen Benutzern helfen, mit unserer Vogelwelt vertraut zu werden. Und wahrscheinlich steht am Schluss des Vorworts wie seit dann 40 Jahren erneut, was „Der Kleine Prinz" schon wusste: „Du bist zeitlebens für das verantwortlich, was du dir vertraut gemacht hast".

Einbeck, im November 2025
Peter H. Barthel

Einführung

Mit der Benutzung dieses Buchs sind Sie Mitglied in der großen Gemeinschaft der Vogelbeobachter geworden. Herzlichen Glückwunsch und viel Freude dabei! Weltweit beschäftigen sich Millionen von Menschen in ihrer Freizeit mit Vögeln. Das schöne an diesem Hobby ist, dass man es zu jeder Zeit, an nahezu jedem Ort und fast ohne Hilfsmittel ausüben kann. Am Anfang braucht man nicht viel mehr als Geduld, Neugierde, Lernbereitschaft, ein Fernglas und einen Notizblock sowie dieses Buch. Mit zunehmendem Wissen wächst oft der Wunsch, noch mehr über Vögel zu erfahren. Dafür gibt es dann weitere Gerätschaften und Bücher, auf die hier nur ganz kurz eingegangen werden soll. Auch dass die Vogelkunde, von den Fachleuten Ornithologie genannt, als Teilgebiet der Biologie eigentlich eine ernsthafte Wissenschaft ist, soll uns erst einmal nicht interessieren, denn vor jeder weiteren Betätigung muss erst einmal das Handwerk erlernt werden – und das ist nun einmal die Bestimmung der Arten. Uns geht es also hauptsächlich um die schnelle und sichere Beantwortung der im Titel dieses Buchs gestellten Frage „Was fliegt denn da?".

Dennoch müssen wir uns mit ein paar Grundlagen vertraut machen, um das Buch sinnvoll benutzen zu können und nicht allzu oft eine falsche Antwort zu bekommen. Die nachfolgenden Einführungsabschnitte sind absichtlich kurz und übersichtlich gehalten, damit man später nicht allzu viel Gewicht zu tragen hat, wenn man das Buch in der Natur benutzt.

BEARBEITUNGSGEBIET

Dieses Buch behandelt sämtliche Arten, die als Brutvögel, Durchzügler oder seltene Gäste in Europa vorkommen. Im Osten reicht die durch Russland verlaufende Grenze des Bearbeitungsgebiets etwa entlang einer von der Kolahalbinsel über Moskau zum Schwarzen Meer führenden Linie. Nicht eingeschlossen sind also der Ural, der Kaukasus und der asiatische Teil der Türkei (wohl aber die zur EU gehörende Insel Zypern). Ebenso ausgeklammert sind die in einigen anderen Bestimmungsbüchern enthaltenen, in Europa aber nie zu sehenden vielen Arten Nordafrikas und Vorderasiens, da sie den Umfang beträchtlich erhöht, besonders den europäischen Einsteiger aber nur verwirrt hätten. Auch einige extrem seltene Ausnahmeerscheinungen von anderen Kontinenten mit nur sehr wenigen Nachweisen in Europa wurden nicht aufgenommen.

Der Schwerpunkt der Textbearbeitung liegt in diesem Buch auf den deutschsprachigen Ländern. Auch Arten entfernter Regionen zwischen Island und der Ukraine, Mallorca und Estland werden aus diesem Blickwinkel und im Vergleich zu bekannteren mitteleuropäischen Vögeln beschrieben.

AUSRÜSTUNG

Der erste und wichtigste Grundsatz bei der Vogelbeobachtung lautet, dass man dabei weder die Tiere selbst, noch ihren Lebensraum stören oder gar gefährden darf. Um die Fluchtdistanz der Vögel nicht unterschreiten zu müssen und um dennoch Details ihres Aussehens erkennen zu können, ist daher die Benutzung eines Fernglases unerlässlich. Am gebräuchlichsten sind solche mit sechs- bis zehnfacher Vergrößerung. Beim Kauf eines neuen Fernglases sollte man darauf achten, dass es sich auch im Nahbereich scharfstellen lässt (z. B. zur Beobachtung am Futterhaus dicht vor dem Fenster), ein großes Sehfeld hat und optisch so gut verarbeitet ist, dass man auch bei längerer Benutzung keine Kopfschmerzen oder gar Augenschäden bekommt.

In einigen Regionen Europas werden viele Vogelarten noch immer das Opfer von Jägern und sind Menschen gegenüber daher unnatürlich scheu. Oft rasten sie auch in sehr großer Entfernung, z. B. auf dem Meer, im Watt oder auf größeren Binnengewässern. Ferner sind viele Arten überhaupt nur unter genauester Beachtung von Details der Struktur oder Farbverteilung unterscheidbar. Alle diese Gründe führen oft dazu, dass man bei der ausschließlichen Benutzung eines Fernglases an die Grenzen der Bestimmungsmöglichkeiten gelangt. Um sie zu überschreiten, verwenden viele heute zusätzlich ein Fernrohr mit dreißigfacher Vergrößerung, ein sogenanntes Spektiv.

Unser zweites Hilfsmittel ist ein ganz normales Notizbuch, in das wir unsere Beobachtungen eintragen. Außer einer reinen Namensliste der Vogelarten und ihrer jeweiligen Anzahlen sollten wir auch Angaben zu Datum, Ort, Uhrzeit und Wetterlage notieren. Auch die festgestellten Details zum Aussehen, zu Verhaltensweisen oder zur Stimme prägen sich besser ein, wenn sie niedergeschrieben werden. Oft können wir einen Vogel nicht sofort bestimmen, und besonders in solchen Fällen helfen uns ausführliche Aufzeichnungen als Gedächtnisstütze, wenn wir später zu

Hause in Ruhe im Buch nachlesen wollen. Nützlich sind auch Skizzen, zumal man durch das Zeichnen zum noch genaueren Hinschauen gezwungen wird. Ein sorgfältig geführtes vogelkundliches Tagebuch erlaubt es uns, nach einigen Jahren z. B. die durchschnittlichen Ankunftszeiten der Zugvögel für unseren Raum zu ermitteln oder wichtige Grundlagendaten über die Vogelwelt eines der vielen bedrohten Gebiete vor unserer Haustür an die zuständige Naturschutzbehörde zu übermitteln.

TOPOGRAFIE

Um einen Vogel überhaupt beschreiben und bestimmen zu können, müssen wir die genauen Bezeichnungen seiner Körperteile kennen lernen. Sie sind hier an verschiedenen Beispielen dargestellt. Fast alle sind eindeutig und müssen nicht näher erläutert werden.

Beim Gefieder müssen wir lediglich noch zwischen dem *Großgefieder*, das aus den aus *Arm- und Handschwingen* gebildeten *Schwungfedern* und den *Steuerfedern* besteht, und dem übrigen Gefieder unterscheiden, das zusammenfassend einfach *Kleingefieder* genannt wird. Die inneren Armschwingen werden auch *Schirmfedern* genannt, da sie oft anders geformt und gefärbt sind und beschirmend über den übrigen Flügelfedern liegen. Hier ist es oft ausschlaggebend, wie weit die Handschwingen über die Spitze der längsten Schirmfeder hinausragen. Die Spitzen der Großen und manchmal auch Mittleren Armdecken sind oft hell und heben sich als *Flügelbinden* ab. Dagegen wird ein Band, das von den Basen der Hand- oder Armschwingen gebildet wird, als *Flügelstreif* bezeichnet. Ein andersfarbiges Feld auf dem Armflügel wird *Spiegel* genannt.

Jede dieser Gefiederpartien kann eigene, kennzeichnende Färbungen oder Muster aufweisen. Besonders die Streifung am Kopf ruft, zusammen mit der Kopf- und Schnabelform, bei vielen Arten einen typischen „Gesichtsausdruck" hervor, den

Sperlingsvogel

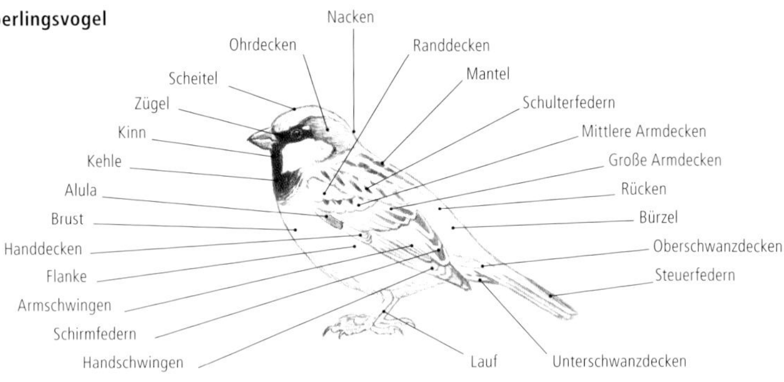

Watvogel

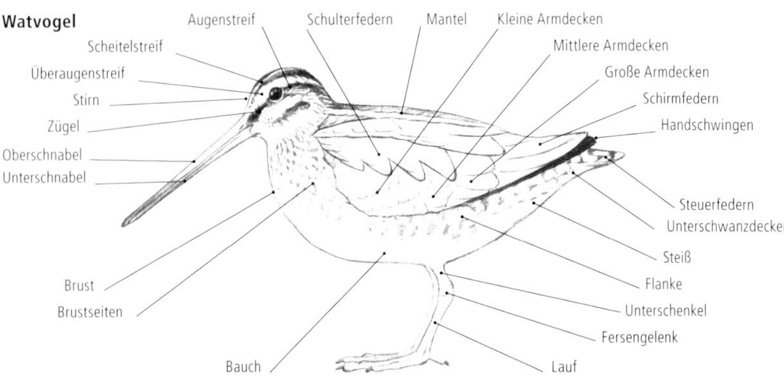

man sich unbedingt einprägen sollte, da er für die Bestimmung sehr hilfreich ist. Um das Auge herum befindet sich manchmal ein unbefiederter farbiger *Lidring* oder ein befiederter heller *Augenring*.

Auch bei den übrigen Körperteilen ist es selbstverständlich, dass wir auf ihre Farbe, Länge und Form achten. So kann der Schnabel länger oder kürzer als der Kopf oder der Lauf, gerade, aufwärts oder abwärts gebogen, dick oder dünn sein. Andere Körperproportionen, z. B. der Abstand zwischen Flügel- und Schwanzspitze oder der Überstand der Handschwingen über die Arm-

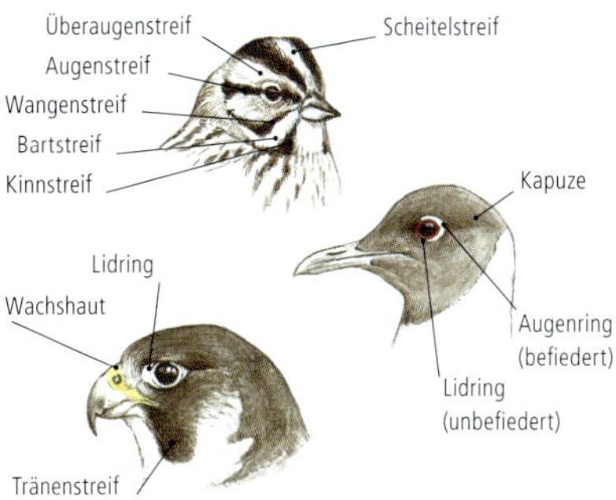

schwingen, geben gerade bei einander sonst sehr ähnlichen Arten oft entscheidende Hinweise.

Schließlich liefert die Form des Schwanzes (keilförmig, gestaffelt, gerundet, gerade abgeschnitten, gekerbt, gegabelt, mit mittleren oder äußeren Schwanzspießen) wichtige Bestimmungsmerkmale. Ebenso ist die Form der Flügel und der Flügelspitze wichtig, z. B. brettartig mit vielen frei sichtbaren, gefingerten Handschwingen an der Spitze bei einem Adler oder insgesamt schlank und spitz wie bei einem Falken. Auch die Flugweise, entweder geradlinig oder in tiefen Wellen oder Bögen, flatternd, mit angehobenen oder abgesenkten Flügeln segelnd, ist häufig sehr typisch.

DIE KLEIDER DER VÖGEL

Bei einigen Vogelarten lassen sich Männchen (♂), Weibchen (♀) und Jungvögel im Freiland praktisch nicht unterscheiden, während andere gerade den Beginner durch eine Vielzahl ganz verschiedener Kleider verwirren. Die Kenntnis der Bezeichnungen dieser Kleider ist Voraussetzung für die genaue Bestimmung. Federn nutzen sich relativ rasch ab, und da die Lebensfähigkeit eines Vogels von seinem intakten Gefieder abhängt, muss er dieses regelmäßig erneuern. Diesen Vorgang nennt man Mauser. Sie läuft bei jeder Art nach einem festen Schema ab, meist während und kurz nach der Brutzeit. Für viele der bei uns vorkommenden Arten gilt, dass sie ihr Großgefieder einmal jährlich erneuern, ihr Kleingefieder jedoch zweimal. So kommt es, dass vor der Brutzeit oft ein besonders farbenprächtiges Prachtkleid, danach dann ein weniger auffälliges Schlichtkleid angelegt wird. Sobald sie das Jugendkleid abgelegt haben, sehen manche Arten bereits wie die Altvögel aus, tragen also das Alterskleid (z. B. viele Singvögel), während andere mehrere Jahre benötigen, bis sie vollständig ausgefärbt sind (z. B. Möwen, Adler). Folgende Kleider werden grundsätzlich unterschieden:

Die ersten Federn eines Vogels sind die Dunenfedern. Nestflüchter tragen sie bereits, wenn sie aus dem Ei schlüpfen, bei Nesthockern entwickeln sie sich in den ersten Lebenstagen. Da man Küken in diesem Stadium normalerweise nicht sieht, wird das *Dunenkleid* hier nicht behandelt.

Oberflügel eines Sperlingsvogels

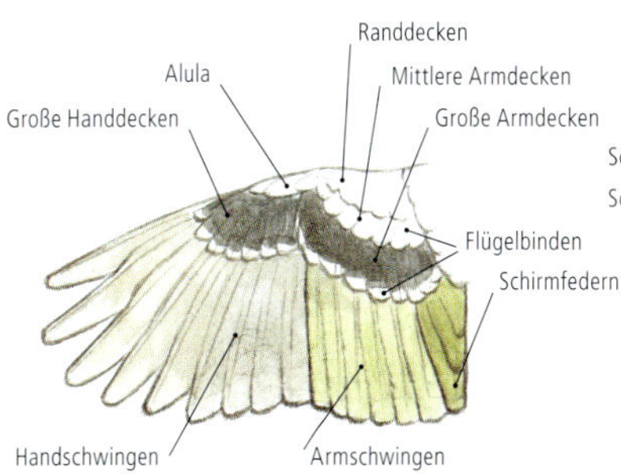

Oberflügel einer Ente

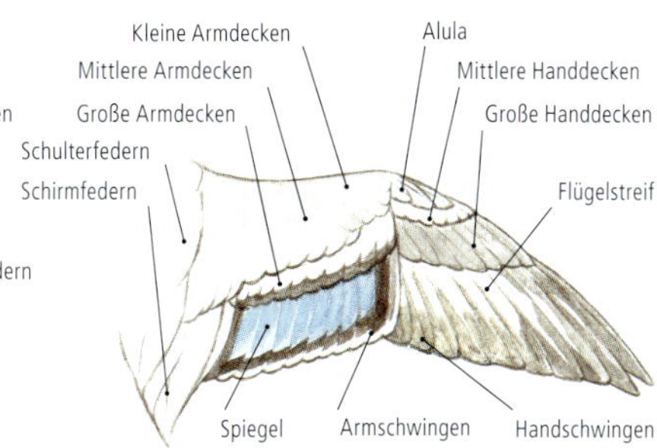

Das erste Gefieder, in dem ein Vogel fliegen kann, wird als *Jugendkleid* bezeichnet (Abk. JK). Obwohl vor allem Singvögel dieses Kleid schon nach recht kurzer Zeit ablegen, wird es von vielen größeren Arten noch mehrere Monate getragen, von Watvögeln z. B. während ihres Zugs ins Winterquartier.

Bei vielen Arten ist das folgende Kleid schon nicht mehr vom *Alterskleid* (AK) der Altvögel zu unterscheiden. Komplett ausgefärbte Vögel bezeichnet man auch als adult (ad.). Sofern das Gefieder der Altvögel sich im Sommer und Winter nicht unterscheidet, während des ganzen Jahres also mehr oder weniger gleich aussieht, handelt es sich beim Alterskleid um ein Jahreskleid.

Viele Arten tragen jedoch vor oder während der Brutzeit ein besonders auffälliges Gefieder, das *Prachtkleid* (PK), sonst das meist eher unscheinbare *Schlichtkleid* (SK), wobei die Bezeichnung Prachtkleid selbstverständlich auch für die manchmal (aber keineswegs immer!) etwas schlichter gefärbten Weibchen benutzt wird.

Bei manchen Arten, z. B. Möwen und Adlern, dauert es jedoch mehrere Jahre, bis sie ausgefärbt sind. Vögel, die nicht mehr das Jugendkleid, aber auch noch nicht das endgültige Alterskleid tragen, kann man etwas ungenau als unausgefärbt oder immatur (immat.) bezeichnen. Heute wählt man jedoch präzisere Begriffe, denn anhand typischer Färbungsmuster lassen sich Alter oder Kleid meist noch genauer festlegen. Das dem Jugendkleid im Spätsommer oder Herbst des ersten Kalenderjahres folgende Gefieder ist das *erste Winterkleid* (1. W), dem im Sommerhalbjahr des zweiten Kalenderjahres das *erste Sommerkleid* (1. S) folgt. Die sich bei Arten mit sehr langer Entwicklungszeit anschließenden Kleider heißen entsprechend *zweites Winterkleid, zweites Sommerkleid* (ab Frühjahr des dritten Kalenderjahres) usw. Die hintere Umschlagklappe zeigt einige Beispiele.

Erwähnt sei, dass einige Vogelarten als Anpassung an bestimmte geographische Regionen *Unterarten* ausgebildet haben, die sich manchmal an ihrer etwas unterschiedlichen Färbung im Freiland erkennen lassen und daher hier auch behandelt sind. Daneben gibt es Arten, deren Färbung grundsätzlich sehr abwechslungsreich ist (z. B. Mäusebussard, Kampfläufer) und solche, die nebeneinander in einer hellen und dunklen Form oder *Morphe* vorkommen (z. B. Raubmöwen, Zwergadler). Diese Varianten sind illustriert.

VOGELSTIMMEN

Je länger man sich mit der Vogelbeobachtung beschäftigt, desto größere Bedeutung gewinnt die Kenntnis der Lautäußerungen. Oft hört man einen Vogel lange bevor man ihn sieht. Bei Rallen, Eulen, aber auch im Laubdach des Waldes lebenden Singvögeln bekommt man häufig ausschließlich die Stimme zu hören. Die Rufe und Gesänge der meisten Vogelarten sind sehr charakteristisch und einprägsam.

Daher sind sie hier nicht nur im Bestimmungstext umschrieben, sondern für die mitteleuropäischen Singvögel und weitere wichtige Arten in einem besonderen Abschnitt ab S. 174 nach Lebensräumen und Jahreszeiten in Tabellen als Lehrgang ausführlich dargestellt. Für sie und den größten Teil der anderen hier behandelten Arten lassen sich die Stimmen mit der kostenlosen KOSMOS-PLUS-App auf ein Mobilgerät laden.

LEBENSWEISE UND FORTPFLANZUNG

In einem vorwiegend der sicheren Vogelbestimmung dienenden Buch ist es natürlich nicht möglich und auch nicht sinnvoll, bei jeder Art auf alle Aspekte ihres Lebens, auf interessante Verhaltensweisen, Zugwege und Winterquartiere oder gar auf die Brutbiologie einzugehen. Einige Fakten dazu sind in der Übersicht der Ordnungen und Familien ab S. 11 zusammengestellt, da sie bei nahe verwandten Arten meist ähnlich oder identisch sind.

GRENZEN DIESES BUCHS

Außereuropäische Vogelarten werden in zunehmendem Umfang in Gefangenschaft gehalten – und entkommen gelegentlich. Bei Entenvögeln, Falken, Papageien oder Ammern erkennt man zumeist wenigstens die Familienzugehörigkeit, bei anderen nicht einmal diese. Natürlich sind sie alle in keinem europäischen Buch behandelt.

Doch auch in Europa gibt es einige Artengruppen, an denen selbst erfahrene Beobachter verzweifeln: Großfalken, weibliche Weihen, manche Adler, einige Großmöwen und einzelne Rohrsänger- und Spötterarten. Hier helfen auch andere Bücher kaum, denn meist ist sehr umfangreiche Spezialliteratur in Fachzeitschriften erforderlich.

Das ist jedoch kein Grund zur Verzweiflung: Mit diesem Buch kann man, wenn man sich etwas Mühe gibt, nahezu jeden Vogel, dem man normalerweise in Europa begegnet, auf Anhieb nach Art, Alter und Geschlecht bestimmen.

Die Ordnungen und Familien der Vögel Europas

Da Vögel die einzige lebende Tiergruppe mit Federn sind, werden sie traditionell allen anderen Lebewesen als eine eigene Klasse gegenübergestellt. Genau genommen beobachten wir aber eigentlich Dinosaurier, deren letzte Nachfahren die Vögel sind und daher nach neueren Erkenntnissen in die Klasse der Sauropsiden gehören. Weltweit gibt es etwa 11.000 Vogelarten, von denen in Europa aber nur gut 500 regelmäßig vorkommen. In diese Vielfalt etwas Überschaubarkeit zu bringen, ist die Aufgabe der Systematik. Sie hilft damit gleichzeitig dem Vogelbeobachter, denn hier werden die Arten in einem natürlichen System nach ihrer Verwandtschaft und damit gleichzeitig meist auch nach ihrer Ähnlichkeit angeordnet. Wenn man Vögel bestimmen möchte, ist es also sinnvoll, sich auch etwas mit ihrer Systematik zu beschäftigen.

Wenn wir uns die Frage „Was fliegt denn da?" stellen, möchten wir als Antwort den Namen einer Vogelart bekommen. Die **Art** ist in der Biologie die wichtigste Einheit, etwa so wie das Element in der Chemie. Man bezeichnet damit eine Gruppe von Populationen, die von Populationen anderer Arten so weit isoliert ist, dass sie nicht mit ihnen zu einer einzigen Art verschmelzen. Es gibt zwischen Arten also zur genetischen Trennung führende Fortpflanzungsbarrieren, die durch Unterschiede z. B. in der Färbung, Stimme oder im Verhalten bedingt sind und von denen wir Menschen einige auch erkennen können. Dies hilft uns dabei, die Arten zu unterscheiden, was das Anliegen dieses Buches ist.

Sehr nah miteinander verwandte Vogelarten werden zu **Gattungen** zusammengefasst. Dies schlägt sich manchmal im deutschen Namen nieder, z. B. in der Endung -möwe oder -meise, immer aber in der grundsätzlich *kursiv* geschriebenen wissenschaftlichen Bezeichnung. Diese besteht nämlich aus dem zuerst genannten und dann identischen Gattungsnamen, z. B. *Turdus* für die Drosseln, und dem daran angehängten eigentlichen Artnamen, z. B. *pilaris* für die Wacholder- und *philomelos* für die Singdrossel. Eng verwandte Gattungen gehören zur selben **Familie**, z. B. die Schnäpper, Rotschwänze, Erdsänger und Steinschmätzer zu den Schnäpperverwandten.

Verwandte Familien wiederum lassen sich schließlich zu **Ordnungen** zusammenfassen, z. B. die Racken, Eisvögel und Spinte zu den Rackenvögeln. Selbstverständlich richtet sich auch die Reihenfolge der Ordnungen im so entstandenen Gesamtsystem wieder nach dem Verwandtschaftsgrad. Das Ziel der Systematik, einen die Entwicklungsgeschichte und Verwandtschaftsbeziehungen der Vögel möglichst genau widerspiegelnden Stammbaum zu entwerfen, ist allerdings noch nicht ganz erreicht, denn neue Untersuchungsmethoden der Molekulargenetik erlauben zunehmend tiefere Einblicke.

Ferner tragen die von einigen Arten ausgebildeten geografischen **Unterarten** (z. B. beim Blaukehlchen) eine zusätzliche dritte Bezeichnung, die an den wissenschaftlichen Gattungs- und Artnamen angehängt wird (z. B. *Luscinia svecica cyanecula*). Sofern sie im Freiland unterscheidbar sind, werden sie in diesem Buch ebenso behandelt. Übrigens wurden einige hier als Arten dargestellte Vögel früher als Unterarten betrachtet, bis sich zeigte, dass sie auch genetisch voneinander getrennt sind – und umgekehrt.

Die Anordnung der Ordnungen und Familien im Bestimmungsteil dieses Buchs folgt einer neueren Systematik, unterscheidet sich also von der Reihenfolge in älteren Büchern stellenweise deutlich. Aus Gründen der besseren Vergleichbarkeit wurde gelegentlich davon abgewichen. Die nachfolgende Übersicht der Ordnungen und Familien entspricht jedoch der aktuell gültigen Systematik mit einigen weiteren Umstellungen. In ihr sind Angaben zu Gemeinsamkeiten, Besonderheiten, zur Lebensweise und Fortpflanzung und zu allgemeinen Kennzeichen enthalten, die somit in den Bestimmungstexten entfallen konnten, aber zusammen mit ihnen benutzt werden sollten. Einige Zeichnungen von typischen Vertretern der jeweiligen Familien sollen bei der ersten Einordnung eines beobachteten Vogels helfen. Für jede Familie ist angegeben, auf welchen Seiten die ihr zugehörigen Arten im Bestimmungsteil behandelt sind. Eine Kurzübersicht zur raschen Benutzung findet sich auch auf den inneren Umschlagseiten.

Das Blaukehlchen im System der Vögel

Klasse	Vögel (bzw. Sauropsida)
Ordnung	Sperlingsvögel
Unterordnung	Singvögel
Familie	Schnäpperverwandte
Gattung	*Luscinia*
Art	Blaukehlchen, *Luscinia svecica*
Unterart	„Weißsterniges Blaukehlchen" *L. svecica cyanecula*

Ordnungen und Familien

Die Reihenfolge der **ORDNUNGEN** und **Familien** In dieser Übersicht richtet sich nach der aktuell international überwiegend benutzten Systematik und weicht daher von der im Buch benutzten etwas ab. Ihre Verwendung wird von der Deutschen Ornithologischen Gesellschaft (www.do-g.de) empfohlen. Dasselbe gilt für die in diesem Buch benutzten, von einer Kommission dieser Gesellschaft erarbeiteten und teilweise leicht veränderten offiziellen deutschen Vogelnamen (s. S. 198). Auf zu erwartende weitere systematische Neuerungen wird auf S. 29 hingewiesen.

ENTENVÖGEL

Entenvögel sind mehr oder weniger an Gewässer gebunden und tragen daher zwischen den Vorderzehen Schwimmhäute. Die Küken schlüpfen in einem dichten Dunengefieder und sind Nestflüchter. Die meisten Arten sind außerhalb der Brutzeit gesellig und treten in manchmal sehr großen, gemischten oder artreinen Trupps auf. Viele Entenvögel besuchen Mitteleuropa nur als Durchzügler oder Wintergäste aus dem Norden. Obwohl bei uns alle Arten zur selben Familie gehören (**Entenverwandte** Anatidae), lassen sich dennoch auf Anhieb einige Gruppen und Gattungen durch ihr typisches Erscheinungsbild deutlich voneinander abgrenzen.

Graugans (S. 32)

Gänse sind mittelgroß bis groß und außerhalb der Brutzeit meist in großen Trupps anzutreffen. Ziehend bilden sie imposante Keil- oder Linienformationen. Die Geschlechter sind gleich gefärbt, gehen meist eine lebenslange Ehe ein und zeitigen 3-8 Eier. Die Familien halten auch im Winter noch zusammen, was die Bestimmung der noch nicht ausgefärbten Jungvögel häufig erleichtert. Zwar sind bei einigen Arten der manchmal schwarz gemusterte Schnabel und die Beine entweder orange oder rosa gefärbt, doch ist dieser Farbunterschied im Freiland oft kaum erkennbar. Zur schwierigen Bestimmung der grauen Arten ist das Färbungsmuster auf Kopf und Schnabel zu beachten, bei den eher am Meer erscheinenden schwarz-weißen Gänsen die Weißverteilung am schwarzen Kopf. Durch die in vielen Ländern noch erlaubte Jagd sind sie meist sehr scheu. S. 32-35

Höckerschwan (S. 32)

Schwäne fallen durch ihre Größe und das bei den europäischen Arten weiße Gefieder sofort auf. Die großen Nester aus Pflanzenstängeln stehen an Binnengewässern und enthalten 2-10 Eier. Die Geschlechter sind gleich gefärbt, die Jungvögel tragen längere Zeit ein braungraues Gefieder und bleiben den Winter über bei ihren lebenslang verpaarten Eltern. S. 32

Stockente (S. 36)

Gründelenten ernähren sich von Pflanzenteilen, die sie entweder von der Wasseroberfläche aufnehmen, an Land weidend oder aber gründelnd („Köpfchen in das Wasser, Schwänzchen in die Höh'") vom Gewässergrund abfressen. Sie lösen sich mit einem einzigen Flügelschlag von der Wasseroberfläche. Im Gegensatz zu den bunten Männchen sind die Weibchen eher einfarbig braun, sodass bei ihrer Bestimmung besonders auf den farbigen Flügelspiegel und die Gestalt zu achten ist. Jungvögel sind anfangs wie Weibchen gefärbt, ebenso die alten Männchen im Schlichtkleid während des Sommers, doch behalten diese dann zumindest ihre oft bunten Schnabelmuster (vgl. Darstellung am Beispiel der Stockente auf der hinteren inneren Umschlagseite). S. 36, Flugbilder S. 42

Reiherente (S. 38)

Tauchenten ernähren sich zusätzlich von Kleintieren, die sie tauchend aus dem Wasser holen. Ihr Schwanz ist meist nicht sichtbar, das „Heck" also abfallend. Zum Auffliegen müssen sie meist Anlauf nehmen. Bei der Bestimmung der Weibchen und Jungvögel sind oft die Flügelfärbung und das unauffällige Kopfmuster wichtig. S. 38, Flugbilder S. 42

Meeresenten, von denen die Eiderenten die bekanntesten sind, tauchen ebenfalls alle, besonders gerne nach Muscheln. Ihre Nester befinden sich meist in der Ufervegetation, bei der Schellente aber in Baumhöhlen, und werden mit vielen Daunenfedern aus dem Bauchgefieder des Weibchens ausgepolstert. S. 38-41, Flugbilder S. 43

Gänsesäger (S. 40)

Säger tragen an ihren schlanken Schnäbeln feine Sägezähnchen, damit sie ihre Hauptbeute, die glitschigen Fische, besser festhalten können. Gänse- und Zwergsäger sind Höhlenbrüter. S. 40, Flugbilder S. 43

Bei Entenvögeln treten oft **Gefangenschaftsflüchtlinge** auf, denn nahezu jede Art der Erde wird in Europa gehalten und gezüchtet. Selbstverständlich sind diese exotischen Arten nicht in einem Buch über die Vögel Europas enthalten. Auch **Hybriden** kommen nicht nur häufig in Gefangenschaft, sondern oft auch im Freiland vor. Nicht immer zeigen sie eindeutige Merkmale der Eltern, sondern manchmal sogar anderer Arten und sind dann kaum bestimmbar.

HÜHNERVÖGEL

Hühnervögel leben meist am Boden, wo sie sich vorwiegend pflanzlich ernähren, und sind mit plumpem Körper und runden Flügeln keine besonders guten Flieger. Die Küken sind Nestflüchter. Mit Ausnahme der in Afrika überwinternden Wachtel handelt es sich um ausgeprägte Standvögel. Für die Bestimmung besonders der oft unscheinbarer gefärbten Weibchen liefern Form und Farbe des Schwanzes wichtige Kriterien. Grob lassen sich zwei Gruppen unterscheiden, die aber nicht mehr als eigenständige Familien geführt werden:

Jagdfasan (S. 44)

Raufußhühner besitzen befiederte Läufe und Zehen, legen 6-12 Eier in Bodennester und zeigen eine auffallende Balz. Sie bewohnen ungestörte Wälder, Moore oder Gebirge und sind bei uns allgemein recht selten. **Glattfußhühner** zeichnen sich durch ihre unbefiederten Läufe und Zehen aus und bewohnen vorwiegend offenes Gelände. Oft sind sie in kleinen Gruppen oder Familienverbänden anzutreffen. Beim Auffliegen entsteht ein burrendes Flügelgeräusch. Die Gelege können 15 und mehr Eier enthalten. S. 44

Ordnungen und Familien

Prachttaucher (S. 48)

SEETAUCHER

Die Ordnung der Seetaucher wird von nur wenigen Arten innerhalb einer einzigen Familie gebildet. Es handelt sich um recht urtümlich wirkende Brutvögel an Binnenseen der nördlichen Nordhalbkugel, die den Winter hauptsächlich auf dem Meer verbringen, besonders zur Zugzeit aber auch auf mitteleuropäischen Binnengewässern erscheinen. Die mit Schwimmhäuten versehenen Füße setzen weit hinten am stromlinienförmigen Körper an, zum Fischfang tauchen die Vögel sanft ins Wasser ein. Die Nester der an Land sehr unbeholfenen Seetaucher stehen direkt am Ufer und enthalten meist zwei Eier. Die Geschlechter lassen sich nicht unterscheiden. Bei der Bestimmung ist besonders auf die Kopf- und Halsfärbung, Schnabelform und -haltung zu achten. S. 48

Wellenläufer (S. 50)

RÖHRENNASEN

Röhrennasen sind reine Hochseevögel, gekennzeichnet durch der Salzausscheidung dienende Röhren auf den Nasenlöchern. Sie verbringen fast ihr gesamtes Leben auf dem offenen Meer und kommen nur an Küsten, um in oft großen Kolonien ihr einziges Ei auszubrüten. Weder die Geschlechter noch Jung- und Altvögel lassen sich im Freiland unterscheiden. Auf der Südhalbkugel sind die Albatrosse die bekannteste Familie.

Wellenläufer sind klein, dunkel, haben einen flatternden Flug und brüten auch in Höhlen. S. 50

Eissturmvogel (S. 50)

Sturmvögel, zu denen auch die Sturmtaucher zählen, sind größer, sehr möwenähnlich und gleiten auf steifen Schwingen über die Wellen. S. 50

Haubentaucher (S. 48)

LAPPENTAUCHER

Diese Ordnung besteht aus nur einer Familie, deren Angehörige mit Schwimmlappen an den Zehen der am Körperende ansetzenden Beine perfekt an das Leben auf und unter Wasser angepasst sind. Aus abgestorbenen Pflanzenteilen werden 2-7 Eier enthaltende Schwimmnester gebaut, die Küken mit typischer Kopf- und Halsstreifung sind Nestflüchter und werden von den Eltern oft im Rückengefieder transportiert. Halsfärbung, Kopfmuster, Schnabelform und die im Prachtkleid abstehenden Ohrbüschel sind für die Bestimmung wichtig, Männchen und Weibchen sind identisch gefärbt. Lappentaucher sind nicht etwa die nächsten Verwandten der Seetaucher, sondern der Flamingos, obwohl man nach dem äußeren Eindruck das Gegenteil vermuten würde. S. 48

Rosaflamingo (S. 46)

FLAMINGOS

Flamingos, einzige Familie ihrer Ordnung, sind unverkennbar durch ihr rosa Gefieder und den hohen, gekrümmten, mit Lamellen besetzten Schnabel, mit dem sie kopfüber das Flachwasser nach Kleinstlebewesen durchseihen. Sie brüten in großen Kolonien auf kegelförmigen Schlammnestern. Im Flug wirken sie durch den langen, ausgestreckten Hals und die langen Beine wie brennende Bleistifte. Neben der einzigen europäischen Art entfliegen regelmäßig exotische Flamingos aus Gefangenschaft. S. 46

STORCHENVÖGEL

Störche sind durch ihre langen Beine, die roten Schnäbel und ihr schwarz-weißes Gefieder unverwechselbar. Alle Kleider sind nahezu identisch. Sie segeln viel unter Ausnutzung von Aufwinden, auch während des Zugs in ungeordneten Trupps, und halten den Hals im Flug immer ausgestreckt. Ihre gewaltigen Nester werden über lange Zeit benutzt. S. 56

Weißstorch (S. 56)

SCHREIT- UND PELIKANVÖGEL

Ibisse und Reiher, früher als eigene Ordnungen betrachtet, sind so nah mit dem Pelikanen verwandt, dass sie nun in einer Ordnung zusammengefasst werden.

Ibisse fliegen mit ausgestrecktem, langem Hals und sind Koloniebrüter. Die Geschlechter sind gleich gefärbt, Jungvögel ähneln den Altvögeln bereits sehr. Beim Löffler ist die Schnabelspitze verbreitert, und mit pendelnden Kopfbewegungen durchseiht er das Flachwasser nach Kleinlebewesen. Die anderen Arten stochern mit ihren abwärts gebogenen Schnäbeln im Boden. S. 54

Löffler (S. 54)

Reiher fliegen mit zwischen die Schultern eingezogenem Hals und rudernden Schlägen der durchgebogenen, runden Flügel. Sie jagen meist lauernd und stoßen mit ihren dolchartigen Schnäbeln blitzartig nach Mäusen, Insekten, Fischen, Amphibien und anderer Beute. Die meisten Arten brüten in Kolonien auf Bäumen oder im Schilf, lediglich die Dommeln brüten einzeln. Viele Arten bilden während der Balz verlängerte Schmuckfedern aus und zeigen dann auch auf Schnabel und Beinen veränderte Farben. Die Geschlechter sind gleich gefärbt (Ausnahme Zwergdommel), auch die Jungvögel ähneln den Altvögeln bereits sehr (Ausnahme Nachtreiher). S. 54-57

Graureiher (S. 56)

Pelikane schaufeln Fische mit ihrem großen Kehlsack regelrecht aus dem Wasser, oft bei gemeinsamer Treibjagd. Sämtliche Zehen sind bei ihnen durch Schwimmhäute verbunden, der Hals wird im Flug eingezogen. Die großen Nester werden in Kolonien in südosteuropäischen Schilfgebieten angelegt, die Jungvögel sind Nesthocker. S. 52

Rosapelikan (S. 52)

RUDERFÜSSER

Bei den Arten dieser Ordnung sind alle vier Zehen durch Schwimmhäute miteinander verbunden, die Jungvögel sind Nesthocker und die Ausbildung des Alterskleids dauert oft mehrere Jahre. Sie ernähren sich überwiegend von Fischen.

Basstölpel (S. 52)

Kormoran (S. 52)

Fischadler (S. 58)

Steinadler (S. 60)

Mäusebussard (S. 62)

Sperber (S. 62)

Tölpel kommen nur am Meer vor und stürzen sich aus der Luft kopfüber ins Wasser. Neben gemessenen Flügelschlägen sind Gleit- und Segelflug zu beobachten. Sie brüten in meist großen Kolonien an und auf steilen Felsen des Nordatlantiks. S. 52

Scharben, deren bekanntester Vertreter der Kormoran ist, haben einen Haken an der Schnabelspitze, stehen oft mit zum Trocknen ausgebreiteten Flügeln am Gewässer und tauchen aus dem Schwimmen heraus. Ihr Flug erinnert an Gänse. Sie brüten in Kolonien auf Bäumen oder an Klippen im Binnenland wie an den Küsten. S. 52

GREIFVÖGEL

Greifvögel sind mit Hakenschnabel und scharfen Krallen ausgestattete Fleischfresser und schlagen ihre Beute am Boden oder in der Luft. Bei den meisten Arten sind die Geschlechter gleich gefärbt, die Weibchen jedoch größer. Sie legen 1-6 Eier in Nester am Boden, auf Felsen oder in Bäumen, die Jungvögel sind Nesthocker. Bei Greifvögeln hängen die Dichte ihres Vorkommens sowie die Zahl der pro Jahr gelegten Eier stark von der Häufigkeit ihrer Beutetiere ab, zu einer „Übervermehrung" kann es also nicht kommen. Mit Ausnahme des Fischadlers gehören alle Arten zur selben Familie. Falken (S. 23) sind, obwohl sie sich ähnlich verhalten und ernähren, übrigens nicht mit Greifvögeln verwandt, sondern eher mit den Papageien.

Fischadler werden innerhalb der Greifvögel von den Habichtartigen als eigene Familie abgetrennt, mit nur einer fast weltweit an Binnengewässern und Küsten verbreiteten Art. Sie stehen oft mit rüttelnden Flügelschlägen in der Luft über Gewässern, um stoßtauchend Fische zu erbeuten. S. 58

Habichtverwandte sind eine sehr vielgestaltige Familie, die von den kleinen Sperbern über die schlanken Weihen, die rundflügeligen Bussarde und die hauptsächlich Aas fressenden Geier bis hin zu den großen Adlern reicht.
Oft ist es sehr viel schwieriger, stehende als fliegende Vögel zu bestimmen. Die Silhouette mit kennzeichnender Flügel- und Schwanzform sowie die Flugweise geben meist eindeutige Hinweise zumindest auf die grobe Zugehörigkeit. So haben Adler und manche Geier stark gefingerte Flügelspitzen, Weihen lange, gerade abgeschnittene und Milane gegabelte Schwänze, Schlangenadler, Raufuß- und Mäusebussarde stehen oft rüttelnd in der Luft, Weihen segeln auf V-förmig angehobenen Flügeln niedrig über den Boden und Sperber schießen blitzschnell aus der Deckung hervor. Jugend- und Alterskleid unterscheiden sich oft, größere Arten benötigen mehrere Jahre, bis ihr Gefieder komplett ausgefärbt ist (vgl. Darstellung der Kleiderfolge am Beispiel des Steinadlers auf der hinteren inneren Umschlagseite). Daher ist die Bestimmung einiger Greifvogelarten sehr schwierig, erfordert Erfahrung und oft spezielle Literatur. S. 58-63, Flugbilder S. 64-66

TRAPPEN

Trappen, einzige Familie dieser Ordnung, sind Bewohner von trockenem, offenem, steppenartigem Gelände. Die Großtrappe ist der schwerste flugfähige Vogel Europas. Die Geschlechter gehen keine Paarbindung ein, die viel größeren Männchen zeigen eine imposante Gruppenbalz, bei der sie durch Sträuben des Gefieders zu einer weißen Kugel werden. S. 70

Großtrappe (S. 70)

KRANICHVÖGEL

Von dieser Ordnung kommen bei uns zwei Familien vor, die sich in Größe, Aussehen und Lebensraumansprüchen deutlich unterscheiden. Alle sind relativ langbeinig, halten sich ausschließlich am Boden auf, wo sie auch brüten, und ihre Küken sind Nestflüchter. Während der Mauser führt das gleichzeitige Abwerfen der Schwungfedern bei vielen Arten zu vorübergehender Flugunfähigkeit.

Rallen sind staren- bis taubengroße Bewohner von Feuchtgebieten, wobei z. B. Blässhühner eher entenartig auf der freien Wasserfläche schwimmen und tauchen, die Sumpfhühner in dichter Ufervegetation verborgen bleiben und der Wachtelkönig mehr hühnerähnlich in hohem Gras lebt. Viele Arten sind zudem überwiegend nachts aktiv, sodass die Kenntnis ihrer Lautäußerungen oft die einzige Möglichkeit ist, ihre Anwesenheit überhaupt festzustellen. S. 70-73

Wasserralle (S. 72)

Kraniche sind durch Größe, graue Färbung, buschiges „Hinterende", kurze Schnäbel, lange Beine, trompetende Rufe und den langen, im Flug ausgestreckten Hals gut von Reihern und Störchen unterscheidbar. Die Paare gehen eine lebenslange Ehe ein, führen im Frühjahr Balztänze mit Luftsprüngen auf und bebrüten in einem großen Bodennest in Sumpfgebieten zwei Eier. Sie ziehen in eindrucksvollen Trupps in V-Formation mit trompetenden Rufen. S. 70

Kranich (S. 70)

WAT-, MÖWEN- UND ALKENVÖGEL

Diese sehr große Ordnung besteht aus Familien und Arten, die überwiegend an Meere, Küsten, Binnengewässer, Feuchtwiesen oder Schlammflächen gebunden sind und im sehr unterschiedlichen Schnabelbau besondere Anpassungen an den Nahrungserwerb im jeweiligen Lebensraum entwickelt haben. Auch in den Fortpflanzungssystemen haben sich die verschiedensten Varianten herausgebildet. Gemeinsamkeiten bestehen neben einigen anatomischen Übereinstimmungen u. a. darin, dass ihre Gelegegröße mit 1-4 Eiern gering ist, Männchen und Weibchen meist gleich gefärbt sind, dafür aber die Jugend- und Schlichtkleider stark abweichen. Viele Arten sind Fernzieher und überqueren teilweise drei Kontinente.

Grob kann man die Angehörigen dieser Ordnung in zwei Gruppen einteilen. Die ersten fünf Familien lassen sich als Watvögel zusammenfassen und werden auch Limikolen genannt. Sie benötigen außerhalb der Brutzeit, die viele von ihnen in Feuchtgebieten und Tundren im Norden Eurasiens verbringen, nahrungsreiche Schlickflächen, wo sie sich von Würmern, Insektenlarven und anderen Kleinlebewesen ernähren. Große Schwärme sind an den Küsten, besonders im Wattenmeer, zu beobachten. Im Binnenland rasten sie an schlammigen Ufern sowie gerne an Klärteichen und Rieselfeldern und im Frühjahr auf durch Hochwasser überschwemmten Wiesen und Feldern. Fast alle Arten legen vier Eier in eine Bodenmulde, einige halten sich nicht einmal zwei Monate pro Jahr in ihrem Brutgebiet auf und befinden sich den Rest des Jahres auf Wanderschaft und im Winterquartier. Bei den meisten Limikolen ziehen die Altvögel mehrere Wochen vor den Jungvögeln ab.

Triel (S. 72)

Komplizierter und vielfältiger wird es bei der von den folgenden fünf Familien gebildeten engeren Verwandtschaft der Möwen. Den Laufhühnchen sieht man nicht einmal an, dass sie dazugehören, Brachschwalbenverwandte bevorzugen trockene Lebensräume, Raubmöwen ernähren sich parasitisch, bei Alken denkt man eher an die mit ihnen überhaupt nicht verwandten Pinguine, und lediglich bei den Seeschwalben und den Möwen selbst glaubt man auf Anhieb, dass sie mit den anderen Familien gemeinsam in die Unterordnung der Möwenvögel gehören.

Austernfischer (S. 72)

Triele sind bei uns nur durch eine Art vertreten, die von den anderen Watvögeln durch die Bevorzugung von trockenem, steppenartigem Gelände, die überwiegend nächtliche Aktivität und nur zwei Eier im Nest abweicht. S. 72

Säbelschnäbler (S. 72)

Austernfischer sind gut taubengroß und bei uns nur durch eine charakteristisch gefärbte Art besonders an den Küsten vertreten. Im Gegensatz zu den meisten anderen Limikolen legen sie nur drei Eier und füttern ihre Jungvögel, bis diese flügge sind. S. 72

Säbelschnäblerverwandte, zu denen auch der Stelzenläufer gehört, kommen hauptsächlich an Salzwasser vor und wirken mit ihrem schwarz-weißen Gefieder und den langen Beinen sehr elegant. S. 72

Kiebitz (S. 74)

Regenpfeiferverwandte, in die auch die etwas größeren Kiebitze eingeschlossen sind, sind rundlich gebaut, tragen relativ kurze, weniger als kopflange, gerade Schnäbel und haben nur mittellange Beine. Während des pickenden Nahrungserwerbs laufen sie wie auf Rädern über offenes Gelände und Strände. Oft gibt das Schwanz- und Flügelmuster entscheidende Hinweise auf die Artzugehörigkeit.
S. 74-77, Flugbilder S. 82-83

Alpenstrandläufer (S. 86)

Schnepfenverwandte sind wiederum eine große und vielgestaltige Familie, innerhalb derer sich jedoch einige Gattungen gut abgrenzen lassen. Die Strandläufer *Calidris* sind sperlings- bis amselgroß, haben eher kurze bis mittellange Beine und meist gut kopflange, oft abwärts gebogene

Schnäbel. Die eigentlichen Schnepfen sind durch ihre tarnfarbige Oberseite, kurze Beine und extrem lange, gerade Schnäbel gekennzeichnet, die großen Schnepfen *Limosa* und die Brachvögel dagegen durch hohe Beine, letztere zusätzlich durch die Abwärtsbiegung der langen Schnäbel. Für die mittelgroßen Wasserläufer *Tringa* sind die hohen, oft bunten Beine, die langen Schnäbel und das häufige Körperwippen charakteristisch. Die Wassertreter *Phalaropus*, bei denen die Weibchen farbenprächtiger als die Männchen sind, schwimmen auf der freien Wasserfläche und picken mit ihren feinen Schnäbeln von dort Insekten auf. Innerhalb der Schnepfenvögel gibt es Arten, die eine „normale" Paarbindung für eine Brutsaison eingehen, z. B. Uferschnepfen, aber auch solche, bei denen sich ein Weibchen mit mehreren Männchen verpaart (viele Strandläufer), nur die Männchen brüten (Wassertreter) oder Männchen und Weibchen überhaupt keine engere Bindung eingehen (Kampfläufer). Die Küken in ihrem tarnfarbigen Dunenkleid sind Nestflüchter, suchen sofort selbst nach Nahrung und werden von den Altvögeln lediglich bewacht und gewärmt. Die Bestimmung aller Watvögel ist für den Beginner oft verwirrend, da Pracht-, Jugend- und Schlichtkleider unterschieden werden müssen (vgl. Darstellung der Kleiderfolge am Beispiel des Alpenstrandläufers auf der hinteren inneren Umschlagseite), viele Arten einander ohnehin sehr ähneln und die Beobachtungsentfernungen häufig groß sind. Meist liefern Beinlänge und -farbe, Schnabelform und Musterung auf Flügeln und Schwanz im Flug neben den kennzeichnenden Rufen wichtige Merkmale. S. 76-87, Flugbilder S. 82-83

Bekassine (S. 78)

Rotschenkel (S. 80)

Laufhühnchen sehen zwar völlig anders aus und bewohnen trockene, niedrig und dicht bewachsene Lebensräume, gehören aber zur näheren Verwandtschaft der Möwen. In Europa gibt es nur eine Art, die extrem selten in Spanien brütet. Ausgerechnet dort sind die Geschlechterrollen vertauscht und die Weibchen balzen. S. 72

Laufhühnchen (S. 72)

Brachschwalbenverwandte bewohnen Steppen, der hochbeinige Rennvogel sogar Wüsten. Die eigentlichen Brachschwalben erinnern durch ihre kurzen Beine und Schnäbel, die gegabelten Schwänze und die Spezialisierung auf den Fang von Insekten im Flug an Seeschwalben. S. 90

Rotflügel-Brachschwalbe (S. 90)

Möwenverwandte sind elegante, überwiegend weiß und grau gefärbte Flugkünstler, deren Erscheinungsbild jedermann bekannt ist. Da sie fast ausschließlich am Wasser vorkommen, tragen sie Schwimmhäute zwischen den Zehen. Die meisten Arten brüten in oft großen Kolonien am Meer, einige aber auch im Binnenland. Sie legen 2-3 Eier in Bodennester (z. B. Dreizehenmöwen aber an Klippen), die im Dunenkleid schlüpfenden Küken sind keine Nestflüchter, sondern bleiben dort lange Zeit sitzen und werden gefüttert. Männchen sind meist deutlich größer als Weibchen. In Anpassung an das zunehmende Nahrungsangebot (z. B. Fischereiabfälle, Mülldeponien) haben einige Arten zugenommen und ihre Verbreitungsgebiete erweitert. Bis das Alterskleid

Lachmöwe (S. 96)

angelegt wird, vergehen bei den kleinen Arten fast zwei, bei den großen bis zu fünf Jahre (vgl. Darstellung der Kleiderfolge auf der hinteren inneren Umschlagseite). Vorher ist die Bestimmung in vielen Fällen auch für Experten sehr kompliziert und macht oft die Benutzung von sehr ausführlicher Speziealliteratur erforderlich. Das gilt besonders für die Arten der Silber-Heringsmöwen-Gruppe. S. 94-101

Flussseeschwalbe (S. 102)

Seeschwalben bilden zwar keine eigene Familie, sondern gehören in diejenige der Möwenverwandten, unterscheiden sich aber von den Möwen durch ihre schlankeren Flügel, kleineren Körper, spitzen Schnäbel und meist deutlich gegabelten Schwänze. Die weißen Arten kommen hauptsächlich an Küsten vor, brüten meist in Kolonien, wo sie 1-3 Eier in Bodenmulden legen, und ernähren sich von Fischen und anderen kleinen Wassertieren, die sie aus dem Flug heraus stoßtauchend erbeuten. Dagegen kommen die drei im Prachtkleid schwärzlichen sogenannten Sumpfseeschwalben (S. 104) an Binnengewässern vor, legen ihre schwankenden Nester in der Schwimmblattzone an und picken Kleinlebewesen im niedrigen Suchflug von der Wasseroberfläche auf. Die Bestimmung von Seeschwalben wird oft erleichtert, wenn man die meist leuchtende Farbe und das Muster des Schnabels erkennen kann. S. 102-105

Schmarotzerraubmöwe (S. 90)

Raubmöwen sind braune Möwenvögel Nordeuropas, die sich darauf spezialisiert haben, andere Möwen im Flug zu verfolgen, bis diese die Nahrung fallenlassen oder auswürgen. Sofern es sich nicht um Vögel im Prachtkleid mit verlängerten mittleren Steuerfedern handelt, ist die sichere Bestimmung oft nur für Spezialisten möglich. Zwei Arten kommen in einer hellen und einer dunklen Morphe vor. Anders als bei Möwen sind die Weibchen größer als die Männchen. Raubmöwen brüten oft in lockeren Kolonien und legen nur zwei Eier. S. 90

Trottellumme (S. 92)

Alke sind Vögel des offenen Meeres, die nur zum Brüten an die Küsten kommen. Durch ihre schwarz-weiße Färbung und die Körperhaltung erinnern sie etwas an Pinguine. Mit Ausnahme der Gryllteiste (zwei Eier, oft einzeln brütend) bewohnen sie in oft riesigen Kolonien die Vogelfelsen Nordeuropas und legen nur ein Ei, teilweise auf schmale Felsbänder. In Mitteleuropa brüten sie nur auf Helgoland. Anhand der Schnabelform sind sie auch im Schlichtkleid gut unterscheidbar. S. 92

Spießflughuhn (S. 104)

FLUGHÜHNER

Flughühner sind etwa rebhuhngroße Bewohner von Trockengebieten und Wüsten, die oft in Trupps auf langen, spitzen Flügeln morgens und abends über große Entfernungen zu Wasserstellen fliegen und dort wie Tauben saugend trinken. Männchen können im speziell dafür strukturierten Bauchgefieder sogar Wasser für die nestflüchtenden Küken transportieren. Sie ernähren sich hauptsächlich von Sämereien. S. 104

TAUBEN

An ihren kleinen Köpfen, kurzen Schnäbeln und Beinen und kräftigen Körpern sind Tauben leicht erkennbar, ferner an ihren dumpf gurrenden Lautäußerungen. Sie legen zwei weiße Eier in ein frei stehendes, liederlich gebautes Nest, die Küken sind Nesthocker, nur die Hohltaube brütet in Baumhöhlen. Am Halsring lassen sich die Arten gut unterscheiden (fehlt aber im Jugendkleid), außerdem am Grundton des Gefieders und den Flügelbinden. Außerhalb der Brutzeit bilden viele Arten große Trupps. Eine Besonderheit der Tauben ist ihre Fähigkeit, saugend zu trinken und die Küken mit einer selbst produzierten „Kropfmilch" zu füttern. S. 106

Ringeltaube (S. 106)

KUCKUCKE

In der Gestalt erinnern Kuckucke besonders im Flug an kleine Falken. Sie legen ihre Eier in Nester vieler anderer Vogelarten (der Häherkuckuck fast nur in Elsternester). Weitere Besonderheiten sind zwei nach vorne und zwei nach hinten weisende Zehen und im Nahrungsspektrum der hohe Anteil behaarter Raupen, die von anderen Vögeln gemieden werden. S. 112

Kuckuck (S. 112)

EULEN

Als hauptsächlich in der Dunkelheit aktive Beutegreifer bleiben Eulen dem Vogelbeobachter meist verborgen. An ihren großen, runden, bis zu 270° drehbaren Köpfen mit den nach vorne gerichteten Augen sind sie jedoch leicht kenntlich und von anderen Vogelordnungen zu unterscheiden. Während der Sperlingskauz nur so groß wie ein Star ist, übertrifft der Uhu sogar noch den Mäusebussard. Entsprechend schwankt die Größe der Beutetiere von Insekten und Regenwürmern über Mäuse und Vögel bis hin zu Jungfüchsen. Die Nahrung wird hauptsächlich über das sehr gute Gehör geortet, wobei der Gesichtsschleier als Schallreflektor dient. Nester werden nicht gebaut, die fast runden, rein weißen Eier werden bei den meisten Arten in Höhlen, bei einigen in alte Krähennester (Waldohreule) oder auf den Boden (Sumpfohreule) gelegt; ihre Anzahl richtet sich stark nach dem verfügbaren Nahrungsangebot. Die Jungvögel verlassen das Nest lange bevor sie die Flugfähigkeit erreichen in einem zweiten Dunenkleid. Da man öfter auf diese sogenannten „Ästlinge" trifft, sind sie hier ebenfalls abgebildet. Man sollte sich dann schnell entfernen, da die Altvögel mitunter sehr aggressiv werden können. Im Freiland sind (außer bei der Schneeeule) keine Alters- oder Geschlechtsunterschiede sichtbar. Größe, Augenfarbe oder das Vorhandensein von Federohren sind zwar wichtige Merkmale, falls man einer Eule zufällig bei Tageslicht begegnet, nützlicher ist jedoch die Kenntnis der meist dumpf klingenden Lautäußerungen. S. 108-111

Uhu (S. 108)

Schleiereulen sind fast weltweit verbreitet und werden aufgrund anatomischer Besonderheiten von den übrigen Eulen als eigene Familie abgetrennt. S. 108

Schleiereule (S. 108)

Ordnungen und Familien

Nachtschwalbe (S. 112)

NACHTSCHWALBEN

Nachtschwalben sind bei uns die einzige Familie dieser Ordnung, gekennzeichnet durch die lang gestreckten, rindenfarbigen Körper und die falkenartig schmalen Flügel. Mit ihren extrem breiten, bei voller Öffnung an der Basis wie ein Käscher geformten Schnäbeln fangen sie nachts über offenem Gelände Insekten. Die 2 braun gefleckten Eier werden auf den nackten Boden gelegt. S. 112

Mauersegler (S. 112)

SEGLER

Segler als pfeilschnelle Flieger auf sichelförmigen Flügeln sind nicht etwa mit den Schwalben, sondern mit den Kolibris verwandt. Die 2-3 weißen Eier werden in Höhlen oder Spalten gelegt, die Jungvögel sind Nesthocker, die Geschlechter gleich gefärbt. Segler verbringen fast ihr ganzes Leben in der Luft, schlafen und paaren sich dort sogar, können aber kaum laufen und sich mit ihren vier nach vorne gerichteten Zehen nur hängend festklammern. S. 112

Blauracke (S. 114)

RACKENVÖGEL

In diese bunte Ordnung gehören die auf drei hauptsächlich im Süden verbreitete Familien aufgeteilten „fliegenden Edelsteine" unserer Vogelwelt. Sie legen alle 4-8 weiße Eier in (teilweise selbst gegrabene) Höhlen, die Küken sind Nesthocker, die Weibchen wie die Männchen gefärbt. Bis auf den Eisvogel sind alle Arten Wärme liebende Zugvögel, die in Afrika überwintern.

Racken sind dohlengroß, brüten in Baumhöhlen und jagen von einer Warte aus Insekten und kleine Wirbeltiere am Boden. Bei der Flugbalz lässt das Männchen die blauen Flügel leuchten. S. 114

Eisvogel (S. 114)

Eisvögel graben zur Brut eine bis zu 1 m lange waagerechte Röhre in Steilwände. Um die Verluste in strengen Wintern auszugleichen, können sie bis zu drei Bruten im Jahr durchführen. Sie ernähren sich von Kleinfischen und anderen Wassertieren, die sie mit dem dolchartigen Schnabel stoßtauchend erbeuten. S. 114

Bienenfresser (S. 114)

Spinte sind in Europa durch den farbenprächtigen Bienenfresser mit verlängerten mittleren Steuerfedern vertreten. Wie der Eisvogel legt er Bruttöhren an, bildet allerdings meist Kolonien und ernährt sich von im Flug erbeuteten Insekten. S. 114

Wiedehopf (S. 114)

HOPF- UND HORNVÖGEL

Wiedehopfe gehören mit den Familien der Hornvögel und Baumhopfe in eine Ordnung. Sie brüten in Baumhöhlen, Erd- oder Mauerlöchern. Zur Feindabwehr können sie während der Brutzeit ein übel riechendes Sekret absondern. Mit dem gebogenen Schnabel stochern sie nach Insekten, Würmern und Engerlingen. S. 114

SPECHTVÖGEL

Spechte haben, um Insekten und deren Larven aus morschem Holz zu klauben, kräftige Meißelschnäbel, weit herausschnellende Zungen, steife Stützschwänze und derbe Klammerfüße mit zwei nach vorne und zwei nach hinten weisenden Zehen entwickelt. Sie legen 4-8 weiße Eier in selbst gezimmerte Baumhöhlen, die Küken sind Nesthocker. Bei der Balz „trommeln" sie auch, indem sie in rascher Folge auf das Holz schlagen. Kennzeichnend ist der Wellenflug. Eine Ausnahme innerhalb der Spechte bildet der Wendehals, der als einziger Specht zieht, nie trommelt und seine Nisthöhle nicht selber schlägt. Bei der Bestimmung von Spechten ist auf die Lage und Ausdehnung roter Kopfflecken und weißer Bereiche auf der Oberseite zu achten, Jungvögel sowie die Geschlechter lassen sich meist unterscheiden. S. 116-119

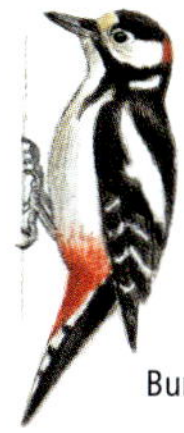

Buntspecht (S. 118)

FALKEN

Falken ähneln in ihrer Lebensweise zwar den Greifvögeln, sind aber nicht mit ihnen, sondern eher mit Papageien verwandt. Sie sind klein bis mittelgroß, ernähren sich von Wirbeltieren oder Insekten und sind an ihren spitzen, leicht gewinkelten Flügeln, auf denen sie hohe Geschwindigkeiten erreichen können, leicht erkennbar. Sie bauen keine eigenen Nester, sondern legen ihre 3-7 Eier auf Felsvorsprünge oder in alte Nester anderer Arten. Weibchen sind deutlich größer als Männchen und bei den kleineren Arten unscheinbarer gefärbt. S. 68, Flugbilder S. 67

Turmfalke (S. 68)

PAPAGEIEN

Eigentlich handelt es sich bei Papageien überwiegend um eher tropische Vögel, doch haben entflogene Arten in mehreren Städten Europas wachsende Kolonien gegründet. Sie bevorzugen Parks, wo sie ihre 3-6 Eier in Höhlen ausbrüten. Die drei hier behandelten Papageien sind am häufigsten, doch gibt es lokal auch Brutansiedlungen mehrerer weiterer verstädterter Arten. S. 114

Halsbandsittich (S. 114)

SPERLINGSVÖGEL

Mit über 6000 Arten stellen die Sperlingsvögel mehr als die Hälfte der Vogelarten der Erde und sind die mit Abstand größte Vogelordnung mit den meisten Familien, allein in Europa 31. Von den zwei Unterordnungen der Sperlingsvögel kommt in Europa nur eine vor, nämlich diejenige der Singvögel (die andere sind die vorwiegend amerikanischen Schreivögel). Daher wird in Europa – nicht ganz korrekt – die gesamte Ordnung manchmal als „Singvögel" bezeichnet. Innerhalb dieser Singvögel gibt es zwei ganz unterschiedliche Gruppen. Die Pirole, Würger und Krähenverwandten bilden nämlich eine eigene Überfamilie, die sich unabhängig von allen anderen Sperlingsvogel-Familien entwickelt hat und daher nach neuem Wissensstand an den Beginn der systematischen Reihenfolge gestellt wird.

Ordnungen und Familien

Innerhalb der enormen Vielfalt bei den Sperlingsvögeln haben sich die verschiedensten Lebensformen ausgebildet: von den vier Gramm leichten Goldhähnchen zum 1,7 Kilogramm schweren Kolkraben, von den einzelgängerischen Schwirlen über die sozialen Schwanzmeisen zu den Schwärme bildenden Staren, von der schluchzenden Nachtigall zur krächzenden Saatkrähe, vom Blattläuse jagenden Laubsänger zum Kirschkerne knackenden Kernbeißer, von der am Bachgrund laufenden Wasseramsel über den kopfüber Stämme hinab laufenden Kleiber zur hoch im Himmel jagenden Mehlschwalbe. Dennoch haben sie viele Gemeinsamkeiten, die eine klare Abgrenzung von allen anderen Ordnungen erlauben: Von den vier Zehen sind drei nach vorne und eine nach hinten gerichtet und bilden einen Klammerfuß, fast alle Arten bauen Nester, die Küken schlüpfen blind und nackt, sind Nesthocker und werden von den Eltern lange gefüttert. Schließlich haben alle Singvögel einen hoch entwickelten Stimmapparat, mit dem sie melodische, artkennzeichnende, oft auch mit Imitationen durchsetzte Gesänge hervorbringen können. Fast alle Arten sind an Landlebensräume gebunden, die meisten besiedeln höhere Vegetation, Büsche und Bäume.

Neuntöter (S. 120)

Bei den Singvögeln zeigen die verschiedenen Familien charakteristische Eigenheiten, die eine rasche Zuordnung ermöglichen und mit denen man sich daher vertraut machen sollte. Manche Familien sind sehr klein und bei uns nur durch wenige Arten vertreten (z. B. Zaunkönige, Braunellen), andere wiederum so groß, dass man hier sogar noch deutliche Unterschiede zwischen den Gattungen definieren kann (z. B. bei den Schnäpperverwandten). Beim ersten Bestimmungsansatz hilft meist ein Blick auf den Schnabel (hoher Körner- oder dünner Insektenfresserschnabel), den Körperbau (kräftig oder schlank, eher behäbige oder flinke Bewegungsweise) und die Schwanzform (z. B. gerundet, gerade abgeschnitten oder gekerbt), dann auf Farbverteilung und auffallende Abzeichen, gleichzeitig aber die Wahrnehmung jeder Lautäußerung.

Pirol (S. 120)

Würger erinnern durch Hakenschnabel und langen Schwanz an kleine Falken, bewohnen offenes Gelände, wo sie von Warten aus Wirbellose und kleine Wirbeltiere jagen, spießen ihre Beute zur Vorratshaltung manchmal auf Dornen, zeigen einen ausgeprägten Wellenflug und legen ihre Nester in dichtem Gebüsch an. S. 120

Pirole weben ihr hängendes Nest in eine waagerechte Astgabel. Die drosselgroßen Vögel leben von Früchten und Wirbellosen, darunter besonders viele auch behaarte Raupen. Trotz der leuchtenden Farben sind sie selten zu beobachten, da sie in den Baumkronen versteckt bleiben. S. 120

Kolkrabe (S. 124)

Krähenverwandte gehören zu den am höchsten entwickelten und intelligentesten Vögeln. Obwohl sie die größten Singvögel sind, geben sie eher raue als melodische Töne von sich. Viele der tauben- bis bussardgroßen Arten sind schwarz oder kaum gemustert, der Eichelhäher ist aber sehr bunt. Die Geschlechter sind identisch gefärbt. Alle haben kräftige Füße und derbe Schnäbel und fressen fast alles. Die meist aus Reisig gebauten Nester enthalten 3-7 auf blaugrünem Grund gefleckte Eier. Die Arten dieser besonders erfolgreichen Vogelfamilie verteilen sich auf alle Lebensräume, vom Hochgebirge bis in die Innenstädte, einige sind sehr gesellig. S. 122-125

Seidenschwänze ernähren sich im Sommer im skandinavischen Brutgebiet nach Schnäpperart hauptsächlich von Insekten, im Winter dagegen von oft bereits vergorenen Beeren, wobei ihre einzigartig vergrößerte Leber beim schnellen Alkoholabbau hilft. Eine weitere Besonderheit sind die roten Siegellackplättchen an den Armschwingen. S. 146

Meisen sind ganzjährig zu sehen, turnen auf der Suche nach Samen und Insekten geschickt durch das Gezweig und besuchen gern Futterhäuser. Diese echten Meisen sind im Gegensatz zu den anderen, auch „Meisen" genannten Familien Höhlenbrüter, die ihre Moosnester mit bis zu 16 weißen, rötlich gepunkteten Eiern gerne in Nistkästen anlegen. Nur Hauben- und besonders Weidenmeisen schlagen sich ihre Höhlen auch selbst in morsches Holz. Im Winter schließen sich Meisen gerne zu gemischten Trupps zusammen. S. 126

Beutelmeisen leben in Baumgruppen und anderer höherer Vegetation an Gewässern und bauen an Wollsocken erinnernde Hängenester. Im Gegensatz zu den verwandten Meisen verlassen sie uns im Winter. S. 128

Bartmeisen sind nur in ausgedehnten Schilfgebieten durch die gesellige, langschwänzige Bartmeise vertreten, deren manchmal hohe Winterverluste durch drei Jahresbruten ausgeglichen werden können. S. 128

Lerchen leben in offenem Gelände hauptsächlich am Boden und sind unscheinbar braun gefärbt. Sie ernähren sich von Samen, Pflanzenteilen und Wirbellosen. Die Männchen singen im Flug. 3-5 braun gefleckte Eier werden in ein Bodennest gelegt. Von den manchmal ähnlich aussehenden Piepern sind sie durch robusteren Körperbau, breitere Flügel und kräftigere Schnäbel unterschieden. S. 130

Schwalben werden meist beim eleganten Insektenfang in der Luft beobachtet, besitzen schmale Flügel und mehr oder weniger gegabelte Schwänze. Jede Art hat ihre typische Nistweise, teilweise in Kolonien. Vor dem Wegzug sind oft große Trupps auf Leitungsdrähten und Schwärme von Rauch- und Uferschwalben über Schlafplätzen im Schilf zu beobachten. S. 128

Buschsänger sind in Europa nur durch den sich im Süden in feuchten Dickichten versteckenden Seidensänger vertreten, der im Gegensatz zu fast allen anderen Arten nur zehn statt zwölf Steuerfedern besitzt. S. 136

Seidenschwanz (S. 146)

Kohlmeise (S. 126)

Beutelmeise (S. 128)

Bartmeise (S. 128)

Feldlerche (S. 130)

Rauchschwalbe (S. 128)

Seidensänger (S. 136)

Ordnungen und Familien

Schwanzmeise (S. 128)

Zilpzalp (S. 132)

Teichrohrsänger (S. 136)

Feldschwirl (S. 134)

Zistensänger (S. 134)

Mönchsgrasmücke (S. 140)

Wintergoldhähnchen (S. 144)

Schwanzmeisen leben ganzjährig gesellig in unterholzreichen Wäldern und Gebüsch, sind durch den kleinen Körper mit langem Schwanz unverkennbar und bauen kugelige, mit Flechten getarnte Nester aus Moos und Spinnweben. S. 128

Laubsänger sind kleine, sehr agile grünliche Vögel, die sich zwar in ihren Gesängen deutlich unterscheiden, optisch aber sehr ähneln. Bei der Bestimmung ist besonders auf das Kopfmuster und das Vorhandensein von Flügelbinden zu achten, oft hilft nur die Länge der sichtbaren Handschwingen. Alter und Geschlecht lassen sich nicht unterscheiden. Als Insektenfresser ziehen sie vor dem Winter ab. Ihre backofenförmigen Nester bauen sie am Boden oder dicht darüber. S. 132

Rohrsängerverwandte umfassen Rohrsänger und Spötter. Rohrsänger lassen sich in oberseits gestreifte und ungestreifte Arten trennen, bewohnen Röhricht und andere Pflanzen an Gewässerrändern, bauen kunstvolle Napfnester, die zwischen senkrechten Halmen aufgehängt werden und singen überwiegend sehr rau (S. 134-137). Einige Spötter sind für ihre hervorragenden Imitationen anderer Vogelstimmen bekannt, bewohnen Gebüsch und Bäume und fallen durch ihre Kopfform mit langem Schnabel und spitzem Scheitel auf. Anders als Rohrsänger haben sie eine breitere Schnabelbasis und kürzere Unterschwanzdecken sowie oft helle Schwanzkanten (S. 138). Bei allen Gattungen sind zur sicheren Bestimmung vor allem Feinheiten der Gefiederfärbung und der Struktur zu beachten – sofern sie nicht ihre typischen Gesänge hören lassen. S. 134-139

Schwirlverwandte zeichnen sich durch ihre im Gegensatz zu Rohrsängern breiten, gerundeten Schwänze mit langen Unterschwanzdecken und ihre oft insektenartigen Gesänge aus. Schwirle sind unscheinbar bräunlich und halten sich meist versteckt in dichter Vegetation auf. S. 134

Halmsänger leben hauptsächlich in Afrika und sind in Europa nur durch den Zistensänger vertreten, der offenes Grasland in Südeuropa bewohnt. S. 134

Grasmückenverwandte bewohnen Wald und Gebüsch, wo sie ihre kunstvoll aus Halmen und Wurzelfasern gebauten Napfnester anlegen, sind hauptsächlich Insektenfresser, vor dem Wegzug im Herbst aber oft an Beerensträuchern zu sehen. Die Geschlechter sind bei den bunteren Grasmücken meist verschieden gefärbt. Sie haben oft schöne plaudernde, zwitschernde oder flötende Gesänge. S. 140-143

Goldhähnchen sind unsere kleinsten Vögel. Sie sind sehr agil und legen ihre kugeligen Nester aus Moos und Flechten in Wipfeln von Nadelbäumen an. Sie ernähren sich von winzigen Insekten und Spinnen und müssen wegen ihres sehr hohen Energieumsatzes ständig auf Futtersuche sein. Ihre Stimmen sind so hoch, dass ältere Menschen sie oft nicht mehr hören. S. 144

Zaunkönige lassen sich an der geringen Größe und dem meist gestelzten Schwanz leicht erkennen. Die einzige bei uns vorkommende Art baut ihr kugelförmiges Nest aus Moos mit 4-8 rostfarben gesprenkelten Eiern meist in Bodennähe in dichtem Unterholz. Alle weiteren über 80 Arten dieser Familie leben in Amerika. Im Winter finden sich Zaunkönige in geschützten Nischen, z. B. in Nistkästen, zu dicht gedrängten Schlafgemeinschaften zusammen, um sich gegenseitig zu wärmen. S. 146

Kleiber wirken durch ihre kurzen Schwänze etwas untersetzt. Sie können mit dem Kopf nach unten an Baumstämmen laufen und bauen ihr Nest aus Rindenstückchen in alten Spechthöhlen oder Nistkästen, deren Einflugloch mit Lehm auf die eigene Taillenweite verkleinert wird. S. 144

Mauerläufer suchen an Gebirgsfelsen kletternd und in fast schmetterlingsartigem Flug mit ihrem abwärts gebogenen Schnabel nach Wirbellosen. Die Familie besteht nur aus dieser einzigen bis Ostasien vorkommenden Art. S. 144

Baumläufer, meisenartige, rindenfarben braun gestreifte Vögel, klettern wie kleine Spechte an Baumstämmen und suchen mit dem gebogenen Schnabel in Rindenspalten nach Wirbellosen. Ihre Nester legen sie hinter abstehender Baumrinde an. S. 144

Starenverwandte unterscheiden sich sofort von den ähnlichen Drosseln durch ihre Kurzschwänzigkeit, die trippelnde statt hüpfende Fortbewegung und ihren sehr abwechslungsreichen, plaudernden, mit Pfiffen und Imitationen durchsetzten Gesang. Sie legen ihre 4-6 weißen Eier in Höhlen und ernähren sich von Wirbellosen, Beeren und Früchten. Besonders außerhalb der Brutzeit treten sie in großen Schwärmen auf, die gemeinsam in Schilf oder Bäumen übernachten. S. 146

Drosseln bilden wiederum eine große Familie von mittelgroßen Arten, die alle recht hochbeinig und großäugig sind, meist am Boden hüpfend nach Wirbellosen suchen, aber auch Beeren und Früchte zu sich nehmen. Die offenen, napfförmigen Halmnester mit 3-8 farbig gemusterten Eiern stehen in Büschen oder Bäumen, das Jugendkleid ist deutlich gefleckt. Bei den meisten Arten lassen sich die Geschlechter nicht unterscheiden. Typisch für Drosseln sind ihre meist lauten und wohltönenden Gesänge. S. 148

Schnäpperverwandte bilden eine große, auf die Alte Welt beschränkte Familie und umfassen äußerlich recht verschieden wirkende Gattungen wie den Heckensänger, die Schnäpper, Steinmerlen, Wiesenschmätzer, Erdsänger, Rotschwänze und Steinschmätzer. Die meisten von ihnen sind eher klein, stehen sehr aufrecht und haben sich darauf spezialisiert, von einer Warte aus erspähte Insekten im Flug oder am Boden zu erbeuten. Besonders ausgeprägt ist dies

Zaunkönig (S. 146)

Kleiber (S. 144)

Mauerläufer (S. 144)

Waldbaumläufer (S. 144)

Star (S. 146)

Amsel (S. 148)

Trauerschnäpper (S. 150)

Rotkehlchen (S. 152)

Wasseramsel (S. 146)

Haussperling (S. 156)

Heckenbraunelle (S. 156)

Wiesenpieper (S. 158)

Bachstelze (S. 160)

bei den Schnäppern, die in Höhlen oder Halbhöhlen brüten. Die beiden Rotschwänze fallen allein schon durch die Färbung ihrer Steuerfedern auf und sind ebenfalls Höhlen- bzw. Halbhöhlenbrüter. Einige besonders schön singende Arten, zu denen Nachtigall, Blau- und Rotkehlchen gehören, werden häufig zusammenfassend als Erdsänger bezeichnet, da sie sich meist in Bodennähe in dichter Vegetation aufhalten und dort auch brüten. Eine einheitliche Gruppe bilden auch die Steinschmätzer mit ihren weißen Bürzeln, die offenes Gelände bevorzugen. S. 150-155

Wasseramseln kommen bei uns nur mit einer Art vor, deren Silhouette an einen riesigen Zaunkönig erinnert. Sie wohnen an Fließgewässern, wo sie von kleinen Wassertieren leben, legen 4-6 weiße Eier in backofenförmige Moosnester am Ufer und können als einzige Singvögel tauchen. S. 146

Sperlinge tragen die kräftigen Schnäbel von Körnerfressern, sind nur auf den ersten Blick eher unscheinbar gefärbt und fallen auch nicht durch besondere Stimmbegabung auf. Sie legen 3-7 gefleckte Eier in etwas liederlich gebaute Nester in Nischen, einige Arten auch in Nistkästen. Weidensperlinge bauen oft frei stehende Nester in regelrechten Kolonien, auch als „Untermieter" in große Storchennester. Meist trifft man die Vögel in Gruppen an, besonders in offener Landschaft mit vielen Grassamen. S. 156

Braunellen sind so unscheinbar, dass sie leicht für Sperlinge gehalten werden, haben aber feinere Schnäbel. Die 3-6 türkisblauen Eier werden in ein Moosnest in Bodennähe gelegt. Braunellen sind, im Gegensatz zu fast allen anderen Vogelfamilien, in ihrem Vorkommen auf Eurasien beschränkt. Die meisten Arten leben im Gebirge, die Heckenbraunelle auch im Flachland. S. 156

Stelzenverwandte umfassen die Pieper und Stelzen, sind schlanke, lang gestreckte, hochbeinige Insektenfresser, die oft mit dem langen Schwanz wippen, einen ausgeprägten Wellenflug zeigen und offenes Gelände bevorzugen. Bei den schwer bestimmbaren, unscheinbar braunen Piepern sind die Geschlechter gleich gefärbt. Die meist in Wassernähe anzutreffenden Stelzen sind extrem langschwänzig und auffallend gemustert, ihre Kleider gut unterscheidbar. Bei beiden Gattungen stehen die Nester mit 4-7 Eiern am Boden, bei Bach- und Gebirgsstelze auch höher in Halbhöhlen. S. 158-161

Finken zeigen den kegelförmigen Körnerfresserschnabel in den verschiedensten Variationen, winzig beim Girlitz, kurz beim Gimpel, lang beim Stieglitz, gewaltig beim Kernbeißer und gekreuzt bei Kreuzschnäbeln, jeweils in Anpassung an die besondere Art des Nahrungserwerbs. Von Ödland über Gärten bis in Wälder kommen sie überall vor, wo es die entsprechenden Sämereien gibt. Bei den meisten Arten lassen sich die Geschlechter unterscheiden, oft tragen die Männchen trillernde Gesänge vor, teilweise im Flug. Die offenen

Halmnester mit 3-6 gefleckten Eiern stehen in Büschen oder Bäumen. Bei der Bestimmung im Flug liefern Flügel- und Schwanzmuster eindeutige Merkmale (s. vordere innere Umschlagseite). Die meisten Arten sind auch im Winter bei uns zu beobachten, teilweise sogar am Futterhaus. Der Fichtenkreuzschnabel brütet als einziger heimischer Vogel sogar im Winter. S. 162-167

Buchfink (S. 162)

Tundraammern Die beiden europäischen Vertreter dieser von den eigentlichen Ammern abgetrennten Familie brüten im äußersten Norden in offener Landschaft wie Tundra und Bergland und sind durch weiße Bäuche, lange Hinterkrallen und Flügel gekennzeichnet. Zum Überwintern ziehen sie an mitteleuropäische Küsten, seltener ins Binnenland. S. 168

Spornammer (S. 168)

Ammern ernähren sich vorwiegend von Sämereien, haben also Körnerfresserschnäbel, bewohnen aber fast ausschließlich offenes Gelände, wo sie ihre 3-6 mit Schnörkeln verzierten Eier in Bodennestern verstecken. Weibchen sind meist brauner als die oft von erhöhten Warten aus etwas melancholisch oder monoton singenden Männchen, die sich allein anhand der Kopf- und Brustfärbung auf Anhieb unterscheiden lassen. S. 168-171

Goldammer (S. 168)

NEUER VOGELSTAMMBAUM

Schon die hier vorgestellte aktuelle Reihenfolge der Ordnungen und Familien der Vögel Europas ist für viele Vogelbeobachter ungewohnt. Ergebnisse neuer molekularbiologischer Untersuchungen haben inzwischen zu weiteren massiven Veränderungen bei der Rekonstruktion des Stammbaums der Vögel geführt, die nachfolgend kurz vorgestellt werden. Vorerst werden diese aber nicht in Bestimmungsbüchern umgesetzt, da sie deren Benutzung sehr erschweren würden.

An der Basis des Stammbaums der heute lebenden Vogelarten (Neornithes) gibt es eine vor etwa 72 Millionen Jahren erfolgte Gabelung. Auf der einen Seite stehen die **Urkiefervögel** (Palaeognathae), zu denen z. B. die Ordnungen der Strauße, Nandus und Kiwis gehören, insgesamt 60 oft flugunfähige Arten, von denen keine in Europa vorkommt, auf der anderen die **Neukiefervögel** (Neognathae), zu denen die übrigen fast 11.000 heute lebenden Vogelarten gehören.

Eine zweite große Trennung liegt ebenfalls etwa 70 Millionen Jahre zurück, als sich die beiden Ordnungen der Enten- und Hühnervögel (zusammen **Galloanseres** genannt) mit weltweit knapp 500 Arten von allen anderen als **Neoaves** bezeichneten Ordnungen mit über 10.000 Arten getrennt haben. Bis zu diesem Punkt sind die Forschungsergebnisse schon länger in moderne Systematiken und Bestimmungsbücher eingeflossen.

Neu ist nun aber, dass sich sämtliche verbleibenden Vogelordnungen ihrer Verwandtschaft nach auf fünf große Äste verteilen, die sich vor etwa 65 bis 70 Millionen Jahren getrennt haben und Kladen genannt werden. Am Beginn ist nun eine Gruppe von Kladen der **„frühen Landvögel"** platziert. Die erste Klade bilden die Schwalmvögel (Nachtschwalben) und Segler (einschließlich der Kolibris). Die zweite Klade wird einerseits von den nahe miteinander verwandten Trappen und Kuckucken gebildet, andererseits von den Tauben und Flughühnern. In der dritten Klade befindet sich allein die Ordnung der Kranichvögel einschließlich der Rallen.

Dagegen ist die vierte Klade der **Kern-Wasservögel** (Aequorlithornithes) groß. Dazu gehören die nah verwandten Ordnungen der Flamingos und Lappentaucher, die Wat-, Möwen- und Alkenvögel, die Seetaucher, Röhrennasen, Störche, Ruderfüßer, Schreit- und Pelikanvögel.

Der fünfte Ast beherbergt die Klade der **Kern-Landvögel** (Telluraves) und damit gut drei Viertel aller Vogelarten. Er gabelt sich in die in Afrika entstandenen und daher als Afroaves bezeichneten Ordnungen der Greifvögel, Eulen, Hopf- und Hornvögel, Rackenvögel und Spechtvögel sowie andererseits in die als Australaves zusammengefassten Ordnungen der Falken, Papageien und Sperlingsvögel.

Hinweise zu den Artbeschreibungen

FARBTAFELN

Sieht man einen zunächst unbekannten Vogel, wird man meist versuchen, allein durch Blättern in den Farbtafeln eine Abbildung zu entdecken, die ihm am ähnlichsten sieht. Wenn man sich zuvor mit den allgemeinen Merkmalen der Ordnungen und Familien vertraut gemacht hat (ab S. 11) oder bereits etwas Erfahrung in der Vogelbestimmung besitzt, kann man etwas gezielter suchen. Dann kann auch die Übersicht der Familien auf den inneren Umschlagklappen (vorne für die Nicht-Sperlingsvögel, hinten für die Sperlingsvögel), jeweils unterlegt mit den über jeder Textseite stehenden Farbbalken, beim schnellen Auffinden helfen.

Die Arten sind in systematischer Reihenfolge behandelt, doch wurden in einigen Fällen zwar nicht näher verwandte, aber einander dennoch ähnelnde Familien oder Arten nebeneinander gestellt, um eine bessere Vergleichbarkeit zu ermöglichen.

Die Tafeln zeigen die Vögel in den bei uns am häufigsten zu sehenden Kleidern. Sofern sich Geschlechts- oder Altersunterschiede erkennen lassen, sind diese dargestellt und genauer bezeichnet. Dabei wurden folgende Abkürzungen benutzt:

♂	Männchen
♀	Weibchen
PK	Prachtkleid
SK	Schlichtkleid
AK	Alterskleid
JK	Jugendkleid
1. W	erstes Winterkleid
1. S	erstes Sommerkleid
2. W	zweites Winterkleid usw.

Ausführliche Erläuterungen zu den verschiedenen Kleidern der Vögel finden sich auf S. 9-10. Dieselben Abkürzungen werden natürlich auch im Textteil benutzt. Sofern an einer Zeichnung keine Alters-, Kleider- oder Geschlechtsangabe steht, ist eine genauere Unterscheidung im Freiland auch nicht möglich. Ebenso sind diese Angaben entfallen, wenn sie selbstverständlich sind, also z. B. beim Alterskleid, wenn daneben ein als solches auch bezeichnetes Jugendkleid abgebildet ist.

Bei vielen Arten wurde zudem versucht, im die Einzeldarstellungen verschiedener Kleider einer Vogelart verbindenden **Hintergrund** den für die Bestimmung oft hilfreichen Lebensraum anzudeuten, z. B. durch typische Pflanzenarten.

Hinweisstriche machen auf unbedingt zu beachtende Merkmale im Vergleich zu ähnlichen Arten aufmerksam und erleichtern es, die wichtigsten Kennzeichen rasch zu erfassen. Bei sofort ins Auge springenden Merkmalen und unverwechselbaren Arten wurde oft auf diese Hinweisstriche verzichtet, um die Schönheit der Vögel nicht zu beeinträchtigen.

Unter jeder Abbildung steht vor dem **Artnamen** eine **Zahl**, die zum jeweils zugehörigen Text auf der gegenüberliegenden Seite führt.

TEXT

Im Text findet sich hinter der **Abbildungsnummer** der **deutsche Name** der betreffenden Vogelart.

Mit **G** abgekürzt wurde die Angabe zur **Größe** des Vogels. Sie wird von der Schnabel- bis zur Schwanzspitze gemessen (wobei extrem verlängerte mittlere Steuerfedern einzelner Arten nicht berücksichtigt wurden). Bei größeren Arten, die auch häufiger im Flug zu sehen sind, ist zusätzlich die mit **Sp** abgekürzte **Flügelspannweite** angegeben. Grundsätzlich sollte man mit Größenangaben bei der Bestimmung vorsichtig umgehen. Einerseits gibt es eine erhebliche Variation und sind die Geschlechter oft unterschiedlich groß, andererseits ist es ohne direkten Vergleich kaum möglich, die tatsächliche Größe eines Vogels einzuschätzen. Einige Vergleichswerte für häufigere Arten sind unter den Silhouetten auf der vorderen inneren Umschlagklappe aufgelistet.

Für jede in Europa brütende Art ist eine kleine **Verbreitungskarte** beigefügt. Während der Brutzeit erlaubt sie eine Einschätzung der Wahrscheinlichkeit, eine Vogelart in einer bestimmten Region überhaupt anzutreffen. Von den nur im Norden brütenden Arten erscheinen sehr viele während der Zugzeiten oder auch als Wintergäste südlich der eingezeichneten Verbreitung in weiten Teilen Europas. Weitere Angaben zu Vorkommen und Verbreitung finden sich in den beiden letzten Abschnitten der Arttexte.

Die erste Zeile des Textblocks beginnt mit dem *kursiv* gedruckten **wissenschaftlichen Namen**, der einerseits etwas über die Gattungszugehörigkeit und damit über die Verwandtschaft der betroffenen Vogelart aussagt, andererseits der internationalen Verständigung dient.

Der Buchstabe **K** leitet die Angaben zu den **Kennzeichen** ein. Sie beginnen meist mit den in allen Kleidern gültigen Grundmerkmalen der Gestalt, Färbung oder des Vorkommens. Daran schließen sich, sofern unterscheidbar, Angaben zu den einzelnen Kleidern an. Manchmal stehen am Schluss noch Informationen zur Flugweise oder zu typischem Verhalten. Auch manche auf den ersten Blick nicht verständliche Hinweisstriche auf den Tafeln finden hier ihre Erläuterung. Natürlich gibt es häufig noch sehr viel mehr Kennzeichen, aber die hier erwähnten reichen in jedem Fall zur sicheren Bestimmung aus und sollten nach Möglichkeit auch alle am beobachteten Vogel gesehen werden. Viele weitere Unterscheidungsmerkmale lassen sich bei eingehender Betrachtung und Vergleich der auch im Detail sehr genauen Zeichnungen meist unschwer selbst entdecken.

Ein **S** leitet die Informationen zur **Stimme** ein. Bei Arten, deren Gesang bei uns zu hören ist, wird dieser zuerst beschrieben, durch ein Semikolon getrennt von den nachfolgenden Angaben zu den meist ganzjährig zu hörenden Rufen. Bei Gästen und Durchzüglern sind oft nur die auch außerhalb der Brutzeit geäußerten Rufe beschrieben. Bei den meisten Arten steht neben dem Artnamen ein Kasten mit einer Zahl **001**. Sie verweist auf die Nummer, unter der ihre Stimmen durch Eingabe der Ziffernfolge sofort in der zu diesem Buch gehörenden **KOSMOS-PLUS-APP** zu finden sind (die aber auch alphabetisch sortiert werden kann). Diese App kann kostenlos auf Mobilgeräte geladen werden.

Zusätzlich befindet sich am Schluss des Buchs noch einmal ein ausführlicher separater **Bestimmungsschlüssel für Vogelstimmen**. Dort sind Lautäußerungen von 177 in Deutschland brütender Singvögeln und vielen weiteren Arten ausführlich beschrieben. Lesen Sie dazu bitte die ausführlichen Angaben auf S. 174.

Durch **L** gekennzeichneten Angaben betreffen den **Lebensraum**. Sofern dort mehrere Angaben stehen, beziehen sich die ersten auf den Brutplatz, die letzten auf die Zugzeit oder den Winter. Grundsätzlich können viele Zugvögel im Frühjahr und Herbst aber zumindest kurzzeitig in nahezu jedem Lebensraum rasten. Bei vielen fremden Arten ist hier zusätzlich angegeben, in welcher Region Europas oder der Erde sie beheimatet sind.

Die letzten, mit **V** gekennzeichneten Informationen betreffen das **Vorkommen**. Der durch einen bis vier Kennbuchstaben dargestellte Status bezieht sich ausschließlich auf Deutschland. In fast allen Fällen gilt er aber auch für Österreich und die Schweiz, wobei manchmal für diese Länder ergänzende Angaben enthalten sind. Die Buchstaben, meist in Kombination benutzt, bedeuten:

B weit verbreiteter Brutvogel, der in geeigneten Lebensräumen fast überall zu finden ist
b seltener oder lokaler Brutvogel, entweder nur in bestimmten, dann auch angegebenen Regionen oder auf seltene Lebensraumtypen beschränkt
Z Zugvogel bzw. häufiger Durchzügler
z seltener Zugvogel oder Durchzügler in geringer Zahl oder nur in bestimmten Regionen
W häufiger Wintergast in geeigneten Lebensräumen
w seltener Wintergast oder Überwinterer, oft nur in bestimmten Regionen
J Jahresvogel, der ganzjährig im passenden Lebensraum gesehen werden kann
j allgemein seltener oder auf bestimmte Regionen beschränkter Jahresvogel
A Ausnahmeerscheinung, die nicht alljährlich und nur in sehr geringer Zahl aus oft weit entfernten Regionen in Deutschland erscheint
- seit 1950 in Deutschland nicht nachgewiesen

Bei Zugvögeln ist durch die Zahlenabkürzung der **Monate (1-12)** der Zeitraum angegeben, in dem sie normalerweise in Mitteleuropa zu sehen sind. Dabei kann es zwischen dem Norden und Süden der Region durchaus Verschiebungen von mehreren Wochen geben, wie auch immer wieder einzelne Vögel schon extrem früh zurückkehren, stark verspätet abziehen oder gar den Versuch einer Überwinterung wagen.

Zur sicheren Vogelbestimmung sollte man alle Angaben miteinander vergleichen. Wenn viele Details nicht mit dem beobachteten Vogel übereinstimmen, hat man wahrscheinlich einen Fehler gemacht und sollte versuchen, eine besser passende Beschreibung und Abbildung zu finden. Es geschieht aber immer wieder, dass man zu keinem eindeutigen Ergebnis kommen kann, meist allein schon, weil der Vogel aus den Augen verloren wurde, bevor er alle nötigen Merkmale gezeigt hat. Vögel sind nun einmal keine Blumen, Sterne oder Muscheln, die sich beliebig lange betrachten lassen, sondern sehr mobile, quicklebendige und häufig leider ziemlich scheue Wesen. Da es aber besser ist, etwas nicht zu bestimmen, als ihm einen falschen Namen zu geben, wird die Antwort auf die Frage „Was fliegt denn da?" häufig lauten: „Ich weiß es nicht ..."

Entenvögel

ENTENVERWANDTE

1 | Höckerschwan 001 G 150 cm, Sp 220 cm

Cygnus olor **K** Bekanntester Schwan, auch auf vielen Parkgewässern. Groß, weiß, Schnabel rot mit schwarzem Zügel und Höcker, im Schwimmen Flügel oft angehoben und Hals s-förmig gehalten. Vom JK bis zum 1. S meist braungrau, Schnabel blasser und ohne Höcker, manche aber schon als Küken ganz weiß. **S** Meist stumm, manchmal leises Schnarchen, im Flug laut wummerndes Flügelgeräusch. **L** Gewässer aller Art, Nahrungssuche in Trupps auf Wiesen und Feldern. **V** BJZW.

2 | Singschwan 002 G 150 cm, Sp 230 cm

Cygnus cygnus **K** Im Gegensatz zum Höckerschwan Schnabel schwarz mit großem, gelbem Keil, Zügel immer hell. Hals wird im Schwimmen meist gerade gehalten, Schwanz kürzer. Schnabelmuster im grauen JK bereits angedeutet. **S** Nasal trompetend „hup-hup-hup", aber kein lautes Flügelwummern. **L** Hauptsächlich Gewässer in Nordeuropa, im Winter Wiesen und Felder. **V** b (Ostdeutschland), ZW 10-4, überwiegend norddeutsche Flussniederungen, aber auch Bodensee.

3 | Zwergschwan 003 G 125 cm, Sp 195 cm

Cygnus columbianus **K** Kleinster Schwan, sehr ähnlich Singschwan, doch deutlich kleiner mit kleinerem, stumpfer endendem gelbem Schnabelfleck, kürzerem Hals, runderem Kopf und etwas gänseähnlicher Gestalt. Im 1. W Schnabelbasis oft rötlich getönt. **S** Ruft höher als Singschwan „guhg", „hög-hög". **L** Brütet an Gewässern der russischen Tundra, im Winter Feuchtwiesen. **V** zw 10-4, hauptsächlich Norddeutschland, seltener als Singschwan.

4 | Schwarzschwan G 130 cm, Sp 180 cm

Cygnus atratus **K** Unverkennbar, groß, schwarz, Schnabel rot mit heller Binde, im Flug breit weißer Flügelstreif. **S** Musikalisches Trompeten. **L** Teiche. **V** bj; australische Art, in Europa an vielen Stellen eingeführt und meist auf Parkgewässern, gelegentlich auch in Freiheit brütend.

5 | Waldsaatgans G 78 cm, Sp 165 cm

Anser fabalis **K** Wie Tundrasaatgans dunkel graubraun, Beine orange, kräftigerer Schnabel mit ausgedehnter Orangefärbung, langhalsig, mit eher keilförmigem Kopfprofil. **S** Fagottartig „ahng" und höher „ajajak", eher ruffaul. **L** Taiga Nordost-Europas und Asiens, im Winter Trupps auf Gewässern und Wiesen. **V** zw 9-4, ziemlich selten.

6 | Tundrasaatgans 004 476 G 72 cm, Sp 155 cm

Anser serrirostris **K** Kleiner und kurzhalsiger als Waldsaatgans, dunkel graubraun, Beine orange, Binde des schwarzen Schnabels schmal orange, Kopf gerundet. **S** Wie Waldsaatgans. **L** Tundra Asiens, im Winter Trupps auf Gewässern, Feldern und Wiesen. **V** ZW 9-4.

7 | Kurzschnabelgans 005 G 70 cm, Sp 150 cm

Anser brachyrhynchus **K** Sehr ähnlich Tundrasaatgans, aber kleiner, Schnabelbinde und Beine rosa, Oberseite wirkt überfroren silbergrau, Große Armdecken heller als dunkle Hinterflanke (bei Tundrasaatgans beides dunkel), im Flug mehr Weiß im Schwanz als Tundrasaatgans, Vorderflügel aufgehellt. **S** Hoch „uink-uink", ruffreudig. **L** Brütet auf Island und Spitzbergen, im Winter küstennahe Wiesen der Niederlande und Belgiens. **V** z 10-3, fast nur Nordseeküste.

8 | Zwerggans 006 G 60 cm, Sp 130 cm

Anser erythropus **K** Ähnlich Blässgans, aber deutlich kleiner, Weiß reicht weiter auf Stirn, gelber Lidring (schon im JK), kleiner rosa Schnabel, Flügel überragen Schwanzspitze weit. **S** Sehr hoch „küjü". **L** Extrem seltener Brutvogel Lapplands, im Winter Gewässer, Wiesen in Südost-Europa. **V** A, doch erscheinen neuerdings regelmäßig Vögel aus einem skandinavischen Aussetzungsprogramm, meist mit farbigen Ringen an den Beinen, besonders in Nordwestdeutschland.

9 | Blässgans 007 477 G 70 cm, Sp 150 cm

Anser albifrons **K** Mittelgroße, kompakte Gans, Beine orange, Schnabel rosa ohne Schwarz, Altvögel durch weiße Stirn und schwarze Bauchbänderung unverkennbar. Weiße Stirn der Jungvögel erscheint im 1. W, Nagel an Schnabelspitze dann noch dunkel. Bei größerer, dunklerer grönländischer Unterart *flavirostris* (überwintert in Irland und Schottland) Schnabel orange. **S** Musikalisch „kju-ju", auch „ki-lik". **L** Brütet in sibirischer Tundra westwärts bis zur Halbinsel Kanin, im Winter Gewässer, Wiesen. **V** ZW 10-4.

10 | Graugans 008 475 G 80 cm, Sp 165 cm

Anser anser **K** Größte Gans, hell grau, Beine rosa, Schnabel orange ohne Schwarz. Einzige Gans, bei der im Flug Ober- und Unterflügel deutlich zweifarbig sind, vorne silbergrau und hinten schwärzlich. Bei der Unterart *rubrirostris* (ab dem österreichischen Neusiedlersee ostwärts, aber ausgesetzt auch in Deutschland) Schnabel rosa. Vielerorts ausgesetzt und verwildert. Stammform der Hausgans. **S** Ruft wie Hausgans, etwas ordinär „gahng-ang-ang". **L** Gewässer, Feuchtgebiete, Wiesen, Felder. **V** BJZW, einzige auch in weiten Teilen Mitteleuropas brütende graue Gans.

1. W
1. W
1 | Höckerschwan
1. W
2 | Singschwan
1. W
3 | Zwergschwan
4 | Schwarzschwan
6
5
5 | Waldsaatgans
6 | Tundrasaatgans
1. W
7 | Kurzschnabel-
gans
8 | Zwerggans
rubrirostris
flavirostris
1. W
10 | Graugans
9 | Blässgans

1 | Streifengans G 75 cm, Sp 150 cm

Anser indicus **K** Überwiegend hellgrau, weißer Kopf mit zwei dunklen Nackenbinden (im JK noch fehlend), Hinterhals mit dunklem Längsstreif, Beine und Schnabel orange. **L** Brutvogel mittelasiatischer Gebirgsseen, überwintert in Nordindien. **V** j, Zooflüchtling, gelegentlich in Parks brütend und im Winter in Trupps anderer Gänse.

2 | Schneegans G 70 cm, Sp 150 cm

Anser caerulescens **K** Ganz weiß mit schwarzen Schwungfedern (diese fehlen Hausgänsen meist), Schnabel und Beine rosa; seltene dunkle Morphe grau mit weißem Kopf. **S** Schrill „kiäh". **L** Nordamerikanische Art, in Europa nur ausnahmsweise; Gewässer, Wiesen. **V** bj, Gefangenschaftsflüchtlinge, auch in Parks brütend.

3 | Rothalsgans 009 G 55 cm, Sp 120 cm

Branta ruficollis **K** Unverkennbar durch kastanienbraune Kopf-, Hals- und Brustfärbung, breit weißen Flankenstreif (besonders aus der Entfernung und im Flug bestes Merkmal), kleinen, markant gemusterten Kopf auf dickem Hals. **S** Schrill „ki-ak". **L** Brütet in arktischer Tundra auf Taimyr, überwintert am westlichen Schwarzen Meer. **V** A und Zooflüchtling, manchmal in Trupps anderer Gänse versteckt.

4 | Kanadagans 010 G 95 cm, Sp 175 cm

Branta canadensis **K** Groß, graubraun, Kopf und Hals schwarz mit weißem Kinnfeld. Die gelegentlich entfliegende **Zwergkanadagans** *Branta hutchinsii* ist genauso gefärbt, aber klein wie Weißwangengans. **S** Gellend „ah-hong" und schnarchend „hrro". **L** Eigentlich Gewässer Nordamerikas, in Europa vielerorts ausgesetzt. **V** BJW, im Winter viele skandinavische Gäste an der Ostseeküste, Brutvorkommen überwiegend im Süden Deutschlands.

5 | Ringelgans 011 G 60 cm, Sp 120 cm

Branta bernicla **K** Meist in großen Trupps; klein, schwarzweiß, weißer Halsring. Drei Unterarten, *bernicla* (Russland) mit dunklem Bauch, *hrota* (Grönland) mit hellem, bei *nigricans* (Ostsibirien, Nordwest-Amerika) Bauch fast schwarz, weißer Hals- und Flankenfleck größer. **S** Gedämpft „rrott". **L** Brütet an arktischen Küsten, überwintert an Küsten Nordwest-Europas. **V** ZW 9-5, Küsten, ganz überwiegend Unterart *bernicla*.

6 | Weißwangengans 012 G 65 cm, Sp, 140 cm

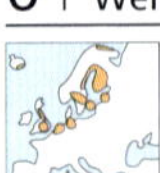

Branta leucopsis **K** Schwarzweiß, weißer Kopf mit schwarzem Scheitel, Bauch weiß, Oberseite hellgrau und schwärzlich gebändert. **S** Bellend „kak". **L** Brütet in Grönland, Spitzbergen und Nowaja Semlja, inzwischen auch Südschweden, im Winter Wiesen in Küstennähe. **V** b (selten Schleswig-Holstein), ZW 10-5, fast nur an Küsten.

7 | Nilgans 013 G 70 cm, Sp 145 cm

Alopochen aegyptiaca **K** Schmutzig grau- bis zimtbraun, dunkler Augenfleck, Schnabel und Beine rosa; im Flug ähnlich Rostgans mit weißem Vorderflügel und metallisch grünem Spiegel. **S** Eher hässlich heiser fauchend sowie rau lachend „ankhähä". **L** Afrikanische Art, Gefangenschaftsflüchtlinge in Europa besonders im Westen inzwischen fest eingebürgert und häufig an Flüssen, Seen und Parkteichen. **V** BJ, breitet sich weiter aus und nimmt stark zu.

8 | Brandgans 014 G 65 cm, Sp 120 cm

Tadorna tadorna **K** Häufige Halbgans an Küsten; viel Weiß im Gefieder, flaschengrüner Kopf, zimtbraunes Brustband, roter Schnabel bei ♂ mit Höcker; Jungvögel weißlich, oberseits schmutzig braun. **S** Pfeifende Balzlaute und gackernd „gägägägägä". **L** Brütet an Küsten, gern in Kaninchenhöhlen, lokal auch im Binnenland in Flussniederungen und an Seen. **V** BJZ, besonders häufig im Watt, seltener im Binnenland.

9 | Rostgans 015 G 65 cm, Sp 120 cm

Tadorna ferruginea **K** Insgesamt hell zimtbraun leuchtend, Kopf heller, Schnabel und Beine schwarz; ♂ im PK mit schwarzem Halsring. Im JK wie ♀ gefärbt. **S** Hupend „gag-ag" und dumpf „aauh". **L** Brütet selten an Seen und Küsten Südost-Europas, in Mitteleuropa regelmäßiger Gefangenschaftsflüchtling. **V** bj; entflogene Vögel in Deutschland inzwischen fest eingebürgert.

10 | Weißkopf-Ruderente 016

G 45 cm, Sp 65 cm *Oxyura leucocephala* **K** Kupferbraun, Schwanz oft steil aufgerichtet, ♂ mit weißen Kopfseiten und riesigem blauem Schnabel, ♀ mit dunklem, an der Basis geschwollenem Schnabel und dunklem Wangenstreif. Taucht viel. **S** ♂ balzt grunzend. **L** Süß- und Brackwasserseen in Spanien (und Mittelasien), sehr selten. **V** A, wohl meist Gefangenschaftsflüchtlinge.

11 | Schwarzkopf-Ruderente 017

G 40 cm, Sp 58 cm *Oxyura jamaicensis* **K** Ähnlich Weißkopf-Ruderente, aber etwas kleiner, Schnabel schlanker und mit konkavem First, weiße Unterschwanzdecken, ♂ mit mehr Schwarz am Kopf, ♀ mit schwächerem Wangenstreif auf gelblichem statt weißem Grund. **S** ♂ erzeugt trommelnde Balzlaute. **L** Nordamerikanische Art, in Europa besonders auf den Britischen Inseln stellenweise eingebürgert, wird derzeit überall verfolgt, um zu verhindern, dass sie als Neozoon mit der europäischen Weißkopf-Ruderente hybridisiert. **V** bj.

1 | Streifengans
JK
2 | Schneegans
3 | Rothalsgans
1. W
bernicla
5 | Ringelgans
4 | Kanadagans
hrota
nigricans
7 | Nilgans
6 | Weißwangengans
8 | Brandgans
♂
♀
JK
♀/SK/JK
9 | Rostgans
♂
11 | Schwarzkopf-Ruderente
♂
♀
10 | Weißkopf-Ruderente
♂
♀

1 | Brautente 018 — G 47 cm, Sp 70 cm

Aix sponsa **K** ♂ bunt und unverkennbar, ♀ ähnlich Mandarinente, aber dunkler braungrau, weißer Augenfleck größer, Schnabelbasis stark konkav, Nagel dunkel, Unterflügel marmoriert. **L** Nordamerikanische Art, brütet in Baumhöhlen, in Europa stellenweise eingebürgert. **V** bj, mancherorts auf Wald- und Parkteichen.

2 | Mandarinente 019 — G 45 cm, Sp 70 cm

Aix galericulata **K** ♂ sehr bunt, mit von den Schirmfedern gebildetem orangenem „Segel", ♀ graubraun, gefleckte Flanken, „Lidstrich" hinter schmal weiß umrandetem Auge, Schnabelbasis eher gerade, Nagel an der Schnabelspitze hell, Unterflügel einfarbig dunkel. **L** Stammt aus Ostasien, ist aber in Europa vielerorts eingebürgert, brütet in Baumhöhlen an Gewässern. **V** bj, besonders an Parkteichen.

3 | Marmelente 020 — G 40 cm, Sp 66 cm

Marmaronetta angustirostris **K** Klein, unscheinbar, blass braunes Gefieder weißlich marmoriert, dunkle Augenmaske, dünner Hals, angedeuteter Schopf, Armschwingen aufgehellt, ♂ und ♀ fast identisch gefärbt; taucht auch oft. **L** Stark bewachsene Teiche in Südspanien, sehr selten. **V** -.

4 | Schnatterente 021 — G 50 cm, Sp 90 cm

Mareca strepera **K** Mittelgroß und eher unscheinbar, Spiegel weiß, ♂ grau meliert mit schwarzem „Heck" und grauem Schnabel, ♀ kleiner als Stockente, Schnabelseiten mit orangefarbenem Band, im Flug weißer statt hellbrauner Bauch. **S** Hölzern „errp". **L** Bewachsene Teiche, Seen. **V** BZw.

5 | Pfeifente 022 474 — G 48 cm, Sp 80 cm

Mareca penelope **K** Mittelgroß mit auffallend rundem Kopf und kurzem Hals, grauer Schnabel recht kurz, Spiegel schwarzgrün, Vorderflügel hell, Schnabel grau, Bauch weiß. Kopf des ♂ fuchsbraun mit gelber Stirn. ♀ rötlich braun. Grast oft gänseartig an Land. **S** Pfeifend „wi-u". **L** Brutvogel Nordeuropas, im Winter Küsten, Seen, überschwemmte Wiesen. **V** bZW, oft in großen Trupps, überwiegend Küsten.

6 | Kanadapfeifente — G 50 cm, Sp 82 cm

Mareca americana **K** Nordamerikanische Vertreterin der Pfeifente, Kopf beim ♂ grau meliert mit grüner Maske, Körper verwaschen rosa, ♀ von Pfeifente nur durch weiße statt graue Achselfedern unterschieden. **L** Manchmal in Trupps von Pfeifenten versteckt. **V** A aus Nordamerika, auch Gefangenschaftsflüchtlinge.

7 | Stockente 023 — G 56 cm, Sp 95 cm

Anas platyrhynchos **K** Häufigste, bekannteste und größte Ente, Spiegel blau. Flaschengrüner Kopf des ♂ durch weißen Halsring von brauner Brust getrennt, Körper überwiegend silbrig grau. ♀ braun mit schwarzbrauner Musterung, Schnabel mit unregelmäßigen orangegelben Seitenflecken, deutliches Kopfmuster mit dunklem Scheitel, hellem Überaugen- und dunklem Augenstreif, Bauch bräunlich. ♂ im SK mit weibchenfarbenem Gefieder, aber an Schnabelfärbung erkennbar. Durch Kreuzung mit Hausenten und Zuchtformen oft Farbabweichungen. **S** ♂ balzt „piu" und ruft weich „rhääb", ♀ ruft abfallend „rhääb-rhääb-rääb-räb". **L** Gewässer aller Art. **V** BJZW.

8 | Löffelente 024 — G 50 cm, Sp 78 cm

Spatula clypeata **K** Wirkt durch kurzen Hals und sehr langen, an der Spitze löffelartig verbreiterten Schnabel vorderlastig, Spiegel grün, Vorderflügel blaugrau. ♂ durch grünen Kopf, weiße Brust und orangebraune Flanken unverwechselbar, ♀ am besten an der Gestalt bestimmbar. **S** Nasal „wek-ek". **L** Brütet an flachen, nährstoffreichen Gewässern mit viel Vegetation, ziehend auch auf tieferen Seen und Überschwemmungsflächen. **V** BZ 3-11.

9 | Spießente 025 — G ♂ 70 cm, ♀ 55 cm, Sp 90 cm

Anas acuta **K** Durch elegante Gestalt mit eher kleinem Kopf auf sehr schlankem, langem Hals und langen Schwanz gekennzeichnet, Spiegel düster braungrün mit breit weißem Hinterrand, Schnabel grau. ♂ mit markantem braun-weißem Kopfmuster. ♀ schlanker als Stockente, Schwanz deutlich zugespitzt, Kopf einfarbig. **S** Weich „krü". **L** Brütet hauptsächlich an flachen Gewässern im Nordosten, ziehend und im Winter oft auf Überschwemmungsflächen und Seen. **V** bZw.

10 | Knäkente 026 — G 40 cm, Sp 62 cm

Spatula querquedula **K** Klein, matt grüner Spiegel mit breit weißem Hinterrand, Vorderflügel hell. ♂ mit typischem Kopfmuster und grauen Flanken, Vorderflügel silbergrau. ♀ mit deutlicherem Kopfmuster als Stock- und Krickente Kehle hell. **S** Hölzern „krrrrk". **L** Teiche, Seen, Gräben, Feuchtwiesen. **V** BZ 3-9.

11 | Krickente 027 — G 35 cm, Sp 60 cm

Anas crecca **K** Sehr kleine, häufige Ente, Spiegel glänzend grün mit breiter weißer vorderer Begrenzung. ♂ durch Kopfmuster und schwarz eingerahmte gelbliche Steißseiten unverwechselbar. ♀ ähnlich Knäkente, aber mit weißem Heckstrich, kürzerem Schnabel, kaum gemustertem Kopf. **S** Hell „krick". **L** Gewässer aller Art. **V** BJZW.

1 | Brautente
2 | Mandarinente
3 | Marmelente
4 | Schnatterente
5 | Pfeifente
6 | Kanadapfeifente
♂ SK
7 | Stockente
8 | Löffelente
9 | Spießente
10 | Knäkente
11 | Krickente

Entenvögel

1 | Kolbenente 028 G 55 cm, Sp 85 cm

Netta rufina **K** Sehr große Tauchente mit kräftigem Körper, rundem Kopf und breitem weißem Flügelstreif. ♂ ähnlich Tafelente, aber steilstirniger Kopf fuchsbraun, Schnabel rot, Flanken weiß. ♀ hat dunklen Scheitel und helle Kopfseiten (ähnlich Trauerenten-♀) sowie grauen Schnabel mit roter Binde. Taucht nicht nur, sondern gründelt auch viel nach Armleuchteralgen. **S** ♂ ruft selten niesend „gick". **L** Vegetationsreiche Gewässer überwiegend im Süden. **V** bz 3-11.

2 | Tafelente 029 G 45 cm, Sp 78 cm

Aythya ferina **K** Typisches Kopfprofil mit in flache Stirn übergehendem langem, leicht konkavem grauem Schnabel, Flügelstreif verwaschen grau. Beim ♂ Kopf mahagonibraun, Körper überwiegend grau, ♀ insgesamt einfarbig graubraun und unscheinbar. **S** Meist stumm, ♂ ruft dünn pfeifend „pi pi". **L** Brütet an nährstoffreichen Binnengewässern, im Winter Gewässer aller Art. **V** BJZW, recht häufig.

3 | Reiherente 030 G 43 cm, Sp 70 cm

Aythya fuligula **K** Häufigste Tauchente, kompakt gebaut, Schopf am Hinterkopf (wie ein Reiher), deutlicher weißer Flügelstreif. Schwarzweißes ♂ unverkennbar. ♀ recht einfarbig dunkelbraun mit kurzem Schopf, zeigt manchmal auch weiße Unterschwanzdecken (vgl. Moorente) oder viel Weiß am Schnabelgrund (vgl. Bergenten-♀). **S** ♂ balzt bibbernd „pijibibib", ♀ warnt hölzern schnarrend „kerr". **L** Zur Brutzeit wie im Winter Gewässer aller Art. **V** BJZW.

4 | Moorente 031 G 40 cm, Sp 65 cm

Aythya nyroca **K** Insgesamt mahagonibraun mit weißen Unterschwanzdecken, weißer Flügelstreif sehr markant. ♂ mit weißer, ♀ mit dunkler Iris. Etwas matter kastanienbraunes ♀ ähnlich manchen ♀ der Reiherente, aber kein Schopf, Schnabel länger. **L** Vegetationsreiche Teiche in Süd- und Südost-Europa. **V** bz, sehr selten, oft aus Gefangenschaft stammend.

5 | Bergente 032 G 46 cm, Sp 78 cm

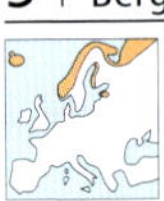

Aythya marila **K** Mittelgroß mit gerundetem Kopf ohne Schopf, Oberseite immer meliert, Flügelstreif breit weiß. ♂ schwarzweiß mit grauem Mantel und Rücken. ♀ ähnlich Reiherente, aber viel Weiß am Schnabelgrund, Oberseite und Flanken meist leicht grau meliert. Regelmäßig auftretende Hybriden zwischen Tafel- und Reiherente sehen oft ähnlich aus, sind aber kleiner mit angedeutetem Schopf. **L** Nordeuropäischer Brutvogel an Küsten und Seen, im Winter bevorzugt in großen Trupps küstennah auf dem Meer. **V** bzW 9-4, vorwiegend Küsten.

6 | Ringschnabelente 033 G 41 cm, Sp 68 cm

Aythya collaris **K** Ähnlich Reiherente, aber nur spitzer Hinterkopf statt Schopf, Schnabel mit weißer Binde vor Spitze und an Basis, Flügelstreif grau. ♂ mit weißem Band vor grauen (statt weißen) Flanken. ♀ an Form und Musterung von Kopf und Schnabel erkennbar. **L** Ausnahmeerscheinung aus Nordamerika, manchmal einzeln in Trupps anderer Tauchenten. **V** A.

7 | Eiderente 034 G 60 cm, Sp 100 cm

Somateria mollissima **K** Häufigste Meeresente, sehr groß mit keilförmigem Kopfprofil. ♂ im PK unverkennbar, unausgefärbte ♂ und ♂ im SK schwarzweiß gescheckt, ♀ ähnlich großem Stockenten-♀ gefärbt, braunes Gefieder auffallend schwärzlich quer gebändert und hoher Schnabel mit heller Spitze. **S** ♂ balzt „a-haua", ♀ ruft stotternd „kokokok". **L** Meeresküsten, oft in großen Trupps. **V** BJZW, im Winter selten auch im Binnenland.

8 | Prachteiderente 035 G 58 cm, Sp 90 cm

Somateria spectabilis **K** Kleiner als Eiderente, ♂ durch orangefarbenen Schnabelhöcker unverkennbar. ♀ ähnlich Eiderente, aber Gefieder mit u-förmigen dunklen Markierungen, Schnabelbefiederung weit vor Nasenloch endend statt bis darunter reichend, Nagel dunkel, hochgezogener Schnabelwinkel wirkt lächelnd. **L** Brütet in arktischer Tundra, im Winter auf dem Meer. **V** A, selten unter Eiderenten versteckt.

9 | Scheckente 036 G 45 cm, Sp 75 cm

Polysticta stelleri **K** ♂ mit rostfarbenem Bauch und weißem Kopf. ♀ durch violetten, weiß begrenzten Spiegel ähnlich kleinem, dunklem Stockenten-♀, taucht aber auch und hat rechteckigen Kopf mit wie angeklebt wirkendem, grauem, unbefiedertem Schnabel und lange Schirmfedern. **L** Brutvogel der arktischen Tundra, im Winter auf dem Meer, gern an Felsküsten. **V** A, besonders Ostsee.

10 | Eisente 037 G ♂ 58 cm, ♀ 40 cm, Sp 75 cm

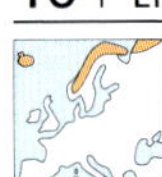

Clangula hyemalis **K** Klein, rundköpfig und kurzschnäbelig, Bauch stets weiß und Brust dunkel, Gefieder wegen komplizierter Mauser und drei Kleidern im Jahr sonst jedoch sehr vielfältig. ♂ mit rosa Schnabelbinde (erscheint schon im 1. W) und langem Schwanzspieß. ♀ am Kopfmuster erkennbar. **S** Stimmfreudig, ♂ balzen schon im Winter melancholisch „a-ou-li". **L** Brütet hauptsächlich in nordeuropäischer Tundra, überwintert auf dem Meer. **V** W 10-4, hauptsächlich Ostsee, selten auf größeren Seen im Binnenland.

♂ SK
♂
1 | Kolbenente
♀
♂
♀
2 | Tafelente
♂
♂
4 | Moorente
Hybrid
Tafelente × Reiherente
♀
3 | Reiherente
♀
♂
♂
♀
5 | Bergente
6 | Ringschnabelente
♀
♂
7 ♀
8 ♀
♀
♀
8 | Pracht-
eider-
ente
♂
7 | Eiderente
♂ SK
♂
♀
9 | Scheckente
♂ PK
♀ SK
♀ PK
10 | Eisente
♂ 1. W
♂ Sommer

1 | Trauerente 038 — G 50 cm, Sp 80 cm

Melanitta nigra **K** Insgesamt düstere Meeresente ohne markante Abzeichen, dunkle Flügel zeichnungslos. ♂ ganz schwarz, nur Schnabelfirst gelb. ♀ schwarzbraun, nur Kopfseiten weißlich (vgl. Kolbenente). Bei unausgefärbten Vögeln Bauch noch hell. **S** Männchen balzt pfeifend „pjü", auch im Flug. **L** Brütet in Nordost-Europa, überwintert vor der Ost-, Nordsee- und Atlantikküste. **V** W 9-5, hauptsächlich Küste, selten auf Binnengewässern

2 | Brillenente — G 52 cm, Sp 85

Melanitta perspicillata **K** Ähnlich Trauerente mit einfarbig dunklen Flügeln, aber etwas größer und mit roten statt schwärzlichen Beinen. ♂ mit einmaligem Schnabel-, Kopf- und Nackenmuster. Kopfmuster des ♀ erinnert an Samtente, doch Schnabel mächtiger, oft heller Fleck auf Hinterhals, Flügel ohne Weiß. **L** Ausnahmeerscheinung aus Nordamerika, versteckt sich gelegentlich in Trupps von Trauerenten. **V** A.

3 | Samtente 039 — G 55 cm, Sp 88 cm

Melanitta fusca **K** Ähnlich dunkel wie Trauerente, aber größer und mit oft auch im Schwimmen erkennbarem weißem Flügelspiegel. ♂ mit Gelb auf Schnabelseiten und weißem Fleck unter Auge. ♀ trägt zwei helle Flecken auf den Kopfseiten, diese im JK deutlicher und heller, dann auch Bauch hell. **L** Nordosteuropäischer Brutvogel, im Winter küstennah auf Ost-, Nordsee und Atlantik. **V** W 9-5, hauptsächlich Küste, kleine Gruppen selten auf größeren Binnengewässern.

4 | Kragenente 040 — G 42 cm, Sp 65 cm

Histrionicus histrionicus **K** Klein mit rundem Kopf, kurzem Schnabel und keilförmigem Schwanz, Flügel dunkel, taucht in stärkster Brandung. ♂ unverkennbar harlekinartig bunt gemustert, wirkt aus der Entfernung aber nur dunkel mit weißen Streifen. ♀ düster braun mit drei charakteristisch verteilten hellen Kopfflecken (vgl. das größere ♀ der Samtente). **L** In Europa nur auf Island, sonst in Nordamerika an reißenden, steinigen Flüssen, im Winter an Felsküsten; zieht nicht. **V** -.

5 | Schellente 041 — G 45 cm, Sp 70 cm

Bucephala clangula **K** Kompakte Ente mit typischem dreieckigem Kopf auf kurzem Hals, im Flug viel Weiß auf dem Armflügel; meist nur in kleinen Trupps, bleibt länger unter Wasser als andere Enten. ♂ Kopf grünlich schimmernd schwarz mit weißem Zügelfleck, Brust und Flanken weiß. ♀ Kopf braun, weißer Halsring, grauer Körper. **S** Im Flug durch Handschwingen erzeugtes klingelndes Flügelgeräusch, besonders bei ♂ im PK (Name!); ♂ balzt auch im Winter mit zurückgeworfenem Kopf niesend „bi-birtsch". **L** Höhlenbrüter an baumumstandenen Gewässern im Nordosten, im Winter Seen, Flüsse, Meer **V** bZW.

6 | Spatelente 042 — G 47 cm, Sp 72 cm

Bucephala islandica **K** Vertritt die Schellente auf Island, dieser extrem ähnlich, aber etwas größer, Kopf länger und mit noch steilerer Stirn. ♂ hat großen weißen Halbmond vor dem Auge, violett schimmernden schwarzen Kopf und mehr Schwarz auf Oberseite (junge ♂ der Schellente sind oft ähnlich gefärbt!). ♀ kaum von Schellente unterscheidbar. **S** Flügelgeräusch wie Schellente; ♂ balzt stotternd „wa-wa-wa". **L** In Europa ganzjährig nur an Flüssen und Seen in der Lavaregion auf Island, sonst in Nordamerika. **V** -.

7 | Zwergsäger 043 — G 42 cm, Sp 60 cm

Mergellus albellus **K** Kleinster Säger, eher entenähnlich und mit kurzem Schnabel; im Flug weiße Armdecken. ♂ fast ganz weiß mit schwarzer Maske. ♀ grau, Kopf mit rotbrauner Kappe, die scharf von den leuchtend weißen Kopfseiten getrennt ist. **L** Brütet im Baumhöhlen an Seen in der Taiga, bei uns im Winter Flüsse, Seen, Meer. **V** W 11-3.

8 | Kappensäger — G 46 cm, Sp 68 cm

Lophodytes cucullatus **K** Größer als Zwergsäger mit schlankem Schnabel und aufrichtbarer Haube. ♂ unverwechselbar gefärbt. ♀ ähnlich ♀ des Mittelsägers, aber kleiner, bräunlicher, mit deutlicherer Haube und langem, oft gestelztem Schwanz. **L** Nordamerikanische Art, entweicht in Europa aber oft aus Gefangenschaft. **V** A.

9 | Mittelsäger 044 — G 55 cm, Sp 80 cm

Mergus serrator **K** Insgesamt schlanker und dunkler als Gänsesäger, Schnabel dünner. ♂ mit rotbrauner Brust, weißem Halsring und grauen Flanken. ♀ braungrau, Kopfzeichnung verwaschener als beim Gänsesäger-♀, Schopf zerzaust, helle Kehle diffus statt scharf vom braunen Kopf und Hals abgesetzt. **L** Seen, Küsten im Norden. **V** b (hauptsächlich Ostsee), Zw.

10 | Gänsesäger 045 — G 62 cm, Sp 88 cm

Mergus merganser **K** Häufigster Säger, groß, mit schlankem rotem Hakenschnabel. ♂ mit rosa überhauchten, ausgedehnt weißen Partien und grünlich glänzendem dunklem Kopf. ♀ grau mit braunem Kopf, Schopf buschig, weiße Kehle scharf abgesetzt. **S** ♂ balzt quakend „orr". **L** Seen, Flüsse, Meer; brütet oft in Baumhöhlen oder Gebäudenischen. **V** b (Ostsee und Alpenraum, lokal übriges Binnenland), ZW 10-4.

1 | Trauerente
2 | Brillenente
4 | Kragenente
3 | Samtente
5 | Schellente
7 | Zwergsäger
6 | Spatelente
8 | Kappensäger
9 | Mittelsäger
10 | Gänsesäger

ENTENVÖGEL IM FLUG

♂ jeweils oben, ♀ unten abgebildet

♂ jeweils oben, ♀ unten abgebildet

HÜHNERVÖGEL

1 | Steinhuhn 046 — G 35 cm, Sp 50 cm

Alectoris graeca **K** Braungrau mit gebänderten Flanken, Beine und Schnabel (mit etwas Schwarz an der Basis) rot. Weißer Überaugenstreif reicht bis zum Schnabel, schwarz umrahmte Kehle weiß. **S** Laut wetzend „schatzibit-schatzibitz", „gack-gack", im Flug „pitschii". **L** Steinige grasbestandene Südhänge der Alpen und des Balkan oberhalb der Baumgrenze; oft in kleinen Gruppen. **V** bj.

2 | Chukarhuhn 047 — G 34 cm, Sp 50 cm

Alectoris chukar **K** Ähnlich Steinhuhn, doch weißer Überaugenstreif reicht nicht bis zur Stirn, kein Schwarz an der Schnabelbasis, Kehle beige statt weiß, rostbrauner Strich hinter Auge. **S** Rhythmisch gackernd „ga gaga-tschukartschukarr …". **L** Karstige Berghänge Ostgriechenlands, aber stellenweise auch zu Jagdzwecken ausgesetzt, z. B. lokal in den Alpen. **V** -.

3 | Rothuhn 048 — G 34 cm, Sp 48 cm

Alectoris rufa **K** Ähnlich Steinhuhn, weißes Kehlfeld jedoch kleiner, breites schwarz geflecktes Halsband, brauner Hinterhals. **S** Balzt heiser wetzend „kju kji tscherr kutsch-errtscherr kjutscherrr …". **L** Offenes Gelände, meist im Flachland, auf Britischen Inseln ausgesetzt. **V** -.

4 | Felsenhuhn 049 — G 34 cm, Sp 47 cm

Alectoris barbara **K** Hellgraue Kehle durch rotbraunes Halsband begrenzt, rotbrauner Scheitel durch breiten weißen Überaugenstreif. **S** Lange Serie schriller Laute, etwa „kret kret kret kretschä kret …". **L** In Europa nur auf Sardinien und in Gibraltar, sonst Nordafrika. **V** -.

5 | Rebhuhn 050 — G 30 cm, Sp 45 cm

Perdix perdix **K** Kleiner als Jagdfasan, rundlicher, mit kurzem, rundem Schwanz. Färbung grau und braun, Gesicht und Schwanz rostbraun, Bauchfleck besonders bei ♂ ausgedehnt dunkelbraun; meist in Gruppen oder Familienverbänden zu sehen. **S** ♂ balzt „kirr-reck". Ruft mit Flügelschwirren auffliegend „pitt … pick … pirr … pitpit". **L** Felder, Wiesen, Brachflächen; abnehmend, aber vielerorts ausgesetzt. **V** BJ.

6 | Wachtel 051 472 — G 18 cm, Sp 35 cm

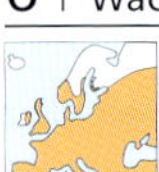

Coturnix coturnix **K** Kleinster und einziger ziehender Hühnervogel, viel kleiner als Rebhuhn. Gefieder fahl gelbbraun, kein Rostbraun im Schwanz; meist in dichter Vegetation und nur zu hören. **S** Charakteristisch „pick-perwick", besonders nachts, auch während des Zugs über Städten. **L** Wiesen, Felder, Brachflächen. **V** BZ 5-10.

7 | Halsbandfrankolin 052 — G 35 cm, Sp 52 cm

Francolinus francolinus **K** Größer als Rebhuhn, steht aufrechter und ist schlanker, im Flug braune Flügel mit schwarzer Bänderung, Schwanz schwarz. ♂ überwiegend schwarz, Bänderung und Wangenfleck weiß, Halsband rostbraun. ♀ unscheinbarer braun mit weißlicher Fleckung, schwarzer Bänderung und zimtbraunem Nacken. **S** Singt besonders in der Dämmerung von niedriger Warte siebensilbig scharf „keck, kiik-kikek-kiki kiik". **L** Lebt sehr versteckt in verbuschten Ebenen, gern in Gewässernähe; in Europa nur auf Zypern, ausgesetzt in der Toskana. **V** -.

8 | Jagdfasan 053 — G ♂ 85 cm, ♀ 60 cm

Sp 80 cm *Phasianus colchicus* **K** Allgemein bekannter, brauner, langschwänziger Hühnervogel. ♂ mit Rot und Grün am Kopf, oft auch weißem Halsring (*torquatus*); variabel, da oft Kreuzung aus verschiedenen asiatischen Unterarten. ♀ durch langen Schwanz von fast allen Hühnervögeln unterscheidbar, insgesamt braun mit dunkleren Flecken. **S** Krächzend „koo-krock", gefolgt von Flügelschwirren; ruft mit polterndem Flügelgeräusch auffliegend laut und plötzlich „gok-ok gok-ok …". **L** Hauptsächlich südasiatische Art, westlichste Vorkommen in der Kaukasusregion, in Europa vielerorts zu Jagdzwecken alljährlich ausgesetzt, aber trotz Fütterung wegen Unangepasstheit meist keine überlebensfähigen Populationen bildend. Bewohnt meist offenes Gelände. **V** BJ.

9 | Königsfasan — G ♂ 200 cm, ♀ 140 cm

Sp 90 cm *Syrmaticus reevesii* **K** Fasan mit dem längsten Schwanz (♂ bis 160 cm). ♂ durch weißen Kopf mit schwarzem Band unverwechselbar. ♀ ähnlich Jagdfasan, aber Kopf beige, Scheitel und Ohrdecken braun, längerer Schwanz breiter gebändert. **S** ♂ balzt mit lautem Flügelschwirren, gefolgt von Zirpen. **L** Reiner Waldbewohner, stammt aus Zentralchina; in Europa u. a. in Tschechien und Nordfrankreich eingebürgert. **V** -.

10 | Goldfasan 054 — G ♂ 110 cm, ♀ 65 cm

Sp 70 cm *Chrysolophus pictus* **K** Körper kleiner, aber Schwanz länger als beim Jagdfasan, zudem stärker abwärts gebogen. ♂ durch bunte Färbung unverwechselbar. ♀ hochbeiniger als Jagdfasan, rundum gebändert statt gefleckt, Schwanz markanter gebändert. **S** ♂ balzt im Frühjahr durchdringend ansteigend „scha-tschiick". **L** Stammt aus Südwest-China, wurde auf den Britischen Inseln lokal in Nadelbaumplantagen eingebürgert. **V**-, entkommt aber manchmal aus Volieren.

1 | Steinhuhn
3 | Rothuhn
2 | Chukarhuhn
JK
4 | Felsenhuhn
5 | Rebhuhn
6 | Wachtel
♀
♂
7 | Halsbandfrankolin
♀
♂
8 | Jagdfasan
♀
♀
♂
♂
10 | Goldfasan
9 | Königsfasan

1 | Moorschneehuhn 055 G 38 cm, Sp 60 cm

Lagopus lagopus **K** Rundliches, kurzschwänziges Huhn mit weißen Flügeln und schwarzem Schwanz. Körpergefieder im Sommer rostbraun, im Winter tarnfarbig weiß. **S** ♂ balzt bellend „käh-käh kekeke-kähärr"; ♀ ruft „mjau". **L** Nordeuropäische Taiga und buschbestandene Tundra. **V** -.

2 | Heideschneehuhn 056 G 35 cm, Sp 58 cm

Lagopus scoticus **K** Dem Moorschneehuhn sehr ähnlich und oft als dessen Unterart betrachtet. Bleibt aber ganzjährig einschließlich der Flügel braun, nur Füße weißlich befiedert. ♂ rotbraun, ♀ gelblich braun gefärbt. **S** Wie Moorschneehuhn. **L** Hochländer und Heiden der nördlichen Britischen Inseln und Irlands. **V** -.

3 | Alpenschneehuhn 057 G 34 cm, Sp 56 cm

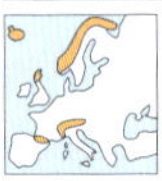

Lagopus muta **K** Flügel weiß, Schwanz schwarz. Im Sommer Kopf und Oberseite graubraun. Im Winter bis auf schwarzen Schwanz und Schnabel ganz weiß, ♂ aber mit schwarzem Zügelstreif (fehlt Moorschneehuhn, sonst von diesem kaum unterscheidbar). **S** ♂ balzt „arr ka-ka-kaka"; ruft auffliegend hölzern „errr kerrrr", ♀ auch höher und weicher „kjor". **L** Im Süden Felsgebirge über der Baumgrenze, im Norden auch Tundra. **V** BJ, nur Alpen.

4 | Birkhuhn 058 G ♂ 52 cm, ♀ 42 cm, Sp 75 cm

Lyrurus tetrix **K** Mittelgroßer, normalerweise selten zu sehender Hühnervogel. ♂ schwarz mit purpurfarbenem Metallglanz, leierförmigem Schwanz, bei der Balz gespreizt, im Flug jedoch zusammengelegt, Unterschwanzdecken und Flügelstreif weiß. ♀ braun und schwarz gebändert, auch auf Brust, Schwanzspitze eher gerade, weißer Flügelstreif, Unterflügeldecken weißlich. **S** ♂ balzen in Gruppen im Morgengrauen am Boden auf offenen Flächen mit kullernden und zischenden Lauten, die ♀ schauen zu. **L** Moore, Heiden, Gebirge am Rand der Baumgrenze. **V** Lokal bj in Alpen, einigen Mittelgebirgen und Norddeutschland, stark abnehmend, mancherorts auch ausgesetzt.

5 | Auerhuhn 059 G ♂ 85 cm, ♀ 60 cm

Sp 90-120 cm *Tetrao urogallus* **K** Größter europäischer Hühnervogel, doch außerhalb der Balzzeit kaum zu sehen. ♂ ganz dunkel mit blauem Metallglanz und langem, gerundetem Schwanz, der bei der Balz gefächert wird; Flügel einfarbig. ♀ graubraun und schwarz gebändert, aber Brust einfarbig rostorange; kein breiter Flügelstreif, Schwanz gerundet, Unterflügeldecken braungrau. **S** ♂ balzt mit sich beschleunigenden, klappernden Tönen, gefolgt von „plopp" und Zischen, oft in der Gruppe und teilweise von Baumspitzen. **L** Alte Nadelwälder mit Beerensträuchern im Bergland. **V** bj, nur Alpen und Mittelgebirge im Süden, selten, aber stellenweise ausgesetzt.

6 | Haselhuhn 060 G 36 cm, Sp 50 cm

Tetrastes bonasia **K** Kleiner Hühnervogel, eher rundlich gebaut, mit graubraun gemustertem Tarngefieder, kleiner Haube, fehlendem Flügelstreif und grauem Schwanz mit schwarzer Endbinde. Viel am Boden, klettert aber auch geschickt in Bäumen. ♂ mit schwarzer Kehle, diese beim ♀ bräunlich mit weißen Flecken. **S** ♂ singt sehr hoch pfeifend „zuiiii-tiiti si-si-si", ähnlich Goldhähnchen, ♀ warnt „plit"; fliegt mit burrendem Geräusch auf. **L** Nadel- und Mischwälder, gern am Wasser und im Bergland. **V** bj, nur Südwest- und Süddeutschland, selten.

FLAMINGOS

7 | Rosaflamingo 061 G 135 cm, Sp 155 cm

Phoenicopterus roseus **K** Sehr groß, grazil, Hals und Beine sehr lang, im Flug durchhängend, dann auch schwarze Schwungfedern auffallend; meist in kleinen bis sehr großen Trupps. Altvögel insgesamt blassrosa, nur Flügeldecken intensiv rot, mit rötlichen Beinen und kurzem, zum Durchseihen des Wassers abgeknicktem rosa Schnabel mit schwarzer Spitze. Im JK anfangs braungrau, später weißlich ausgeblichen, erst nach einem Jahr erscheinen erste Rosatöne. **S** Ruft gänseähnlich „gaang-ang". **L** Brütet in oft sehr großen Kolonien in Lagunen und Salinen in Südeuropa (z. B. Camargue). **V** A, meist Zooflüchtlinge, solche auch b in Westfalen.

8 | Chileflamingo G 105 cm, Sp 135 cm

Phoenicopterus chilensis **K** Kleiner als Rosaflamingo, Schnabelspitze ausgedehnter schwarz (etwa bis zur Mitte), Beine grünlich grau mit roten Gelenken und Zehen. **L** Südamerikanische Art, entfliegt oft aus Zoos. **V** Zooflüchtlinge sind b in Westfalen.

9 | Zwergflamingo G 85 cm, Sp 100 cm

Phoeniconaias minor **K** Viel kleiner als Rosaflamingo, Gefieder meist intensiver dunkelrosa, dunkelroter Schnabel wirkt aus der Entfernung oft fast ganz schwarz, Beine rot. **L** Bildet große Kolonien an afrikanischen Salzseen. **V** A, nur Gefangenschaftsflüchtlinge.

10 | Kubaflamingo G 135 cm, Sp 155 cm

Phoenicopterus ruber (nicht abgebildet) **K** Karibische Art, wird oft in Zoos gehalten. Wie Rosaflamingo, aber gesamtes Gefieder intensiv orangerosa, Schnabel mit beiger Basis und mehr Schwarz an der Spitze, Beine graurosa, nur Gelenke intensiv rosa. **V** A, immer Zooflüchtlinge.

2 | Heide-
schneehuhn
♂ PK
♂ SK
1 | Moorschneehuhn
3 | Alpenschneehuhn
♀
♂
♀
♂
6 | Haselhuhn
4 | Birkhuhn
♀
♂
5 | Auerhuhn
JK
7 | Rosaflamingo
9 | Zwerg-
flamingo
8 | Chileflamingo

Lappentaucher · Seetaucher

LAPPENTAUCHER

1 | Zwergtaucher 062 G 26 cm

Tachybaptus ruficollis **K** Kleinster Lappentaucher, rundlich, kurzschnäbelig, Steiß weiß, wirkt oft wie ein Entenküken. Im PK Hals kastanienbraun, im SK insgesamt kontrastarm bräunlich. **S** Paare balzen im Duett mit bibberndem Triller; Ruf „bii-biib". **L** Dicht bewachsene Gewässer, taucht gern am Rand der Vegetation, im Winter auch Flüsse. **V** BJ.

2 | Haubentaucher 063 G 50 cm

Podiceps cristatus **K** Häufigster und größter Lappentaucher, schlank, mit weißem Hals und rosa Schnabel, fliegend sehr schlank mit viel Weiß im schmalen Armflügel. Im PK kennzeichnende Haube, im SK nur schwarze Kopfplatte, im JK dunkle Kopfstreifen. Auffallende Paarbalz. **S** Rau „korrr", gackernd „äck-äck-äck", auch nachts. **L** Stehende Binnengewässer aller Art, im Winter auch Meer. **V** BjZW.

3 | Rothalstaucher 064 G 45 cm

Podiceps grisegena **K** Kleiner, kompakter und kurzhalsiger als Haubentaucher, Schnabel schwarz mit gelber Basis. Im PK roter Hals und weiße Wangen, diese auch im SK deutlich und durch leicht gräulichen Hals unten begrenzt. Hals auch im JK oft sehr rot, dann aber dunkle Streifen auf Kopfseiten. **S** Balzt wiehernd „uaah-ek". **L** Verschilfte Binnengewässer, im Winter meist auf dem Meer. **V** b besonders im Nordosten, sonst ZW.

4 | Ohrentaucher 065 G 35 cm

Podiceps auritus **K** PK durch aufgerichtete gelbe Ohrbüschel und roten Vorderhals (wirkt aus der Entfernung oft dunkel) gekennzeichnet. Im SK ähnlich Schwarzhalstaucher, aber bis auf den Hinterkopf ausgedehnte weiße Kopfseiten von schwarzem Scheitel scharf getrennt, Schnabel gerade, Scheitel flach, Hinterkopf eckiger. **S** Balzt mit langem Triller; ruft „hjarr". **L** Verschilfte Teiche im Norden und Osten Europas, im Winter alle Gewässer, bevorzugt Meeresküsten. **V** b (früher lokal in Schleswig-Holstein), zw 9-5.

5 | Schwarzhalstaucher 066 G 32 cm

Podiceps nigricollis **K** Im PK herabhängende gelbe Ohrbüschel und schwarzer Hals. Im SK Kopf- und Halszeichnung verwaschener als Ohrentaucher, dünnerer Schnabel aufgeworfen, Stirn steiler mit spitzem Scheitel. **S** Ruft „ür-iid". **L** Brütet in Kolonien, gern mit Möwen, an flachen Seen, im Winter alle Gewässer. **V** bZw.

SEETAUCHER

6 | Sterntaucher 067 G 60 cm

Gavia stellata **K** Kleinster Seetaucher, kaum größer als Stockente oder Haubentaucher, aufgeworfener schlanker Schnabel und Kopf werden beim Schwimmen meist angehoben. Im PK Kopf und Hals grau, Kehle ziegelrot. Wirkt im SK insgesamt hell, das Weiß der Kopfseiten ist über das Auge ausgedehnt, die graue Oberseite weiß gesternt. Im JK und 1. W ähnlich SK, jedoch Vorderhals/Kehle oft verwaschen bräunlich, Oberseite beige gesprenkelt. **S** Balzt „orr-ou, arroou"; ruft fliegend gänseähnlich „ak ak". **L** Nordeuropäischer Brutvogel, gern an Tundraseen, im Winter Meeresküste, auch große Binnenseen. **V** zw 10-4.

7 | Prachttaucher 068 G 70 cm

Gavia arctica **K** Sehr eleganter, mittelgroßer Seetaucher, hält beim Schwimmen Kopf und geraden, pfriemförmigen Schnabel waagerecht. Kinn und Kehle im PK schwarz, Kopf und Hinterhals samtgrau, schwarzer Mantel weiß gebändert. Im SK oberseits grauschwarz, weißes Feld im hinteren Flankenbereich kennzeichnend, im Gegensatz zum Sterntaucher Auge komplett im dunklen Bereich liegend, scharfe Trennung zwischen weißem Vorder- und dunklem Hinterhals. JK und 1. W ähnlich, aber etwas bräunlicher und Mantel deutlich hell quer gewellt. **S** Balzt laut klagend „kloo-ui klo klooi"; im Winter meist stumm **L** Nordeuropäischer Brutvogel fischreicher Seen, im Winter auf dem Meer, seltener auf Binnenseen. **V** zw 8-5.

8 | Eistaucher 069 G 80 cm

Gavia immer **K** Meist deutlich größer als Prachttaucher, kräftiger Schnabel dolchförmig, wird waagerecht gehalten, Stirn steiler mit „Beule". Im PK weißes Halsband, Mantel weiß gewürfelt, Schnabel schwarz. Im SK heller Augenring, grauer Schnabel mit dunklem First und Spitze, dunkler Halbring am Hals. JK bräunlicher, Mantel hell gewellt. **S** Balzt jodelnd und ruft wie manisch laut lachend. **L** In Europa nur auf Island, sonst nordamerikanischer Brutvogel; Winterquartier Atlantik, auch Nordsee, selten im Binnenland. **V** A.

9 | Gelbschnabeltaucher 070 G 85 cm

Gavia adamsii **K** Ähnlich Eistaucher, aber gewaltiger Schnabel gelb (First und Spitze nicht dunkel), aufgeworfen, schräg aufwärts gehalten (wirkt wie Banane), ausgeprägte „Stirnbeule". Im SK Gefieder heller als Eistaucher, im JK sehr fahl bräunlich und Kopfseiten ausgedehnter weißlich, oft mit braunem Wangenfleck. **L** Brütet in sibirischer Tundra, überwintert auf dem Nordostatlantik und seltener der Ostsee. **V** A.

1 | Zwergtaucher
SK
PK
JK
SK
PK
3 | Rothalstaucher
SK
2 | Hauben-
taucher
JK
PK
4 | Ohrentaucher
SK
PK
5 | Schwarzhalstaucher
SK
PK
1. W
SK
PK
6 | Sterntaucher
1. W
7 | Prachttaucher
SK
PK
1. W
8 | Eistaucher
SK
PK
1. W
9 | Gelbschnabeltaucher
SK
PK

WELLENLÄUFER

1 | Sturmwellenläufer 071 G 15 cm, Sp 37 cm

Hydrobates pelagicus **K** Kleinste Röhrennase, an Mehlschwalbe erinnernd. Ähnlich Wellenläufer, aber viel kleiner, rundflügeliger, dunkler, helles Band auf Unterflügel, weiße Oberschwanzdecken ungeteilt, Schwanz gerade, flatternder Flug ohne Gleitstrecken. **S** Ruft am Brutplatz nachts schnurrend und grunzend. **L** Höhlenbrüter an westeuropäischen Küsten, sonst auf dem offenen Meer. **V** A in der Nordsee.

2 | Wellenläufer 072 G 21 cm, Sp 47 cm

Hydrobates leucorhous **K** Insgesamt dunkel mit oberseits hellem Armflügelband, weißer Oberschwanz dunkel längs geteilt, Schwanz gegabelt; spitzflügelig, ruckartiger Flug mit Gleitstrecken. **L** Brütet an nordwesteuropäischen Küsten, sonst offenes Meer. **V** z in der Nordsee, meist 10-11, besonders nach Stürmen.

3 | Madeirawellenläufer

G 20 cm, Sp 45 cm *Hydrobates castro* **K** Ähnlich Sturmwellenläufer, doch größer, weißes Feld reicht bis auf Seiten der Unterschwanzdecken, ober- und unterseits kein markantes Flügelband, Schwanz leicht gegabelt. **L** Brutvogel der Atlantischen Inseln, in Europa nur lokal in Portugal. **V** A.

STURMVÖGEL

4 | Eissturmvogel 073 G 45 cm, Sp 105 cm

Fulmarus glacialis **K** Durch helle Färbung und Größe einer Möwe ähnlich, aber graue Flügel ohne schwarze Spitzen, Stiernacken, kräftiger kurzer Schnabel. Gleitet auf steifen Schwingen durch Wellentäler, holt sich auch Beifang von Fischerbooten. **S** Gackert am Brutplatz. **L** Klippenbrüter an atlantischen Vogelfelsen, sonst auf dem Meer. **V** b nur auf Helgoland, J Nordsee.

5 | Kappensturmtaucher G 48 cm, Sp 110 cm

Ardenna gravis **K** Groß, braungrau, schwarze Kappe weiß begrenzt, weiße Schwanzbasis, unterseits weiß mit schwer erkennbarem dunklem Bauchfleck, aber diagnostischem Diagonalband auf Unterflügel. **L** Brütet im Winter auf südatlantischen Inseln, erscheint im Sommer selten im Nordatlantik. **V** A.

6 | Dunkelsturmtaucher G 45 cm, Sp 100 cm

Ardenna grisea **K** Durch einfarbig dunkelbraune Färbung gekennzeichnet, aufgehelltes Unterflügelband oft unauffällig. Gleitet auf schlanken, spitzen Flügeln durch Wellentäler. Kann mit jungen Raubmöwen verwechselt werden. **L** Brütet im Winter auf der Südhalbkugel, besucht im Sommer den Nordatlantik. **V** z 8-11, nur offene Nordsee.

7, 8 | Sepia- und Corysturmtaucher 074

G 50 cm, Sp 115 cm *Calonectris diomedea, C. borealis* **K** Früher als Unterarten, jetzt als eigene Arten betrachtet, aber im Freiland kaum unterscheidbar. Groß, oberseits fahl sepiabraun, unterseits weißlich ohne Abzeichen, gelber Schnabel mit dunkler Spitze. Langsame Flügelschläge und Gleitstrecken wechseln einander ab; segelt und kreist als einziger Sturmtaucher auch in größerer Höhe. **L** Brütet auf Inseln im Mittelmeer *(diomedea)* und Westatlantik *(borealis)*, sonst offenes Meer. **V** A.

9 | Atlantiksturmtaucher 075

G 32 cm, Sp 80 cm *Puffinus puffinus* **K** Kontrastreich oben schwärzlich, unten weißlich. Wirft sich im abwechselnd schnellen Schlag- und Gleitflug über Wellen hin und her. **S** Jaulende Rufe beim nächtlichen Koloniebesuch. **L** Brütet an nordwest-europäischen Küsten, hauptsächlich der Britischen Inseln, in Erdhöhlen, lebt sonst auf dem offenen Meer; häufigster nordatlantischer Sturmtaucher. **V** z 4-9, nur Nordsee.

10 | Balearensturmtaucher G 36 cm, Sp 85 cm

Puffinus mauretanicus **K** Ähnlich Atlantiksturmtaucher, aber größer, kräftiger, mit leichtem „Hängebauch" und die Schwanzspitze überragenden Zehen. Färbung weniger kontrastreich, oberseits braun, unterseits schmutzig bräunlich weiß mit dunklen Unterschwanzdecken und Achselmarkierungen. **L** Brütet auf den Balearen, im Winter offene See, auch Atlantik. **V** A.

11 | Mittelmeer-Sturmtaucher 076

G 32 cm, Sp 80 cm *Puffinus yelkouan* **K** Größe und Färbung wie Atlantiksturmtaucher, aber oberseits etwas bräunlicher, Unterschwanzdecken und Achselfedern dunkel, daher weniger kontrastreich gefärbt, Zehen überragen Schwanz etwas deutlicher. **L** Brütet im Mittelmeer auf Inseln und an Küsten, erscheint außerhalb der Brutzeit auch im Schwarzen Meer. **V** -.

12 | Barolosturmtaucher G 28 cm, Sp 60 cm

Puffinus baroli **K** Ähnelt in der Färbung Atlantiksturmtaucher, ist aber deutlich kleiner, kurz- und stumpfflügeliger, rundköpfiger und kurzschnäbeliger. Kopfseiten ausgedehnt weiß, dunkles Auge daraus hervorstechend, Armflügel leicht aufgehellt. **L** Brutvogel der Atlantischen Inseln (z. B. Kanaren, Madeira), erscheint sehr selten an Europas Westküste. **V** A.

1 | Sturmwellen-
läufer
2 | Wellen-
läufer
3 | Madeirawellen-
läufer
4 | Eissturmvogel
5 | Kappensturmtaucher
6 | Dunkelsturm-
taucher
7, 8 | Sepia- und
Corysturmtaucher
9 | Atlantiksturmtaucher
12 | Barolosturmtaucher
10 | Balearensturm-
taucher
11 | Mittelmeer-
Sturmtaucher

PELIKANE

1 | Rosapelikan 077 G 160 cm, Sp 300 cm

Pelecanus onocrotalus **K** Gewaltiger, schwanengroßer Vogel mit kurzen Beinen und großem Schnabel mit Kehlsack und ausgedehnter nackter Haut um das Auge; meist gruppenweise beim Fischfang auf Seen und dem Meer schwimmend; segeln wie Störche in der Thermik, aber meist in geordneteren Trupps. Alle Pelikanarten einander ähnlich, diese aber im AK mit zu weißen Flügeldecken kontrastierenden schwarzen Schwungfedern, rosa überhauchtem Körpergefieder, rosa Beinen, gelbem Kehlsack, viel rosa Haut um das rote Auge und herabhängendem Schopf. Im JK oberseits dunkel braun, Kehlsack gelb, Unterflügel dunkel mit starkem Kontrast zu hellem Längsband. **S** Nur in der Brutkolonie ein tiefes Summen. **L** Seen und Küsten Südost-Europas, selten. **V** A oder Zooflüchtlinge, solche schließen sich gerne Weißstörchen an.

2 | Krauskopfpelikan 078 G 170 cm, Sp 320 cm

Pelecanus crispus **K** Ähnlich Rosapelikan, aber noch größer, in allen Kleidern insgesamt gräulicher ohne rosa Anflug, Beine grau, Auge weißlich, Kehlsack rötlich, unbefiederter Lidring schmal, Nackenfedern gekräuselt, Unterflügel ohne Kontrast verwaschen gräulich. Im JK zudem oberseits heller sandgrau. Stirnbefiederung endet am Schnabel stumpf. **L** Binnenseen und Küsten Südost-Europas, sehr selten. **V** A oder Zooflüchtling.

3 | Rötelpelikan G 130 cm, Sp 240 cm

Pelecanus rufescens **K** Ähnlich Krauskopfpelikan, doch viel kleiner, strähniges gräuliches Gefieder stellenweise oft rötlich überhaucht, Beine fleischfarben, dunkler Fleck zwischen Auge und Schnabel, oranger Kehlsack quer statt längs geriffelt. **L** Afrikanische Binnengewässer. **V** Gelegentlich in Mitteleuropa und Deutschland als Gefangenschaftsflüchtling.

TÖLPEL

4 | Basstölpel 079 G 95 cm, Sp 175 cm

Morus bassanus **K** Gänsegroßer Meeresvogel mit zigarrenförmigem Körper, dolchförmigem Schnabel, Keilschwanz und langen, spitzen Flügeln, stürzt sich bei der Fischjagd stoßtauchend aus großer Höhe ins Wasser. AK weiß mit schwarzem Handflügel. JK braun mit weißen Sprenkeln, bekommt innerhalb von fünf Jahren zunehmend weiße Federn und gelbliche Kopffärbung, zuletzt nur noch einzelne Armschwingen und mittlere Steuerfedern schwarz. **S** Ruft in Kolonien laut und rau „oarrr“. **L** Große Brutkolonien an nordatlantischen Felsküsten, sonst offenes Meer. **V** b (nur Helgoland), zw (Nordsee).

KORMORANE

5 | Kormoran 080 G 90 cm, Sp 145 cm

Phalacrocorax carbo **K** Großer, dunkler Tauchvogel mit langem, in die flache Stirn übergehendem keilförmigem Hakenschnabel, liegt mit angehobenem Kopf schwimmend flach im Wasser, steht oft mit zum Trocknen ausgebreiteten Flügeln auf Warten; Trupps fliegen meist in Linien- oder Keilformation. PK schwarz mit metallischem Glanz, nur zu Beginn der Brutzeit mit weißen Abzeichen an Kopf und Schenkeln. JK braun mit meist hellerer Unterseite. Unterart *carbo* an atlantischen Felsküsten mit weniger ausgedehnter nackter Haut am Schnabelgrund und Blauschimmer im PK, *sinensis* im Binnenland zeigt viel Haut und schimmert eher grünlich. **S** Gackernd. **L** Binnengewässer (Brutkolonien dort meist hoch auf Bäumen) und Meer (brütet dort meist an Felsklippen), ganzjährig auf Gewässern aller Art, meist in Trupps. **V** BZW.

6 | Krähenscharbe 081 G 75 cm, Sp 100 cm

Gulosus aristotelis **K** Kleiner als Kormoran, Schnabel gleichmäßig schlank, nackte Haut am Schnabelgrund wenig ausgedehnt, dafür wulstiger gelber Schnabelspalt bis unter Auge, Stirn steiler und Kopf rundlicher. Im PK insgesamt schwärzlich und smaragdgrün schillernd, kein Weiß im Gefieder, aufgerichtete Federtolle auf der Stirn. Unausgefärbt ähnlich Kormoran braun, aber Flügeldecken meist aufgehellt, Kehle hell von sonst dunkler Unterseite abgesetzt (diese bei Mittelmeer-Unterart *desmarestii* aber auch hell). **S** Am Nest klickende Laute und grunzend „orr“. **L** Felsige Meeresküsten. **V** A (Nordsee).

7 | Zwergscharbe 082 G 50 cm, Sp 85 cm

Microcarbo pygmaeus **K** Viel kleiner als Kormoran, steht meist auf niedrigen Warten direkt am Gewässerrand, wirkt mit kleinem Kopf und kurzem Schnabel stupsnasig, dafür Schwanz auch im Flug auffallend relativ lang. Gefieder braun, im PK besonders an Kopf und Hals weiß gesprenkelt, im SK Kehle weiß. Im JK insgesamt matter bräunlich, unterseits heller. **S** Nur in der Brutkolonie krächzende Töne. **L** Bewachsene, auch kleinere Binnengewässer, selten. **V** bj (neuerdings lokal Bayern), auch Brutvogel im Schilfgürtel des österreichischen Neusiedlersees.

1 | Rosapelikan
JK
PK
2 | Krauskopfpelikan
JK
PK
4 | Basstölpel
JK
3 | Rötelpelikan
PK
PK
PK
sinensis
1. S
carbo
5 | Kormoran
SK
SK
6 | Krähenscharbe
SK
PK
1. W
desmarestii 1. W
JK
7 | Zwergscharbe
PK
SK
Kormoran SK
Krähenscharbe SK
Zwergscharbe SK

IBISSE

1 | Sichler 083 G 60 cm, Sp 90 cm

Plegadis falcinellus **K** Ein hühnergroßer, ganz dunkler, hochbeiniger Ibis mit langem abwärts gebogenem Schnabel. Im PK mahagonibraun mit grünem Metallglanz auf den Flügeln und weißer Zeichnung am Schnabelgrund. Im SK und JK matter dunkelbraun, weiß gesprenkelt. Fliegt wie alle Ibisse mit ausgestrecktem Hals, Trupps bilden meist Linienformation. **S** Ruft in der Brutkolonie knurrend und krächzend „kra". **L** Feuchtgebiete Süd-, besonders Südost-Europas. **V** A.

2 | Löffler 084 G 85 cm, Sp 125 cm

Platalea leucorodia **K** Groß, weiß, mit an der Spitze löffelartig verbreitertem Schnabel. Im PK mit gelbem Brustband und Schopf, Schnabel schwarz. Im JK mit graurosa Schnabel und schwarzen Flügelspitzen, diese auch im 2. KJ noch schwarz. Durchseiht mit pendelnden Kopfbewegungen das Wasser. **L** Flache Gewässer in Südeuropa und den Niederlanden, brütet meist in großen Schilfgebieten. **V** b (Nordseeküste; regelmäßig Neusiedlersee in Österreich), sonst z 3-10.

3 | Waldrapp G 75 cm, Sp 130 cm

Geronticus eremita **K** Ähnlich Sichler dunkel, aber größer, Beine kürzer und rot, ebenso gebogener Schnabel und nackte Gesichtshaut. Im AK mit struppiger Halskrause und Metallglanz. **L** Koloniebrüter an Felsklippen in Marokko, fast ausgestorben. **V** Noch im 16. Jahrhundert Brutvogel Süddeutschlands; Vögel aus aktuellen Aussetzungsexperimenten im österreichischen und deutschen Alpenraum ziehen weit umher, auch bis Norddeutschland.

4 | Pharaonenibis 085 G 70 cm, Sp 120 cm

Threskiornis aethiopicus **K** Großer, unverwechselbarer Schreitvogel, überwiegend weiß, langer, abwärts gebogener Schnabel sowie Kopf, Hals und herabhängende Schirmfedern schwarz. **L** Afrikanische Art, bewohnt dort Feuchtgebiete und offenes Gelände, entfliegt aber in Europa oft der Gefangenschaft; in Frankreich inzwischen eine große, in Freiheit brütende Population. **V** A als Gefangenschaftsflüchtling.

REIHER

5 | Rohrdommel 086 G 75 cm, Sp 130 cm

Botaurus stellaris **K** Großer, etwas plump wirkender Reiher, Gefieder wie altes Schilf tarnfarbig braun marmoriert und gestreift. Kann mit Nachtreiher im JK verwechselt werden, aber Scheitel und Zügelstreif schwarzbraun, Oberseite nicht weiß getropft. Lebt versteckt in ausgedehnten Schilfgebieten und nimmt bei Gefahr eine unbewegliche senkrechte Pfahlstellung ein, ist manchmal aber auch in eulenartigem Flug über dem Schilf zu sehen. **S** ♂ balzt vorwiegend nachts weit hörbar alle 2-3 Sekunden tief und dumpf „wuumb" oder „uu-huumb" („Moorochse"); Flugruf rau bellend „kau", auch von nachts ziehenden Vögeln zu hören. **L** Ausgedehnte Schilfgebiete, im Winter auch an schmaleren Vegetationsstreifen an eisfreien Gewässern. **V** bzw.

6 | Zwergdommel 087 G 35 cm, Sp 55 cm

Ixobrychus minutus **K** Kleinster Reiher, viel kleiner als Rohrdommel. Im Flug typisches helles Feld auf Armflügel, Mantel immer dunkler als übriges Gefieder, beim ♂ schwarz schillernd, beim ♀ dunkelbraun gestreift. Nur im gefleckten JK ähnlich Rohrdommel gefärbt, aber sehr viel kleiner und helles Flügelfeld, wenngleich noch braun gefleckt, bereits vorhanden. Nimmt ebenfalls tarnende Pfahlstellung ein. Fliegt auch tagsüber oft niedrig über das Schilf, wobei sich rudernde Flügelschläge und Gleitstrecken abwechseln. **S** ♂ balzt in langen Serien alle 2 Sekunden rhythmisch tropfend dumpf „kruck"; Ruf nasal „keckeckeck" und im Flug „kworr". **L** Verschilfte oder dicht bewachsene, auch kleine Binnengewässer. **V** bz 5-9.

7 | Nachtreiher 088 G 62 cm, Sp 110 cm

Nycticorax nycticorax **K** Ein eher kleiner, kompakter Reiher, zieht im Stehen den kurzen Hals meist ein. Im AK überwiegend grau mit schwarzem Scheitel und Mantel, Beine gelb. Im JK ähnlich der Rohrdommel tarnfarbig braun, aber weniger marmoriert und dafür auf den Flügeldecken mit großen weißlichen Tropfenflecken. Im 1. S ähnlich AK, aber weniger kontrastreich, Brust noch gestreift. Versteckt sich tagsüber meist zwischen dichten Pflanzen, fliegt nachts rufend auf Nahrungssuche. **S** Ruft besonders im Flug froschartig „kwack". **L** Auwälder und vegetationsreiche Gewässer besonders in Südeuropa. **V** b (Süden), z 4-10.

8 | Rallenreiher 089 G 45 cm, Sp 85 cm

Ardeola ralloides **K** Sehr kleiner Reiher, am Boden stehend durch semmelgelbe Färbung eher unscheinbar, aber beim Auffliegen wird plötzlich das Weiß von Flügeln und Schwanz dominierend. Hals im JK und SK längs gestreift. Tagsüber meist in dichter Vegetation versteckt, geht oft erst in der Dämmerung auf Nahrungssuche. **S** Ruft entenähnlich „krar". **L** Vegetationsreiche Binnengewässer Südeuropas. **V** A.

1 | Sichler
SK
PK
3 | Waldrapp
JK
1. S
PK
2 | Löffler
4 | Pharaonenibis
6 | Zwergdommel
5 | Rohrdommel
♂
♂
♀
JK
AK
JK
7 | Nachtreiher
1. S
JK
8 | Rallen-
reiher
PK
SK

1 | Kuhreiher 090 G 50 cm, Sp 92 cm

Bubulcus ibis **K** Kleiner weißer Reiher mit kurzem, kräftigem, gelbem Schnabel. Im PK Scheitel, Brust und Mantel orangebraun, Beine rötlich, im SK und JK ganz weiß, Beine gräulich. Vom Rallenreiher auch durch Schnabelfarbe unterschieden. Gesellig und gern zwischen Weidevieh, meist in trockenerem Gelände als andere Reiher. **S** Ruft selten krächzend „ark". **L** Koloniebrüter in Gehölzen an Gewässern, besucht auch trockenes Gelände; ist von Afrika über Südwest-Europa eingewandert und breitet sich von dort weiter nach Mitteleuropa aus. **V** A, aber bj in einigen frei fliegenden Zoo-Kolonien und von dort aus umherstreifend.

2 | Silberreiher 091 G 95 cm, Sp 155 cm

Ardea alba **K** Groß und immer ganz weiß, sehr elegant und langhalsig. Im PK hängen die als Schmuck verlängerten Schulterfedern über den Schwanz hinab, dann sind auch für kurze Zeit der Schnabel schwarz und die Unterschenkel rötlich. Im SK und JK Schnabel gelb, Beine schwärzlich. Beine überragen den Schwanz im Flug sehr weit. **S** Selten zu hören, hölzern und ärgerlich klingend „krr-rra". **L** Bildet meist große Kolonien in ausgedehnten Schilfgebieten, sonst ganzjährig auf Fischfang an Gewässern sowie auf Regenwurm- und Mäusejagd auch auf Wiesen und Feldern. **V** ZW, außerhalb der Brutzeit in ganz Deutschland zunehmend, regelmäßig übersommernd, bisher aber nur ausnahmsweise b, jedoch B am österreichischen Neusiedlersee und lokal in den Niederlanden und Polen.

3 | Seidenreiher 092 G 60 cm, Sp 90 cm

Egretta garzetta **K** Ein immer ganz weißer, sehr graziler mittelgroßer Reiher. Schnabel und Beine immer schwarz, gelbe Zehen kennzeichnend. Im PK verlängerte weiße Schmuckfedern am Hinterkopf und im Schultergefieder. Vom Silberreiher zudem durch deutlich geringere Größe unterscheidbar. **S** Im Flug rau „kschar". **L** Kolonien in Gebüsch in meist südeuropäischen Feuchtgebieten, außerhalb der Brutzeit an flachen Gewässerrändern, auch an Küsten. **V** z 5-9, ausnahmsweise b in Süddeutschland.

4 | Graureiher 093 473 G 95 cm, Sp 185 cm

Ardea cinerea **K** Der häufigste, am weitesten verbreitete und bekanntester Reiher, sehr groß, wirkt überwiegend grau mit schwarzen und weißen Abzeichen. Hals im Flug wie bei allen Reihern eingezogen, langsam rudernde Flügelschläge auf abwärts gebogenen Schwingen. Lauert bewegungslos am Gewässerrand oder auf Wiesen stehend auf Beute (Amphibien, Mäuse, Würmer), um dann blitzschnell zuzustoßen. Im JK weniger kontrastreich überwiegemnd grau gezeichnet. **S** Ruft im Flug heiser krächzend „krärk" und „chrää", auch nachts zu hören. **L** Brutkolonien meist hoch auf Bäumen mit großen Reisignestern, seltener im Schilf oder bodennah; hält sich ganzjährig an Gewässern und in Feuchtgebieten auf oder steht zur Mäusejagd ruhig auf Wiesen und Feldern. **V** BJZW.

5 | Purpurreiher 094 G 85 cm, Sp 135 cm

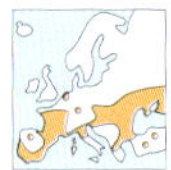

Ardea purpurea **K** Etwas kleiner, zierlicher und deutlich dunkler als Graureiher. Im AK mit kastanienbraunen Gefiederpartien und schwarzem Längsstreif am Hals. JK blasser, eher lehmbraun, Vorderhals gestrichelt. Im Flug braune Unterflügeldecken, dann manchmal auch an der Silhouette durch eckigeren, fast rammbockartig hervorstehenden eingezogenen Hals und längere Zehen vom Graureiher unterscheidbar. **S** Ruft höher als Graureiher „härr". **L** Brütet hauptsächlich in Südeuropa im Schilf, bevorzugt Feuchtgebiete mit dichter Vegetation und Schilf. **V** b in Süddeutschland, ferner häufig am österreichischen Neusiedlersee, z 4-10.

STÖRCHE

6 | Weißstorch 095 G 110 cm, Sp 165 cm

Ciconia ciconia **K** Einer der bekanntesten und beliebtesten Vögel. Groß, schwarzweißes Gefieder, Schnabel und Beine lang und rot, unverkennbar. Im JK Beine blasser, Schnabel mit dunkler Spitze. Fliegt mit ausgestrecktem Hals und zieht in ungeordneten Trupps, die oft in Aufwinden kreisen. Brütet meist auf Gebäuden und Schornsteinen, lokal aber auch in großen Baumnestern, gelegentlich sogar kolonieartig. **S** Stumm, klappert aber besonders am Nest laut mit dem Schnabel. **L** Feuchtgebiete, Wiesen, Felder, Tümpel. **V** BZ 3-8, einige der vielerorts ausgesetzten Vögel bleiben aber auch im Winterhalbjahr.

7 | Schwarzstorch 096 G 100 cm, Sp 155 cm

Ciconia nigra **K** Gestalt wie Weißstorch, aber Kopf, Hals und gesamte Oberseite schwarz, im Flug auch Unterflügel dunkel, nur Bauch und Achselfedern kontrastierend weiß. Im AK Schnabel und Beine rot, schwarze Partien mit Metallglanz, im JK unbefiederte Körperteile grünlich, später matter rot, das schwarze Gefieder noch stumpf und bräunlich. Scheuer als Weißstorch und kein Kulturfolger, baut große Baumnester in ungestörten Wäldern. **S** Ruft am Nest „hi-lih", im Flug manchmal bussardähnlich, klappert aber selten. **L** Wälder, Feuchtgebiete, mehr an Wasser gebunden als Weißstorch, ernährt sich viel von Fischen. **V** BZ 3-9, kommt eher aus Afrika zurück als Weißstorch und zieht später ab.

PK
SK
1 | Kuhreiher
PK
SK/JK
2 | Silberreiher
SK/JK
PK
3 | Seidenreiher
JK
PK
5 | Purpurreiher
JK
PK
4 | Graureiher
6 | Weißstorch
JK
7 | Schwarzstorch

FISCHADLER

1 | Fischadler 097 G 56 cm, Sp 160 cm

Pandion haliaetus **K** Mittelgroßer Greifvogel mit kennzeichnender Silhouette: lange, schmale, meist gewinkelt gehaltene Flügel mit hervorstehendem Bug. Oft hoch rüttelnd, stürzt sich mit vorgestreckten Füßen zum Fischfang ins Wasser. Kopf (mit dunkler Maske), Körperunterseite und Unterflügeldecken (mit dunklem Bugfleck) weiß, Oberseite braun, im JK durch helle Federränder geschuppt. **S** Balzt klagend „jülp"; ruft pfeifend „pjüp". **L** Gewässer aller Art. **V** b, besonders im Osten, Z 3-5, 8-9.

HABICHTVERWANDTE

2 | Schlangenadler 098 G 65 cm, Sp 170 cm

Circaetus gallicus **K** Recht groß mit langen, breiten Flügeln, eulenartig großem Kopf und gerade abgeschnittenem Schwanz; rüttelt viel. Unterseits weißlich, variabel stark oder kaum dunkel quer gefleckt, Kopf und Brust meist dunkel, Schwanz mit drei Binden, kein Flügelbugfleck, oberseits braungrau, Wachshaut und Beine graublau. Kann mit Fischadler und Wespenbussard verwechselt werden. **S** Balzt melodisch flötend „pii-o". **L** Reptilienreiche offene Landschaft in Süd- und Osteuropa. **V** A.

3 | Gleitaar 099 G 33 cm, Sp 78 cm

Elanus caeruleus **K** Sehr kleiner Greifvogel, nur etwa turmfalkengroß mit dickem Kopf, spitzen Flügeln und kurzem, schwach gegabeltem Schwanz; rüttelt oft. Durch überwiegend graues und weißes Gefieder sehr hell, unterseits nur Handflügel, oberseits nur Armdecken schwarz. Im JK Scheitel und Brust orange getönt, Oberseite geschuppt. **S** Balzt flötend „kü-ip"; warnt scharf „kriiak". **L** Offene Landschaften in Südwest-Europa, besonders Iberische Halbinsel, breitet sich derzeit nach Nordosten aus. **V** A.

4 | Rotmilan 100 G 65 cm, Sp 155 cm

Milvus milvus **K** Mittelgroß mit langen Flügeln und langem, tief gegabeltem Schwanz, der im lässigen Flug mit oft herabhängendem Handflügel auch häufig gedreht wird. Insgesamt rostbraun, Kopf heller, unterseits weißliches Handflügelfeld, Schwanz rostrot; vgl. Schwarzmilan. **S** Ruft klagend „hiijü-hjhj-hjü". **L** Offen bewaldetes Hügelland. **V** BZ 3-10, stellenweise w.

5 | Schwarzmilan 101 G 55 cm, Sp 145 cm

Milvus migrans **K** Mittelgroß, elegant, mit gegabeltem Schwanz (schwächer als Rotmilan, erscheint bei Spreizung gerade abgeschnitten oder sogar gerundet), segelt oft mit herabhängendem, leicht angewinkeltem Handflügel. Gefieder recht einfarbig dunkelbraun, Schwanz braun, Handschwingen unterseits kaum aufgehellt, hellbraunes Band auf Armflügel unauffällig. Im JK unterseits etwas heller mit dunkler Bauchstrichelung, schmale Augenmaske und Iris noch dunkel. **S** Ruft vibrierend „püj-jir". **L** Halboffene Landschaft, meist in der Nähe von Gewässern. **V** BZ 4-9.

6 | Schmutzgeier 102 G 60 cm, Sp 160 cm

Neophron percnopterus **K** Kleinster Geier mit kleinem Kopf und langem, keilförmigem Schwanz. Im AK unverkennbar durch den Kontrast zwischen schwarzen Schwungfedern und sonst weißlichem Gefieder, nackte Gesichtshaut gelb. Im JK fast komplett braun, erste weiße Federn im 2. S. **L** Bergland und andere Lebensräume in Südeuropa. **V** A.

7 | Gänsegeier 103 G 100 cm, Sp 250 cm

Gyps fulvus **K** Der bekannteste Geier, sehr groß mit langen, breiten, tief gefingerten Flügeln und kurzem, gerundetem Schwanz. Insgesamt hell bräunlich, Schwung- und Steuerfedern davon kontrastreich schwärzlich abgesetzt, Kopf und langer Hals kurz weißlich befiedert. Halskrause im AK weiß, im JK braun, Schnabel im AK gelb, im JK grau. **L** Südeuropäisches Bergland, meist in Gruppen, brütet an Felsen. **V** A, doch alljährlich in Österreich übersommernd.

8 | Bartgeier 104 G 115 cm, Sp 260 cm

Gypaetus barbatus **K** Großer Geier mit sehr langen, schmalen Flügeln und langem, keilförmigem Schwanz. Gefieder im AK insgesamt dunkel, oberseits schiefergrau, nur Kopf und Bauch rostfarben. Im JK oberseits düster braun mit einzelnen hellen Federn, Bauch grau. **L** Extrem selten in Felsgebirgen Südeuropas, vor allem in den Pyrenäen; inzwischen aber nach Aussetzungen erste erfolgreiche Bruten im Alpenraum. **V** A.

9 | Mönchsgeier 105 G 108 cm, Sp 270 cm

Aegypius monachus **K** Mächtiger Greifvogel mit langen, breiten, tief gefingerten Flügeln und kurzem, gerundetem Schwanz. Gefieder immer einheitlich dunkel schwarzbraun. Im AK hellbraune Halskrause sowie heller Scheitel und Hinterkopf, im JK auch diese Partien schwärzlich. **L** Brütet in bewaldeten Bergregionen Südwest- und sehr selten Südost-Europas. **V** -, aber gelegentlich tauchen Vögel aus südwesteuropäischen Aussetzungsexperimenten im Mitteleuropa auf.

1 | Fischadler
2 | Schlangenadler
3 | Gleitaar
JK
4 | Rotmilan
5 | Schwarzmilan
JK
JK
6 | Schmutzgeier
8 | Bartgeier
JK
7 | Gänsegeier
9 | Mönchsgeier

Greifvögel

Adler sind sehr kräftige, allgemein eher seltene Greifvögel mit breiten Flügeln, deren Spitzen immer mindestens sechs tief gefingerte Handschwingen zeigen, und die oft lange ohne Flügelschlag hoch in der Thermik segeln. Schnäbel groß, Lauf befiedert. Die Entwicklung vom JK zum AK dauert über mehrere Übergangsstadien etwa fünf Jahre, wodurch die Bestimmung auch für Experten schwer ist.

1 | Habichtsadler 106 — G 60 cm, Sp 155 cm

Aquila fasciata **K** Mittelgroß, Flügel kaum gefingert, Bug oft nach vorne geschoben, aber Hinterrand gerade, Schwanz lang und gerade abgeschnitten. Unterseits hell mit dunklem Diagonalband auf Armflügel und breit schwarzer Endbinde des grauen Schwanzes, oberseits meist deutlicher weißlicher Mantelfleck. Im JK unterseits rötlich, gesamtes Großgefieder fein gebändert. **L** Selten in südeuropäischem Bergland. **V** A.

2 | Zwergadler 107 — G 46 cm, Sp 120 cm

Hieraaetus pennatus **K** Kleinster Adler, nur bussardgroß, doch mit sechs gefingerten Handschwingen. Oberseits helles Armflügelband, „Positionslichter" am Flügelansatz, Schwungfedern schwärzlich, innere drei Handschwingen aufgehellt. Unterseite bei heller Morphe sonst weißlich, bei dunkler Morphe dunkelbraun. **S** Ruft am Brutplatz häufig „wie-wie-jük-jük". **L** Alte Laubwälder in offener Landschaft Süd- und Osteuropas. **V** A.

3 | Steinadler 108 — G 85 cm, Sp 210 cm

Aquila chrysaetos **K** Bekanntester Adler, groß mit relativ schmalen, am Hinterrand geschwungenen Flügeln und langem, gerundetem Schwanz; Nacken in allen Kleidern goldbraun. Im AK graue Schwung- und Steuerfedern mit schwarzen Spitzen und 3-5 dunklen Bändern. Im JK Schwanz weiß mit schwarzer Endbinde sowie ober- und unterseits weißes Feld auf Handschwingenbasen. **S** Ruft selten rau flötend „kjü". **L** Meist Gebirge, in Nordost-Europa auch Wälder und Küsten. **V** bj in den Alpen, sonst A.

4 | Schelladler 109 — G 65 cm, Sp 170 cm

Clanga clanga **K** Ähnlich Schreiadler, doch größer, kompakter, dunkler, Schwanz oft leicht keilförmig, Unterflügeldecken meist dunkler als Schwungfedern (bei Schreiadler umgekehrt), Iris dunkel. Im JK auf Flügeln stärker weiß getropft als Schreiadler. Hybridisiert gelegentlich mit Schreiadler und kommt sehr selten auch in hell gelblicher Variante vor. **S** Tiefer als Schreiadler „kjak", auch gereiht. **L** Gewässernahe Wälder in Nordost-Europa. **V** A.

5 | Schreiadler 110 — G 60 cm, Sp 150 cm

Clanga pomarina **K** Nur etwas größer als Mäusebussard, einfarbig dunkelbraun, Kopf, Hals und Flügeldecken etwas heller, weißlicher Fleck auf Handflügelbasis, Unterflügeldecken meist heller als Schwungfedern. Im JK rostiger Nackenfleck und weiße Punkte auf Flügeldecken. **S** Am Brutplatz oft hell und laut „kjük kjük". **L** Alte Wälder mit benachbarten Wiesen. **V** bz 4-9, nur Ostdeutschland, sonst A.

6 | Kaiseradler 111 — G 76 cm, Sp 190 cm

Aquila heliaca **K** Groß und in der Gestalt ähnlich Steinadler, aber Schwanz kürzer. Auch im AK ähnlich Steinadler, jedoch weiße Schulterflecken, graue Schwanzbasis, hellerer Nacken, fast schwarze Unterflügeldecken. Im JK insgesamt gelbbraun, Mantel und Brust dunkel gestreift, im Flug kennzeichnende aufgehellte innere Handschwingen. **S** Tiefer als Steinadler, oft gereiht „au-au-au", ruffreudig. **L** Offenes Gelände und Steppen mit Baumgruppen, auch Bergwälder in Südost-Europa. **V** A, aber bj in Ostösterreich.

7 | Iberienadler 112 — G 78 cm, Sp 195 cm

Aquila adalberti **K** Vertritt den Kaiseradler in Spanien, diesem sehr ähnlich, jedoch im AK Flügelvorderrand weiß, weißes Schulterfeld größer. Im JK ganz anders als Kaiseradler, hell fuchsbraun ohne dunkle Strichel. **S** Wie Kaiseradler. **L** Offene, baumbestandene Landschaften. **V** -.

8 | Steppenadler — G 68 cm, Sp 180 cm

Aquila nipalensis **K** Groß mit langen und breiten Flügeln, Schwung- und Steuerfedern immer mit Bänderung, wulstiger gelber Schnabelwinkel reicht bis unter Augenhinterrand. Im AK einfarbig dunkelbraun, Nacken oft aufgehellt, Körper dunkler als Unterflügeldecken. Im JK heller braun, durch breit weißes Band auf den Unterflügeln unverwechselbar, stehend zwei weiße Flügelbinden sichtbar. **L** Vom Kaspischen Meer bis in mittelasiatische Steppen. **V** A oder Gefangenschaftsflüchtling.

9 | Seeadler 113 — G 85 cm, Sp 220 cm

Haliaeetus albicilla **K** Riesig mit brettartigen, tief gefingerten Flügeln, gewaltigem Schnabel und recht kurzem, keilförmigem Schwanz. AK insgesamt recht einfarbig braun, etwas strähnig wirkend, Kopf heller, Schnabel gelb und Schwanz charakteristisch weiß. Im JK dunkler und gefleckter, Schnabel grau, Schwanz braun. Das AK wird langsam im Lauf von fünf Jahren angelegt. **S** Ruft am Brutplatz lachend „kji-kji-kji". **L** Gewässer in der Nähe ruhiger alter Wälder. **V** BJ besonders im Nordosten Deutschlands, nimmt aktuell zu und breitet sich aus; sonst w.

JK
1 | Habichtsadler
2 | Zwergadler
dunkel
hell
JK
3 | Steinadler
JK
4 | Schelladler
5 | Schreiadler
JK
JK
6 | Kaiseradler
JK
8 | Steppenadler
7 | Iberienadler
JK
9 | Seeadler
JK

1 | Mäusebussard 114 — G 52 cm, Sp 120 cm

Buteo buteo **K** Fast überall der häufigste Greifvogel, mittelgroß und breitflügelig mit fünf gefingerten Handschwingen und mittellangem, leicht gerundetem Schwanz, Füße und Wachshaut gelb. Im Flug werden die Flügel gerade oder leicht angehoben gehalten; segelt viel, rüttelt gelegentlich, steht aber meist auf Masten und Pfählen. Gefieder extrem variabel von fast weiß bis fast schwarz oder gescheckt, meist aber braun mit typischem hellerem Brustband, Schwanz mit vielen Binden. Breit schwarzer Flügelhinterrand und dunkle Schwanzendbinde des AK fehlen im JK noch. Nordosteuropäische Unterart *vulpinus* rötlich und ähnlich dem größeren Adlerbussard. **S** Ruft katzenähnlich „hii-jäh". **L** Fast alle Lebensräume. **V** BJZW.

2 | Wespenbussard 115 — G 54 cm, Sp 125 cm

Pernis apivorus **K** Ähnlich Mäusebussard, fliegt aber meist mit abwärts gebogenen Flügeln, dabei kleiner Kopf auf langem Hals weit vorgestreckt, langer Schwanz mit gerundeten Ecken und drei Binden; rüttelt nicht. Färbung variabel, Unterseite oft quer gebändert, ♂ mit grauem Kopf, ♀ brauner. **S** Pfeifend „pii-iu". **L** Waldland mit offenen Bereichen, wo er Wespennester (Hauptnahrung) ausgraben kann. **V** BZ 5-9.

3 | Raufußbussard 116 — G 54 cm, Sp 130 cm

Buteo lagopus **K** Größer, aber eleganter als Mäusebussard, rüttelt oft, Lauf befiedert, Schwanzbasis immer weiß mit schwarzer Endbinde, Stirn hell und Unterseite kontrastreich weißlich mit dunklem Flügelbug- und Bauchfleck (fehlt meist bei ♂ im AK). **S** Ähnlich Mäusebussard. **L** Nordeuropäisches Bergland, im Winter offenes Gelände. **V** W 10-4, hauptsächlich im Norden.

4 | Adlerbussard 117 — G 56 cm, Sp 140 cm

Buteo rufinus **K** Kräftiger als Mäusebussard, langflügelig, rüttelt oft. Gefieder meist überwiegend hell zimtbraun, brauner Bauchfleck immer dunkler als Kopf/Brust und Steiß, helle Flügelunterseite mit großem dunklem Bugfleck. Im AK Schwanz ungebändert rötlich, im JK beige mit Melierung. **L** Steppen und Berge Südost-Europas. **V** A.

5 | Habicht 118 — G 55 cm, Sp 100 cm

Accipiter gentilis **K** Groß, im Vergleich zu Mäusebussard kurz- und breitflügelig, langschwänzig, mit Überaugenstreif. Im AK Oberseite grau, Unterseite quergebändert. Im JK oberseits braun, unterseits beige, braun getropft. **S** Am Brutplatz gackernd „kjü-kjü-kjü" und lang gezogen fiepsend „piiiji". **L** Wälder. **V** BJ.

6 | Sperber 119 — G 35 cm, Sp 70 cm

Accipiter nisus **K** Kleiner und schmächtiger als Habicht, Querbänderung des ♂ rötlich, des oberseits braunen Jungvogels bräunlich. ♀ viel größer, erreicht fast Habicht-♂, aber Schwanz schmaler mit gerader statt gerundeter Spitze. **S** Warnt „kjikjikjik". **L** Wälder, Feldgehölze, Parks. **V** BJ.

7 | Kurzfangsperber 120 — G 36 cm, Sp 72 cm

Accipiter brevipes **K** Sehr ähnlich Sperber, aber Unterflügel heller, Flügelspitzen ober- und unterseits dunkler, mittlere Steuerfedern oberseits ungebändert, Iris dunkel. ♂ mit grauen Kopfseiten, ♀ und JK mit dunklem Kehlstrich. **S** Ruft typisch „kii-wick". **L** Offene Laubwälder Südost-Europas, jagt besonders Eidechsen. **V** -, jedoch A in Österreich.

8 | Rohrweihe 121 — G 50 cm, Sp 120 cm

Circus aeruginosus **K** Schlank und langschwänzig, niedriger, gaukelnder Flug mit v-förmig angehobenen Flügeln. ♂ braun mit grauem Schwanz und Flügelfeld, ♀ dunkelbraun mit beiger Kopfplatte, JK noch dunkler, Kopfplatte gelb. **S** ♂ balzt ähnlich Kiebitz „kie-vü". **L** Schilf, offenes Gelände. **V** BZ 4-9.

9 | Kornweihe 122 — G 45 cm, Sp 110 cm

Circus cyaneus **K** Schlank mit langem Schwanz und langen, im niedrigen Suchflug v-förmig angehobenen Flügeln mit fünf frei sichtbaren äußeren Handschwingen („Fingern"). ♂ hellgrau mit ausgedehnt schwarzen Flügelspitzen und weißen Oberschwanzdecken, letztere auch beim insgesamt bräunlichen, unterseits gestrichelten ♀ und im JK. ♀ und JK von Korn-, Wiesen- und Steppenweihe einander ähnlich und nur mit Erfahrung unterscheidbar. **S** ♂ balzt „tjük-ükükükük". **L** Offene Landschaften. **V** bZW.

10 | Wiesenweihe 123 — G 45 cm, Sp 105 cm

Circus pygargus **K** Noch schlanker als Kornweihe, Flügel spitzer mit vier „Fingern". ♂ grau mit schwarzer Flügelbinde, unterseits braun gestrichelt. Braunes ♀ meist ohne Halsband, im JK unterseits rostorange. **S** Höher als Kornweihe. **L** Offenes Gelände. **V** bZ 5-9.

11 | Steppenweihe — G 45 cm, Sp 110 cm

Circus macrourus **K** Ähnlich Kornweihe, doch spitzflügeliger mit vier „Fingern". ♂ heller mit schwarzem Keil in Flügelspitze. ♀ mit deutlichem Halsband. Im JK wie Wiesenweihe, aber helles Hals- und dunkles Nackenband. **L** Steppen in Osteuropa. **V** A.

1 | Mäusebussard
dunkel
hell
2 | Wespenbussard
♂
JK
3 | Raufußbussard
JK
4 | Adlerbussard
5 | Habicht
♂
♀ JK
6 | Sperber
♂
♀
♀
JK
7 | Kurzfangsperber
JK
♀
♂
8 | Rohrweihe
JK
♂
♀
9 | Kornweihe
♂
♀
JK
10 | Wiesenweihe
♂
♀
JK
11 | Steppenweihe
♂
♀
JK

GREIFVÖGEL IM FLUG

Fischadler
S. 58
Schlangenadler
S. 58
JK
2. S
Seeadler
S. 60
JK
2. S
Steinadler
S. 60
JK
Schelladler
S. 60
JK
Kaiseradler
S. 60
hell
dunkel
Zwergadler
S. 60
JK
Schreiadler
S. 60
JK
Iberienadler
S. 60
JK
Habichtsadler
S. 60

GREIFVÖGEL IM FLUG

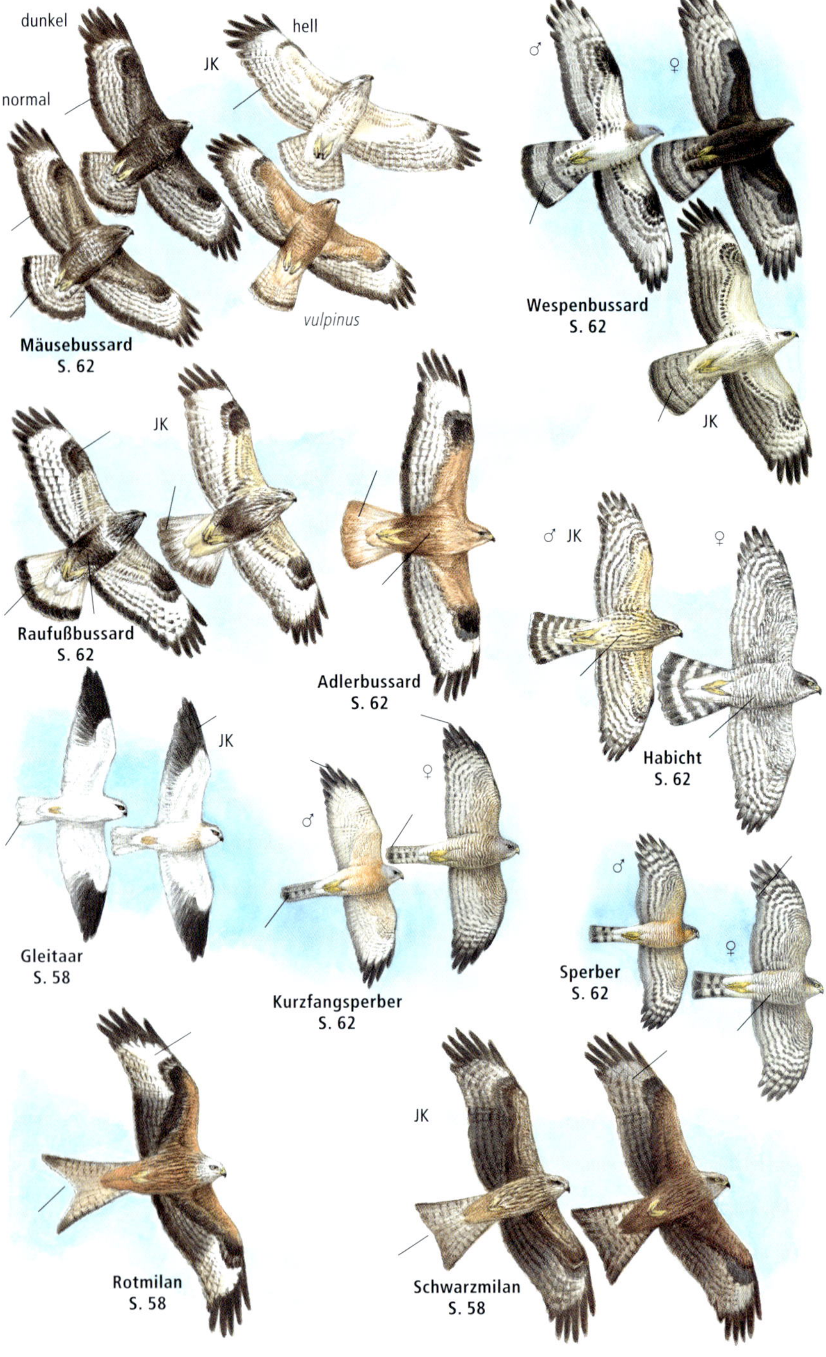

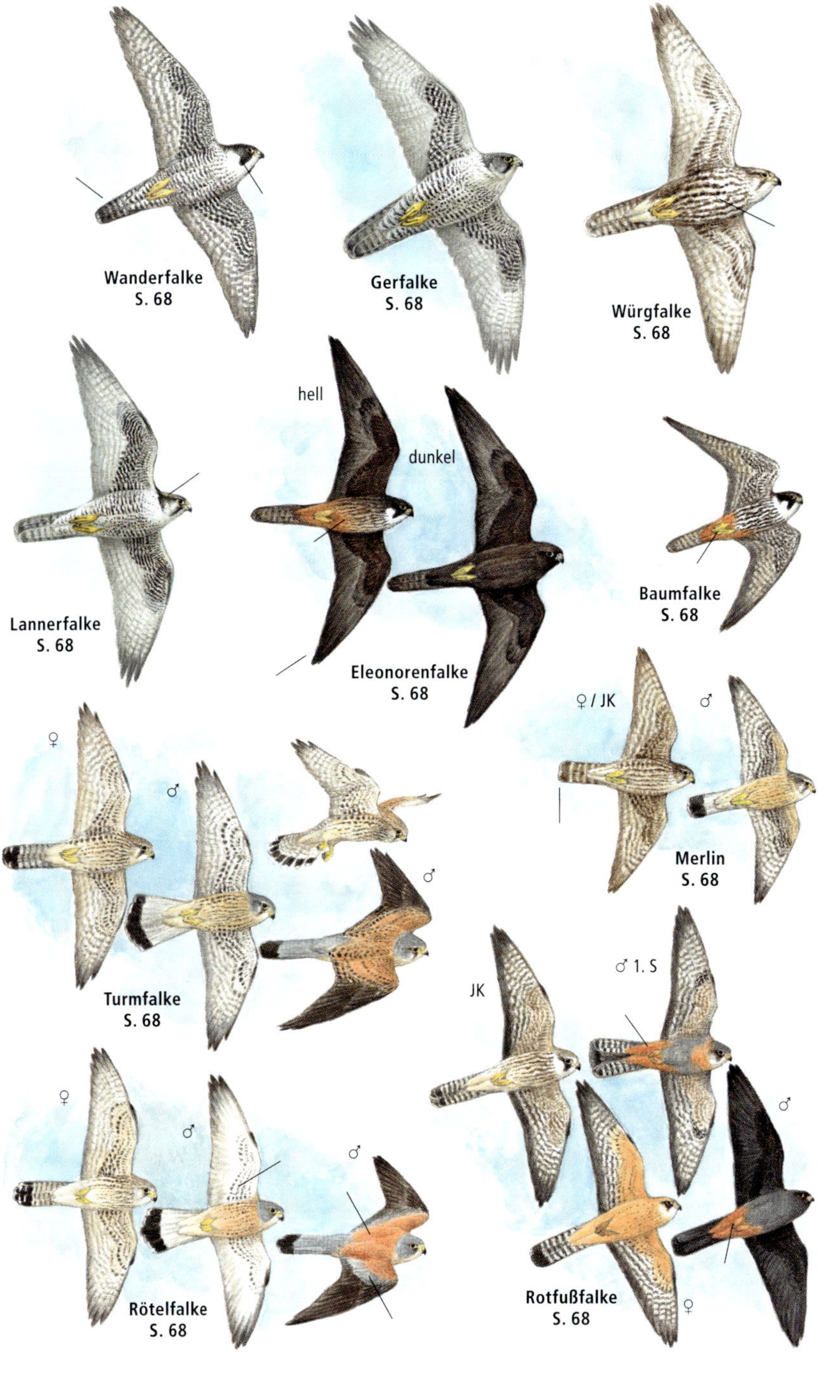
Wanderfalke
S. 68
Gerfalke
S. 68
Würgfalke
S. 68
hell
dunkel
Lannerfalke
S. 68
Eleonorenfalke
S. 68
Baumfalke
S. 68
♀ / JK
♂
Merlin
S. 68
♀
♂
♂
Turmfalke
S. 68
JK
♂ 1. S
♂
♀
♂
♂
Rötelfalke
S. 68
Rotfußfalke
S. 68
♀

FALKEN

1 | Wanderfalke 124 — G 45 cm, Sp 105 cm

Falco peregrinus **K** Bekanntester und häufigster Großfalke, groß, kompakt, mit breiter Brust, ♀ wie bei allen Falken größer als ♂. Im AK graue Oberseite, quer gewellte Unterseite, breiter Tränenstreif. Im JK brauner und unterseits getropft. **S** Ruft am Brutplatz rau „krä-krä-krä". **L** Gebirge, Felsen, Wälder, Städte, offene Landschaft in fast ganz Europa, brütet an Felsen, hohen Gebäuden, seltener auf Bäumen. **V** BJ.

2 | Gerfalke 125 — G 58 cm, Sp 120 cm

Falco rusticolus **K** Größter Falke, kräftig, breit- und relativ stumpfflügelig, schwacher Tränenstreif, meist düstere Wangen. Grundfärbung von dunkel braungrau über grau bis weißlich variierend. Helle Unterseite meist dunkel gepunktet bis quer gefleckt, im JK düster gestreift. **L** Nordeuropäische Gebirge und Küstenklippen. **V** A.

3 | Würgfalke 126 — G 51 cm, Sp 120 cm

Falco cherrug **K** Kräftig und relativ breitflügelig, oberseits gelblich braun, unterseits beige mit brauner Längstropfung, Scheitel hell braun, gestrichelt, Überaugenstreif weißlich, Tränenstreif schwach, Hosen dunkel. **L** Steppen und offene Landschaft Südost-Europas. **V** A und Gefangenschaftsflüchtling, aber bj in Ostösterreich.

4 | Lannerfalke 127 — G 46 cm, Sp 100 cm

Falco biarmicus **K** Ähnelt dem größeren Würgfalken, aber Oberseite braungrau, Nacken rostbraun, unterseits auch im Flug heller mit feinerer dunkler Strichelung. Im JK oberseits dunkler, Hosen hell, Flügel erreichen im Stehen Schwanzspitze. **L** Sehr selten in Gebirgen Süditaliens und des Balkan (Unterart *feldeggii*), hauptsächlich Afrika. **V** -.

5 | Eleonorenfalke 128 — G 40 cm, Sp 95 cm

Falco eleonorae **K** Mittelgroß mit langen, schlanken Flügeln und langem Schwanz. Einfarbig dunkle Morphe unverkennbar, helle Morphe ähnlich Baumfalke, doch Bauch rostbraun und Unterflügel dunkel. Im JK von Baumfalke durch Größe, Silhouette und düstere Unterflügel unterschieden. **S** Ruft heiser nasal „kjä-kjä …". **L** Koloniebrüter auf Felsinseln im Mittelmeer. **V** A.

6 | Baumfalke 129 — G 32 cm, Sp 76 cm

Falco subbuteo **K** Kleiner, schnittiger, eleganter, relativ kurzschwänziger Falke mit grauer Oberseite, gestrichelter Unterseite, weißen Wangen mit dunklem Tränenstreif. Rostbraune Färbung von Steiß und Hosen fehlt im JK noch. Jagt gern im Flug Libellen, auch Schwalben und Stare an deren Schlafplätzen. **S** Weniger scharf als Turmfalke „kjikjikji". **L** Offenes Waldland. **V** BZ 4-10.

7 | Turmfalke 130 — G 34 cm, Sp 74 cm

Falco tinnunculus **K** Häufigster Falke, spitze Flügel und Schwanz lang, steht häufig nach Mäusen Ausschau haltend rüttelnd in der Luft. Oberseits braun (♂ rötlicher) mit schwarzen Flecken, unterseits beige mit dunklen Stricheln, Schwanz mit breit schwarzer Endbinde, beim ♂ grau, beim ♀ braun; Kopf des ♂ grau. JK ähnlich ♀. **S** Hoch „kikikikiki". **L** Alle Lebensräume, auch Städte; Brut in Gebäudenischen und in alten Krähennestern auf Bäumen. **V** BJ.

8 | Rötelfalke 131 — G 30 cm, Sp 68 cm

Falco naumanni **K** Ähnlich Turmfalke, aber kleiner, heller, bunter, Krallen weiß, Flügel reicht stehend dichter an Schwanzspitze. ♂ mit grauem Armflügelfeld und ungeflecktem Mantel, ♀ kaum von Turmfalke unterscheidbar. **S** Heiserer als Turmfalke. **L** Seltener südeuropäischer Koloniebrüter meist an Gebäuden in offener Landschaft, auch in Städten. **V** A.

9 | Merlin 132 — G 29 cm, Sp 62 cm

Falco columbarius **K** Kleinster Falke, mit kurzen spitzen Flügeln recht kompakt gebaut, jagt gern in fast drosselartigem Flug dicht über dem Boden. ♂ oben blaugrau, unten rostfarben und dunkel gefleckt, Tränenstreif unauffällig. ♀ und JK oben düster graubraun mit kräftiger Schwanzbänderung. **L** Offene Landschaft, Moore, Heide in Nordeuropa, im Winter auch Felder. **V** W 9-4.

10 | Rotfußfalke 133 — G 31 cm, Sp 70 cm

Falco vespertinus **K** Klein wie Turmfalke, aber Flügel länger und Schwanz kürzer, rüttelt waagerechter, fängt im Flug Insekten wie Baumfalke und ist gesellig. Rundum graues ♂ mit roten Hosen unverkennbar. ♀ oberseits schiefergrau gebändert, Unterseite (einschließlich Unterflügeldecken) und Kopf hell rostgelb, schwarze Augenmaske, Beine orangerot, Schwungfedern gebändert. JK ähnlich Baumfalke, aber kleiner, Schwanz kräftig gebändert, Stirn und Kopfseiten weißlich. ♂ im 1. S mit variablem Anteil grauer und rostroter Federn und noch aus dem JK stammenden gebänderten Schwung- und Steuerfedern. **S** Ruft gedehnt „tschrii-trih". **L** Koloniebrüter meist in alten Krähennestern in offenen Landschaften Südost- und Osteuropas. **V** z 5-6, 8-10, selten.

♀ JK
♂
1 | Wanderfalke
Grönland
JK
2 | Gerfalke
JK
3 | Würgfalke
JK
4 | Lannerfalke
dunkel
JK
hell
5 | Eleonorenfalke
JK
6 | Baumfalke
7 | Turmfalke
♀
♂
♀
9 | Merlin
♂
♂ 1. S
♀
8 | Rötelfalke
♂
JK
10 | Rotfußfalke
♀
♂

TRAPPEN

1 | Großtrappe 134 G ♂ 100 cm, ♀ 80 cm

Sp 180-240 cm *Otis tarda* **K** Groß, schwer, hochbeinig, ähnlich Truthuhn, mit braun und schwarz gebänderter Ober- und weißer Unterseite, Hals grau, Brust braun, im gänseähnlichen Flug mit ausgestrecktem Hals weißes Flügelfeld auffallend. ♂ können über 15 kg schwer werden und sind viel größer als ♀. Außerhalb der Brutzeit gesellig, doch sehr scheu (viele in Deutschland ausgesetzte Vögel aber extrem zahm). ♂ verwandelt sich bei der auffälligen Gruppenbalz zu weißer Kugel. **S** Stumm. **L** Wiesen, Steppen, Felder. **V** bj lokal in Ostdeutschland und Ostösterreich, fast ausgestorben.

2 | Zwergtrappe 135 G 43 cm, Sp 110 cm

Tetrax tetrax **K** Viel kleiner als Großtrappe, eher hühnerähnlich, Flügel fast ganz weiß. ♂ im PK mit schwarzweißer Halszeichnung, im SK Hals und Brust wie beim ♀ braun gestrichelt. ♂ wirft bei der Balz rhythmisch den Kopf zurück und macht gelegentlich einen Flattersprung. **S** Schnarrt bei der Balz weit hörbar trocken „prrrt". **L** Offene, trockene Landschaft in Südeuropa. **V** A.

3 | Steppenkragentrappe G 60 cm, Sp 140 cm

Chlamydotis macqueenii (nicht abgebildet) **K** Steht in der Größe zwischen Zwerg- und Großtrappe, oberseits lehmbraun mit braungrauer Querfleckung, auf den Halsseiten ein auffallender schwarzer Längsstreif, am Hinterscheitel ein schwarz-weißer Schopf (beides fehlt im JK). Alle Schwungfedern dunkel, nur auf den Handschwingenbasen ein weißes Feld. **L** Mittelasiatische Steppen, verfliegt sich ausnahmsweise bis Mitteleuropa. **V** A.

KRANICHE

4 | Kranich 136 478 G 110 cm, Sp 210 cm

Grus grus **K** Sehr groß, hochbeinig, langer Hals im Flug ausgestreckt (bei Reihern eingezogen), Beine überragen dann den Schwanz. Sehr scheu, ist meist ziehend in großen, keilförmigen Trupps zu sehen. Gefieder grau, Schirmfedern stehen als buschiges Hinterende ab, schwarz-weiß-rote Kopfzeichnung (im JK bräunlich) nur aus der Nähe erkennbar. **S** Ruft laut trompetend „kru", Paare auch ganzjährig im Duett beim Balztanz, Trupps vielstimmig während des Zugs; im Herbst aus Zugtrupps auch das piepsende „miep" der Jungvögel hörbar. **L** Zur Brutzeit Bruchwälder, Feuchtgebiete, Moore, rastend auf Feldern und Wiesen, Schlafplatz meist im Flachwasser. **V** B (hauptsächlich Nordost-Deutschland, doch aktuell zunehmend und in Ausbreitung begriffen), Z 2-3, 10-12, vereinzelt auch überwinternd.

5 | Jungfernkranich 137 G 92 cm, Sp 170 cm

Grus virgo **K** Kleiner als Kranich, Schirmfedern länger und herabhängend (statt hochstehend), Vorderhals schwarz mit auf der Brust verlängerten Federn, weiße Ohrbüschel. Im JK Kopfseiten weißlich, Vorderhals grau. **S** Ruft etwas hölzerner als Kranich. **L** Brütet in Steppen vom östlichen Schwarzen Meer bis Mittelasien, erscheint lediglich auf Zypern als regelmäßiger Durchzügler, 4, 8-9. **V** -.

RALLEN

6 | Teichhuhn 138 G 30 cm

Gallinula chloropus **K** Taubengroß und schwarz mit weißem Unterschwanz, rotem Stirnschild und weißer Flankenlinie. Ebenso häufig am Land wie auf dem Wasser unterwegs, erinnert durch Kopfnicken und Schwanzzucken an ein Huhn. **S** Ruft laut und plötzlich „kürrk", bei der nächtlichen Flugbalz auch „keck-eck-eck". **L** Bewachsene Binnengewässer, häufig auch auf Parkteichen. **V** BJ.

7 | Blässhuhn 139 G 39 cm

Fulica atra **K** Insgesamt rußschwarz, taubengroß, an Land etwas hühnerähnlich, nickt mit dem Kopf, liegt schwimmend hoch im Wasser und ist von eher buckliger Gestalt. Im AK mit weißem Stirnschild, im JK Vorderhals noch weißlich. Grast gern in Gruppen an Land, taucht auch häufig. **S** Ruft explodierend „pix" und tiefer „pöck", im Flug nasal „pnäau". **L** Gewässer aller Art, auch Parkteiche. **V** BJZW.

8 | Kammblässhuhn 140 G 41 cm

Fulica cristata **K** Nur aus der Nähe sicher von Blässhuhn unterscheidbar: Winkel zwischen Schnabel und Stirnschild gerundet statt spitz, im Flug kein schmal weißer Armflügel-Hinterrand. Zwei kleine rote Höcker über dem Schnabelschild nur im PK ausgebildet und schwer erkennbar. **S** Ruft anders als Blässhuhn zweisilbig „keröck". **L** Vegetationsreiche Teiche, sehr selten, nur lokal in Südspanien. **V** -.

9 | Purpurhuhn 141 G 48 cm

Porphyrio porphyrio **K** Größte Ralle, etwa so groß wie Haushuhn. Gefieder blau schimmernd, Beine, Schnabel und großes Stirnschild rot. Im JK etwas grauer. **S** Lautes, schrilles, nasales Trompeten in verschiedenen Variationen. **L** Klettert im dichten Vegetationsgürtel von Binnengewässern; in Europa nur lokal Südspanien, Mallorca, Sardinien. **V** -.

♀
♂ balzend
♀
♂
1 | Großtrappe
♂
♂
♂
♀
2 | Zwergtrappe
5 | Jungfernkranich
4 | Kranich
JK
6 | Teichhuhn
JK
8 | Kammblässhuhn
PK
7 | Blässhuhn
JK
9 | Purpurhuhn
JK

Kranichvögel bis Watvögel

1 | Wasserralle 142 — G 24 cm

Rallus aquaticus **K** Etwa amselgroß mit gedrungenem, birnenförmigem Körper, langem, rötlichem Schnabel, gebänderten Flanken und weißen Unterschwanzdecken des oft gestelzten kurzen Schwanzes. Oberseits braun mit schwarzen Federzentren, unterseits im AK grau, im JK beige. Meist versteckt im Schilf, doch oft zu hören. **S** ♂ balzt „köp köp köp", ♀ „tjik-tjik tjürr", im Flug nur „tjürrrl", außerdem ganzjährig schweineartiges Quieken und Knurren. **L** Schilf, dicht bewachsene Feuchtgebiete. **V** BZw.

2 | Tüpfelsumpfhuhn 143 — G 21 cm

Porzana porzana **K** Kleiner als Wasserralle mit kurzem gelbem, nur an der Basis rotem Schnabel, grünen Beinen und gelblichen Unterschwanzdecken. Gefieder graubraun, weiß gebändert und fein getüpfelt. Im JK Kopf und Brust bräunlich gesprenkelt statt grau. **S** Balzt nachts im Sekundentakt weit hörbar peitschend „quip, quip, quip". **L** Sumpfgebiete mit Seggen und Binsen, Überschwemmungswiesen. **V** BZ 4-9.

3 | Kleinsumpfhuhn 144 — G 18 cm

Zapornia parva **K** Anders als Tüpfelsumpfhuhn nicht gesprenkelt, sondern oberseits hellbraune Längsstreifen, Unterschwanz schwarz gebändert; Flügel lang, Schnabel grünlich mit rotem Basisfleck. ♂ unterseits grau, ♀ beige, JK weißlich mit etwas deutlicherer Flankenbänderung. **S** ♂ balzt nachts abfallend quakend „queg queg-queck-kwä-kwäkwekue", unverpaartes ♀ balzt bellend „pöck pöck-pörr". **L** Große Schilfgebiete. **V** Lokal bz 4-9, besonders Brandenburg; sehr häufig am Neusiedlersee.

4 | Zwergsumpfhuhn 145 — G 17 cm

Zapornia pusilla **K** Winzig und ähnlich dem ♂ vom Kleinsumpfhuhn, aber Flügel kürzer, nie Rot am Schnabel, Oberseite weiß gekritzelt, Flankenbänderung deutlicher. Im JK Brust bräunlich gebändert. **S** ♂ balzt froschähnlich alle 2-3 Sek. leise hölzern schnarrend „errrrrrr", ♀ ruft leise „schrr". **L** Seggensümpfe, überschwemmte Wiesen. **V** A, ausnahmsweise b.

5 | Wachtelkönig 146 — G 23 cm

Crex crex **K** Wiesenbewohnende, braune, hühnerähnliche Ralle, fast nie zu sehen, aber dann und auch im niedrigen, flatternden Flug an rostbraunen Flügeldecken erkennbar. Brust grau, Flanken braun gebändert. **S** Balzt nachts ununterbrochen laut und hölzern schnarrend „rrrrp-rrrrp, rrrrp-rrrrp". **L** Feuchte Wiesen, teilweise auch Getreidefelder. **V** bz 5-9.

LAUFHÜHNCHEN

6 | Laufhühnchen 147 — G 16 cm

Turnix sylvaticus **K** Einer Wachtel ähnlich, aber noch kleiner, Schwanz und Flügel (mit hellem Armdeckenfeld) kürzer, Brust orange, Brustseiten mit schwarzen Halbmonden. Umgekehrte Geschlechterrollen, ♂ matter gefärbt als ♀. Lebt sehr versteckt. **S** ♀ balzt in der Dämmerung wie entfernt muhende Kuh „huu huu". **L** Offene, trockene Landschaft mit dichter, niedriger Vegetation, gern Möhrenfelder. Extrem selten nur in Südspanien, dort inzwischen wohl ausgestorben, sonst Afrika und Asien. **V** -.

TRIELE

7 | Triel 148 — G 42 cm, Sp 82 cm

Burhinus oedicnemus **K** Groß und tarnfarbig braun, schwarzweiße Flügelzeichnung, großes, gelbes Auge; nachtaktiv. **S** Ruft nachts ähnlich Brachvogel flötend und rollend „krrü-li" oder „trri-iel". **L** Steppe, Heide, Brachflächen. **V** bz im Südwesten, sonst A.

AUSTERNFISCHER

8 | Austernfischer 149 — G 42 cm, Sp 78 cm

Haematopus ostralegus **K** Unverwechselbar, gut taubengroß, markant schwarzweißes Gefieder, Schnabel und Beine rot, breit weiße Flügelbinde; meist in Gruppen. **S** Laut „kiibik", „bik, bik". **L** Küsten, Watt, Feuchtwiesen, Weiden. **V** BJZW, häufig an Küsten, vereinzelt im Binnenland brütend.

SÄBELSCHNÄBLERVERWANDTE

9 | Stelzenläufer 150 — G 35 cm, Sp 72 cm

Himantopus himantopus **K** Grazil mit extrem langen roten Beinen und dünnem, geradem schwarzem Schnabel, Flügel ganz schwarz, vom JK bis 1. S mit schmal weißem Hinterrand. **S** Nasal „krit" und „kip". **L** Salziges Flachwasser, besonders an Küsten in Südeuropa. **V** A, gelegentlich b, auch am Neusiedlersee.

10 | Säbelschnäbler 151 — G 44 cm, Sp 72 cm

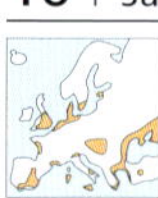

Recurvirostra avosetta **K** Unverwechselbar durch lange bläuliche Beine, aufwärts gebogenen Schnabel (mit dem er Flachwasser durchseiht) und schwarzweißes Gefieder mit auffallendem Flügelmuster. **S** Voll flötend „kluit" und „plütt". **L** Watt, Schlammflächen, Flachwasser. **V** BZw an Küsten, nur vereinzelt Binnenland, doch B am österreichischen Neusiedlersee.

1 | Wasserralle
JK
2 | Tüpfelsumpfhuhn
♂
♀
JK
3 | Klein-
sumpfhuhn
JK
4 | Zwergsumpfhuhn
5 | Wachtelkönig
6 | Laufhühnchen
SK
7 | Triel
8 | Austernfischer
9 | Stelzenläufer
10 | Säbel-
schnäbler
JK

Watvögel

REGENPFEIFERVERWANDTE

1 | Kiebitz 152 G 30 cm, Sp 70 cm

Vanellus vanellus **K** Besonders im Binnenland der bekannteste und auffälligste Watvogel, oft in Gruppen oder großen Trupps. Taubengroß, durch Federholle (im SK und JK kürzer) und Färbung unverkennbar: oberseits metallisch schwarz, unterseits weiß mit schwarzem Halsband (im PK auch Kehle), weißer Schwanz mit schwarzer Binde. Flügel breit mit runder Spitze, Flügelschlag langsam. **S** Ruft „kie-witt" in verschiedenen Variationen, bei der akrobatischen Flugbalz auch gereiht und mit mechanischem Flügelwummern („Wuchteln") verbunden. **L** Feuchtgebiete, Wiesen, Felder. **V** BZw.

2 | Spornkiebitz 153 G 27 cm

Vanellus spinosus **K** Oberseits fahl braungrau, Scheitel und Bauch schwarz, Beine dunkel. Im Flug weißer Schwanz mit breit schwarzer Binde, Handflügel und Armschwingen schwarz, durch sichelförmigen weißen Bereich vom Braun der übrigen Oberseite getrennt. Im JK oberseits helle Federränder. Trägt seinen Namen wegen eines kaum sichtbaren kurzen Sporns am Flügelbug. **S** Ruft laut „kip-kip-..." und „kri-kri-...". **L** In Europa nur in Ostgriechenland in küstennahen Feuchtgebieten, sonst Vorderasien. **V** -.

3 | Steppenkiebitz G 28 cm

Vanellus gregarius **K** Etwas kleiner als Kiebitz, oberseits fahl graubraun, weißer Überaugenstreif und dunkler Scheitel kennzeichnend, Beine dunkel. Bauch nur im PK schwarz und kastanienbraun, sonst weiß; Brust im SK graubraun gewölkt, im JK dunkel gestrichelt. Im Flug weißes Dreieck auf Armflügel-Hinterrand, Schwanz mit schwarzer Endbinde. **S** Ruft rauer als Kiebitz „kresch-kreschkresch". **L** Brutvogel mittelasiatischer Steppen. **V** A, gelegentlich in Kiebitztrupps versteckt.

4 | Weißschwanzkiebitz G 27 cm

Vanellus leucurus **K** Beine viel länger als beim Kiebitz und leuchtend gelb, Oberseite hell graubraun, blasser Kopf ohne Markierungen. Im JK oberseits markant geschuppt. Im Flug breit weißes Diagonalband bis zum Flügelbug, Schwanz ganz weiß, von Beinen weit überragt. **S** Ruft eher leise „chiwit". **L** Brutvogel mittelasiatischer Steppenseen, westwärts bis Wolga- und gelegentlich Donaudelta. **V** A.

5 | Kiebitzregenpfeifer 154 G 28 cm

Pluvialis squatarola **K** Großer, kräftiger Regenpfeifer, insgesamt eher silbern wirkend, heller als Goldregenpfeifer, im Flug von diesem sofort an schwarzen Achselfedern (statt weißen), breit weißem Flügelstreif, hellem Schwanz und weißem Bürzel unterschieden. Schwarze Bauchfärbung im PK reicht bis an die Flügel, Hals- und Brustseiten ausgedehnter weiß; im grauen JK mit beiger, gestrichelter Brust, manchmal aber ähnlich gelblich wie Goldregenpfeifer. **S** Ruft traurig flötend dreisilbig „pli-u-i". **L** Brütet in hocharktischer Tundra, überwintert an Meeresküsten von der Nordsee bis Westafrika. **V** Z 4-6, 8-10, auch w, meist an Küsten, nur vereinzelt im Binnenland.

6 | Goldregenpfeifer 155 471 G 26 cm

Pluvialis apricaria **K** Rundlicher Regenpfeifer mit rollendem Gang, im Flug im Gegensatz zum Kiebitzregenpfeifer ganz weißliche Unterflügel und Achseln (vgl. auch die beiden folgenden Arten) und nur schwacher Flügelstreif, Schwanz und Bürzel dunkel. Oberseite immer goldgelb gesprenkelt, im PK schwarze Unterseite (bei südlichen Brutvögeln und ♀ weniger ausgedehnt) durch weiße Flankenlinie begrenzt, im SK und JK Bauch weißlich, gelbliche Brust graubraun gestrichelt. Rastet während des Zugs oft zwischen Kiebitzen. **S** Ruft traurig flötend einsilbig „diüh", im schmetterlingsartigen Balzflug wiederholt „dü-di-üüh", von einem leiseren rhythmischen Triller gefolgt. **L** Brütet in Mooren und Tundren Nordeuropas, während des Zugs oft auf Feldern und Wiesen, seltener auf Schlammflächen als Kiebitzregenpfeifer. **V** Z 2-4, 9-11, w (früher b in norddeutschen Mooren, dort seit 2015 ausgestorben).

7 | Tundra-Goldregenpfeifer 156 G 23 cm

Pluvialis fulva **K** Ähnlich Goldregenpfeifer, aber seltene Ausnahmeerscheinung. Etwas kleiner, zierlicher, hochbeiniger, Unterflügel einschließlich Achseln blass braungrau (statt weiß), Zehen überragen im Flug die Schwanzspitze. Im PK Flanken und Unterschwanzdecken oft weiß und schwarz gemustert oder selten ganz schwarz (vgl. Prärie-Goldregenpfeifer), im JK insgesamt oft gelblicher. **S** Ruf bestes Kennzeichen, zweisilbig flötend „tschu-it", ähnlich Dunkelwasserläufer. **L** Brütet in nordsibirischer Tundra, überwintert auf Inseln im Südpazifik. **V** A.

8 | Prärie-Goldregenpfeifer G 25 cm

Pluvialis dominica **K** Sehr ähnlich Tundra-Goldregenpfeifer, aber in Mitteleuropa noch seltener. Ebenfalls kleiner als Goldregenpfeifer und wie Tundra-Goldregenpfeifer mit braungrauen Unterflügeln und Achseln, aber den Schwanz weit überragenden Flügeln. Im PK beim ♂ meist gesamte Unterseite schwarz. Im JK grauer als Gold- und Tundra-Goldregenpfeifer mit dunklerem, durch weißlichen Überaugenstreif begrenzten Scheitel. **S** Ruft höher als Goldregenpfeifer „klu-i". **L** Brütet in Nord-, überwintert in Südamerika. **V** A.

SK
1 | Kiebitz
2 | Spornkiebitz
4 | Weißschwanzkiebitz
SK
3 | Steppenkiebitz
5 | Kiebitzregenpfeifer
SK
PK
JK
6 | Goldregen-
pfeifer
SK/JK
PK
1. W
8 | Prärie-Gold-
regenpfeifer
PK
PK
1. W
7 | Tundra-
Goldregenpfeifer

1 | Flussregenpfeifer 157 G 16 cm

Charadrius dubius **K** Der in Europa am weitesten verbreitete und im Binnenland häufigste kleine Regenpfeifer, regelmäßig auf Schlamm- und Kiesflächen und an Klärteichen zu finden. Ziemlich klein, nicht einmal starengroß, Oberseite hellbraun, Unterseite weiß, kurzer Schnabel dunkel (nur Unterschnabelbasis schwach gelblich aufgehellt), relativ kurze blasse Beine, schmaler gelber Lidring, im Flug kein Flügelstreif. Im PK Brustband und Gesichtszeichnung schwarz und auffallend; im JK Brustband schmaler, bräunlich, meist in der Mitte unterbrochen (kann dann für Seeregenpfeifer gehalten werden), Kopf gelblich braun ohne markantes Muster oder auffälligen Überaugenstreif. Rennt rollend über offene Flächen und bleibt ruckartig stehen, um Wirbellose vom Boden aufzupicken. **S** Ruft etwas traurig flötend „tiu", bei der Balz auch im schmetterlingsartigen Flug rau rollend „chrechrechrechre". **L** Brütet auf offenen Kies- und Schlammflächen im Binnenland. **V** BZ 4-9.

2 | Sandregenpfeifer 158 G 18 cm

Charadrius hiaticula **K** Häufig an Küsten anzutreffen, etwas größer und kräftiger als der Flussregenpfeifer, abweichend von diesem sind Schnabel (mit schwarzer Spitze) und Beine auffallend orangegelb, der gelbe Lidring fehlt, im Flug leuchtet ein breiter, weißer Flügelstreif. Im JK Beine oft blasser und Schnabel dunkler, dann vom jungen Flussregenpfeifer auch an markantem weißem Überaugenstreif und breiterem, oft geschlossenem Brustband unterscheidbar. Nordeuropäische Unterart *tundrae* (zieht im Frühjahr später durch) etwas kleiner und oberseits dunkler. **S** Ruft flötend „tü-ip", im Balzflug „tu-widih tu-widih". **L** Brütet hauptsächlich an Küsten, Stränden, Watt und Schlammufern (im Norden und Osten auch in der Tundra oder an grasigen Seeufern), zur Zugzeit auch im Binnenland an Schlammflächen aller Art. **V** BZ 3-5, 8-10, selten w.

3 | Seeregenpfeifer 159 G 16 cm

Charadrius alexandrinus **K** Wirkt insgesamt hell, zierlich, aber dennoch großköpfig, Brustband vorne immer offen (kann mit Flussregenpfeifer im JK verwechselt werden), aber Beine und Schnabel komplett schwarz, Flügelstreif im Flug breit weiß. Beim ♂ im PK Scheitel rotbraun, davor schwarzes Diadem, offenes Brustband schwarz; ♀ und JK blass und ohne Schwarz, Brustband oft nur angedeutet. **S** Ruft „püit" und „pip pit", balzt „reereereeree". **L** Sandstrände, offene Salzwiesen an Küsten, regional im Binnenland auch an vegetationsarmen Ufern von Salzseen. **V** bz 4-10, nur Nordsee und dort stark abnehmend, auch ziehend kaum im Binnenland, in Österreich aber B am Neusiedlersee.

4 | Mornellregenpfeifer 160 G 22 cm

Charadrius morinellus **K** Mittelgroßer, rundlicher Regenpfeifer; weißlicher, im Nacken zusammenlaufender Überaugenstreif, helles Brustband, gelbliche Beine, hellgraue Unterflügel und einfarbig dunkle Oberflügel immer kennzeichnend. Im PK schwarzbrauner Bauch, dieser im SK und oberseits geschuppten JK weißlich. ♀ sind intensiver gefärbt als die sich meist allein um die Brut kümmernden ♂. **S** Ruft weich rollend „brrrüt", ♀ balzt im Kreisflug „bütt bütt". **L** Nordeuropäische Tundra und Bergwiesen, lokal auch Gebirge im Süden, rastet zur Zugzeit in Trupps auf kurzrasigen Flächen, auch frisch gepflügten Feldern, gerne auf Hochplateaus und zeigt Menschen gegenüber auffallend wenig Scheu. **V** z 5, 8-9, in den österreichischen Alpen lokal seltener b.

SCHNEPFENVERWANDTE

5 | Odinshühnchen 161 G 18 cm

Phalaropus lobatus **K** Zierlicher Watvogel, meist schwimmend zu sehen, pickt mit schlankem Schnabel Nahrung von der Wasseroberfläche, wenig scheu. Im PK ziegelrotes Halsband, Kehle und Bauch weiß, im JK Oberseite gelblich längs gestreift, im SK und 1. W oberseits grau mit unauffälligen weißen Längsstreifen und schwarzem Augenstreif; im Flug schmaler weißer Flügelstreif. ♀ sind im PK intensiver gefärbt als die sich allein um die Brut kümmernden ♂. Vgl. auch mit Wilsonwassertreter auf S. 88. **S** Ruft kurz „kepp". **L** Nordeuropäische Teiche und Tundratümpel, rastet auf Binnengewässern und überwintert hauptsächlich auf dem Persischen Golf.
V z 5, 7-9.

6 | Thorshühnchen 162 G 21 cm

Phalaropus fulicarius **K** Ähnlich Odinshühnchen, ebenfalls meist auf dem Wasser kreiselnd, doch etwas kräftiger und mit dickerem, an der Basis gelbem Schnabel. Im PK im Gegensatz zu Odinshühnchen ganze Unterseite einschließlich Bauch und Kehle rostrot. Im JK gelbe Streifen auf Mantel und Schultern schwächer als bei Odinshühnchen, im SK und 1. W oberseits ungestreift steingrau, im 1. W aber Schirmfedern dunkel. Auch hier ♀ im PK intensiver gefärbt als ♂. **S** Ruft kurz und metallisch „pick" oder „kitt", ♀ balzt im Flug „brrrip". **L** Brütet in hocharktischer Tundra Asiens und Nordamerikas, in Europa nur auf Island und Spitzbergen, überwintert auf dem Südatlantik, bei uns sehr selten im Winterhalbjahr auf der Nordsee und ausnahmsweise auf Binnengewässern. **V** A.

JK
1 | Flussregenpfeifer
JK
2 | Sandregenpfeifer
JK
3 | Seeregenpfeifer
♀
♂
JK
JK
SK
♀
4 | Mornellregenpfeifer
5 | Odinshühnchen
JK / 1. W
JK
SK
♀
JK / 1. W
6 | Thorshühnchen
SK
♀

Watvögel

1 | Brachvogel 163 469 G 54 cm

Numenius arquata **K** Hühnergroßer Watvogel, durch Größe, sehr langen, gleichmäßig abwärts gebogenen Schnabel, lange Beine und braun gemustertes Gefieder unverkennbar; im Flug keine auffallenden Flügelbinden, aber weißer Rückenkeil. Schnabel bei ♀ länger als bei ♂ und im JK. Oft in Trupps, wirkt im gemessenen Flug möwenähnlich. **S** Ruft flötend „kuur-li", im Balzflug lange Flötentöne, die in rhythmische Triller übergehen. **L** Brütet in Mooren und Feuchtwiesen, rastet auch an Meeresküsten, auf Schlammflächen und sogar Feldern. **V** bZ 3-4, 7-10.

2 | Regenbrachvogel 164 G 42 cm

Numenius phaeopus **K** Sehr ähnlich Brachvogel, aber deutlich kleiner, Schnabel kürzer und erst an der Spitze deutlich abwärts geknickt, dunkler Scheitel mit hellem Längsstreif typisch; Flügelschläge schneller. **S** Im Flug häufig geäußerter lachender Triller „bibibibibibibi" ist bestes Kennzeichen, Gesang ähnlich Brachvogel, doch mit gleichmäßigem Triller endend. **L** Brütet in Feuchtgebieten, Mooren, Tundra Nordeuropas, rastet meist an Küsten, seltener auf Schlammflächen im Binnenland. **V** Z 4-5, 7-9.

3 | Uferschnepfe 165 G 40 cm

Limosa limosa **K** Großer, hochbeiniger Watvogel mit langem, geradem, an der Basis hellem Schnabel; schreitet wie ein kleiner Storch durch die Wiese. Im Flug breit weißer Flügelstreif und breite, schwarze Endbinde des weißen Schwanzes. Im PK überwiegend rostbraun (besonders intensiv und ausgedehnt bei kleinerer Unterart *islandica* auf Island) mit gebändertem weißlichem Bauch, im SK recht einfarbig braungrau, im JK rostgelb. **S** Ruft „keweckü" und „wi-ih", im Balzflug „gritta gritta". **L** Feuchtwiesen, zur Zugzeit auch Flachwasser. **V** b, meist Norddeutschland, Z 3-4, 7-9.

4 | Pfuhlschnepfe 166 G 38 cm

Limosa lapponica **K** In allen Kleidern ähnlich Uferschnepfe, aber Beine kürzer, Schnabel leicht aufgeworfen, kein weißer Flügelstreif, dafür Schwanz fein quer gebändert und weißer Rückenkeil. Rostbrauner Bauch im PK ungebändert, im SK Oberseite deutlich gemustert. **S** Ruft nasal „kewü" und „gä-gä", beim Balzflug gereiht. **L** Brütet in nordeuropäischer Tundra, zur Zugzeit häufig Wattenmeer, selten Binnenland. **V** Z 5, 8-10, Küste auch j.

5 | Bekassine 167 G 25 cm

Gallinago gallinago **K** Bekannteste und häufigste Schnepfe mit sehr langem, geradem Schnabel, kurzen Beinen und schilfartig tarnfarben gestreifter Oberseite. Stochert mit dem Schnabel tief in den weichen Untergrund von Schlammufern und nassen Wiesen. Drückt sich bei Gefahr erst auf den Boden, fliegt dann im charakteristischen Zickzack-Flug rufend auf. **S** Ruft im Flug heiser „rätsch", balzt am Boden wie ein Uhrwerk „ticka-ticka-ticka", lässt bei der Flugbalz ein mit den Schwanzfedern erzeugtes mechanisches Wummern oder Meckern hören („Himmelsziege"). **L** Moore, Feuchtwiesen, rastend auch Schlammflächen oder Grabenränder. **V** BZ 3-10, w.

6 | Doppelschnepfe 168 G 28 cm

Gallinago media **K** Extrem ähnlich Bekassine, aber viel seltener. Körper massiger, Unterflügel und Unterseite gebändert, kein weißer Flügelhinterrand, aber zwei weiße Flügelbinden, viel Weiß auf den Schwanzkanten; fliegt stumm und gerade mit burrendem Flügelgeräusch auf. **S** Bei Gruppenbalz am Boden zirpende und klappernde Töne. **L** Moore und Feuchtwiesen Nordost-Europas, rastend oft auf trockeneren Flächen als Bekassine. **V** A.

7 | Zwergschnepfe 169 G 19 cm

Lymnocryptes minimus **K** Bedeutend kleiner als die ähnliche Bekassine, Schnabel kürzer, dunkle Kopfplatte ohne hellen mittigen Längsstreif, Flanken gestrichelt statt gebändert. Bei der Nahrungssuche typisches Körperwippen, drückt sich bei Gefahr und fliegt erst kurz vor den Füßen des Beobachters stumm und gerade auf, dabei keilförmiger Schwanz ohne Weiß sichtbar. **S** Fluggesang erinnert an galoppierendes Pferd. **L** Nordosteuropäische Moore und Sümpfe, rastend in Feuchtwiesen und an Grabenrändern. **V** Z 3-4, 9-11, w.

8 | Waldschnepfe 170 G 35 cm

Scolopax rusticola **K** Taubengroß, schwer und sehr langschnäbelig, tarnfarbiges Gefieder wie Herbstlaub, Scheitel quer gebändert statt längs gestreift. Im Flug recht einfarbig düster braun mit weißer Schwanzendbinde. **S** ♂ singt während des abendlichen gaukelnden Balzflugs an Waldrändern tief quorrend und hoch piepsend „oorg oorg piz", sonst stumm. **L** Heimlicher Brutvogel feuchter Laubwälder. **V** BZ 3-11, w.

1 | Brachvogel
JK
2 | Regenbrachvogel
PK
4 | Pfuhlschnepfe
JK
3 | Uferschnepfe
JK
PK
SK
PK
SK
PK
5 | Bekassine
6 | Doppel-
schnepfe
7 | Zwergschnepfe
8 | Waldschnepfe

1 | Rotschenkel 171 G 26 cm

Tringa totanus **K** Mittelgroßer, weit verbreiteter Wasserläufer mit langen roten Beinen und roter Basis des geraden, mittellangen Schnabels; im Flug arttypischer breit weißer Flügelhinterrand und weißer Rückenkeil. Gefieder im PK und JK (dann Beine oft noch orange) graubraun meliert, im SK oberseits einfarbig braungrau. **S** Ruft flötend „tjü-hü(-hü)", warnt „kip, kip", balzt im Flug gereiht „tlüh-tlüh-tulit". **L** Küsten, Feuchtwiesen, binnenländische Schlammflächen. **V** BZ 3-10, w, als Brutvogel fast nur in Norddeutschland.

2 | Dunkelwasserläufer 172 G 30 cm

Tringa erythropus **K** Zwar „rotschenkelig" wie Rotschenkel, aber hochbeiniger mit längerem, an der Spitze leicht abgeknicktem Schnabel; keine weiße Flügelzeichnung, aber ovales weißes Rückenfeld. Gefieder im PK sonst fast ganz schwarz, besonders ♂, Beine dann dunkel, im JK braun mit gebänderter Unterseite, im SK oberseits steingrau. **S** Pfeift scharf „tju-it", balzt monoton „truu-ih truu-ih". **L** Brütet in Feuchtgebieten der nordeuropäischen Taiga, zur Zugzeit Watt, Ufer, Schlammflächen. **V** Z 4-5, 7-10.

3 | Grünschenkel 173 468 G 32 cm

Tringa nebularia **K** Großer und heller Wasserläufer mit langen grünlichen Beinen und grünlicher Basis des leicht aufgeworfenen langen Schnabels; im Flug weißer Rückenkeil und heller Schwanz, Flügel ungemustert. Federn der Oberseite im PK mit schwärzlichen Zentren, im JK braun mit hellen Säumen, im SK grau. **S** Ruft härter flötend als Rotschenkel „kjü-kjü-kjück", singt im wellenförmigen Balzflug „kluvü-kluvü". **L** Brutvogel nordeuropäischer Feuchtgebiete und offener Wälder, rastet auf Schlammflächen. **V** Z 4-5, 7-10.

4 | Teichwasserläufer 174 G 23 cm

Tringa stagnatilis **K** In der Färbung dem Grünschenkel sehr ähnlich, aber deutlich kleiner, zierlicher, relativ hochbeiniger, heller, mit feinerem geradem Schnabel, Überaugenstreif und Stirn oft auffallend weiß; im Flug Zehen weiter über Schwanz ragend, weißer Rückenkeil länger. Im PK schwarz gezackte Flecken auf der lehmbraunen Oberseite kennzeichnend. Im JK Vorderhals und Brust anders als beim Grünschenkel ungestrichelt. **S** Ruft weich flötend „kjü" oder „djü-dü", balzt „tjü-liu tjü-liu". **L** Brütet hauptsächlich in Feuchtgebieten Osteuropas und Asiens. **V** z 4-5, 7-9, ausnahmsweise b.

5 | Waldwasserläufer 175 467 G 22 cm

Tringa ochropus **K** Mittelgroßer, robuster Wasserläufer mit kontrastreicher Färbung, gesamte Oberseite sehr dunkel und kaum gefleckt, Unterseite weiß mit scharf abgesetzter dunkler Brust; im Flug Ober- und im Gegensatz zu anderen Wasserläufern auch Unterflügel schwärzlich, Oberschwanzdecken kontrastreich weiß abstechend. Im JK oberseits etwas heller und deutlicher gesprenkelt, dadurch dem Bruchwasserläufer ähnlicher. Kann wegen seiner dunklen Brust auch mit dem kleineren, helleren, kurzbeinigeren Flussuferläufer verwechselt werden. Tritt eher einzeln als in Trupps auf. **S** Kennzeichnender Flugruf jodelnd „tluit-uit-uit", warnt scharf „tip tip", singt „tluu-i tlüi". **L** Brütet in feuchten Wäldern in alten Drosselnestern, zur Zugzeit Gewässer aller Art. **V** b besonders Nordost-Deutschland, Z 3-10, w.

6 | Bruchwasserläufer 176 G 20 cm

Tringa glareola **K** Typischer und häufiger, eher kleiner Wasserläufer, Oberseite mittelbraun mit hellen Sprenkeln (im JK mehr, aber kleiner), weißliche Unterseite auf Brust und Flanken braun gefleckt, Beine gelblich grün, Schnabel dunkel. Im Flug oberseits einfarbig braun, nur Bürzel weiß, Unterflügel im Gegensatz zum Waldwasserläufer hell. Meist in kleinen Trupps. **S** Ruft hell „giff-giff-giff", balzt jodelnd „liltü-liltü". **L** Brütet in nordeuropäischen Feuchtgebieten, rastet häufig auf Schlammflächen und Überschwemmungswiesen. **V** Z 4-5, 7-9.

7 | Kampfläufer 177 G ♂ 30 cm, ♀ 23 cm

Calidris pugnax **K** Sehr vielgestaltig und daher leicht mit anderen Arten verwechselbar, ♂ größer als ♀, immer typisch sind aber mittellanger, ganz schwach abwärts gebogener Schnabel, kleiner Kopf, etwas bucklige Gestalt, im Flug einfarbige Oberseite mit zwei ovalen, weißen Flecken auf Oberschwanzdecken; zeigt im Gegensatz zu Wasserläufern kein Körperwippen. Altvögel mit gelben bis roten Beinen, ♂ im PK mit typischer Halskrause, individuell gemustert oder einfarbig weiß, schwarz oder rotbraun. ♀ deutlich kleiner, im PK nur einzelne schwarze Bauch- und Mantelflecken, im SK beide Geschlechter oberseits braungrau, unterseits weißlich. JK insgesamt gelblich braun, Oberseite deutlich geschuppt, Beine graugrün; **S** Stumm; ♂ vollführen auffällige Arenabalz. **L** Moore, Feuchtwiesen, hauptsächlich Nord- und Osteuropa, zur Zugzeit auf Schlammflächen. **V** b (selten Norddeutschland), Z 3-10.

JK
PK
1 | Rotschenkel
JK
SK
PK
3 | Grünschenkel
JK
SK
♂ PK
2 | Dunkel-
wasserläufer
JK
SK
PK
4 | Teichwasserläufer
JK
PK
5 | Waldwasserläufer
JK
PK
6 | Bruchwasserläufer
♂ JK
♀ SK
♀ PK
♂ PK
7 | Kampf-
läufer

WATVÖGEL IM FLUG MIT AUFFALLENDEM FLÜGELSTREIF

Alle Vögel im JK

WATVÖGEL IM FLUG OHNE AUFFALLENDEN FLÜGELSTREIF

Alle Vögel im JK

1 | Flussuferläufer 178 466 G 19 cm

Actitis hypoleucos **K** Häufig zu sehender, sehr kurzbeiniger Wasserläufer, oberseits hellbraun, unterseits weiß mit bräunlicher Brust (im Gegensatz zum dunkleren Waldwasserläufer durch weißen Keil vom Flügelbug getrennt). Wippt fast ständig mit dem ganzen Körper; fliegt auf steifen Flügeln mit schnellen Schlägen niedrig über der Wasseroberfläche, wobei der breit weiße Flügelstreif auffällt. Im PK oberseits mit unauffälligen schwärzlichen Federzentren, im JK dort durch helle und dunkle Federsäume deutlich geschuppt. **S** Ruft sehr hoch „hitititi", warnt schrill „hiiijt", balzt im Flug „hididiih-didi hididiih-didi". **L** Brütet an steinigen Gewässerrändern, zeigt sich zur Zugzeit an Ufern aller Art. **V** bZ 4-5, 7-9.

2 | Terekwasserläufer 179 G 23 cm

Xenus cinereus **K** In Gestalt, Färbung und Verhalten oberflächlich ähnlich Flussuferläufer, aber größer, mit längerem, deutlich aufwärts gebogenem Schnabel und gelben Beinen; im Flug weißer Flügelhinterrand ähnlich Rotschenkel, aber schwächer. Oberseite eher grau als braun mit schwarzem Flügelbug, im PK mit deutlicher, im JK mit schwacher schwarzer V-Zeichnung auf den Schulterfedern. **S** Ruft flötend „dü-dü-djü", balzt traurig rollend „kla-klurrüh kla-klürrüh". **L** Brütet an schlammigen Ufern von Gewässern in der Taiga Nordost-Europas und Sibiriens. **V** A.

3 | Grasläufer G 19 cm

Calidris subruficollis **K** Überwiegend ockerfarbener, eigentümlicher Watvogel aus Nordamerika, bei aufmerksam gerecktem Hals an manche ♀ des Kampfläufers im JK erinnernd (S. 80). Dünner Schnabel kurz und gerade, Beine orangegelb, Oberseite durch helle Federsäume geschuppt, gesamte Unterseite ockergelb mit schwarzen Punkten auf Brustseiten, großes Auge von hellem Ring umgeben; im Flug kein Weiß auf Oberschwanz, Unterflügel weiß mit dunklem Halbmond auf Großen Handdecken. Meist wenig scheu. **S** Ruft selten „prrrt". **L** Tundra in Nordamerika und Ostsibirien, alljährlich einzelne in Westeuropa, oft auf kurzrasigen Wiesen. **V** A.

4 | Knutt 180 G 25 cm

Calidris canutus **K** Kräftig gebauter, großer Strandläufer, Schnabel fast gerade, Beine grüngrau, Schwanz grau, Bürzel grau quer gebändert. Im PK rostrot und unverwechselbar (allenfalls mit Sichelstrandläufer im PK, S. 86), im JK sandgrau mit geschuppter Oberseite und anfangs oft pfirsichfarben getönter Brust, im SK oberseits eher einfarbig grau. **S** Ruft nasal, tief und leise „nutt" oder „kuätt". **L** Brutvogel hocharktischer asiatischer und nordamerikanischer Tundra. **V** Z 4-6, 8-10, oft in großen Trupps im Watt, auch w, vorwiegend Küsten.

5 | Sanderling 181 G 19 cm

Calidris alba **K** Rennt in kleinen Gruppen wie auf Rädern gern am Sandstrand hinter den Wellen her; Bauch immer weiß, eher kurzer, gerader Schnabel und Beine schwarz, schwärzlicher Flügelbug oft hervorstechend, im Flug breit weißer Flügelstreif; einziger Strandläufer ohne Hinterzehe. Im PK Brust rostbraun, Oberseite variabel rostbraun, schwarz und grau gefleckt, im JK Oberseite schwärzlich und graubeige gefleckt, im SK insgesamt sehr hell, oberseits grau, unterseits weiß. **S** Ruft kurz „plit". **L** Brütet in hocharktischer Tundra Nordasiens und Nordamerikas. **V** Z 5, 8-10, W, fast nur Küste.

6 | Meerstrandläufer 182 G 21 cm

Calidris maritima **K** Dunkelster Strandläufer, wirkt immer düster und oft etwas pummelig, Beine stets gelb, Schwanz überragt Flügelspitzen, Flügelstreif schmal. Im PK auf Flanken und Brust schwarzbraune, auf Scheitel und Oberseite rostbraune Flecken. Im SK Oberseite und Brust düster schiefergrau, im JK und 1. W ebenso, aber oberseits durch helle Federränder unauffällig geschuppt. Fast nur auf Klippen, Buhnen und Steinen zu sehen (daher häufig mit Steinwälzer vergesellschaftet). **S** Ruft leise „kütt", „ke-wütt", singt ähnlich Alpenstrandläufer. **L** Brütet in steiniger Tundra Nordeuropas, im Winter an Felsküsten und Molen. **V** W 8-5, nur Küste.

7 | Steinwälzer 183 G 23 cm

Arenaria interpres **K** Mittelgroß, athletisch, mit kleinem Kopf, kurzem Hals, breiten Schultern (der Bodybuilder unter den Watvögeln), kurzem, kräftigem Schnabel, kurzen, orangeroten Beinen und dunkler Brust; im Flug typisches, an Schachbrett erinnerndes Oberseitenmuster. Kopf und Oberseite im PK sehr bunt, im SK und JK düster schwarzbraun. Dreht mit dem Schnabel Steine und Tang, um darunter versteckte Wirbellose aufzupicken. **S** Ruft „kütt kütt", bei der Balz gereiht. **L** Brütet in steiniger Tundra und an Küsten, ziehend und überwinternd meist an Felsküsten und auf Molen (oft gemeinsam mit Meerstrandläufer), selten im Binnenland. **V** Lokal b in Schleswig-Holstein, sonst W an Küsten und Z 5, 8-10.

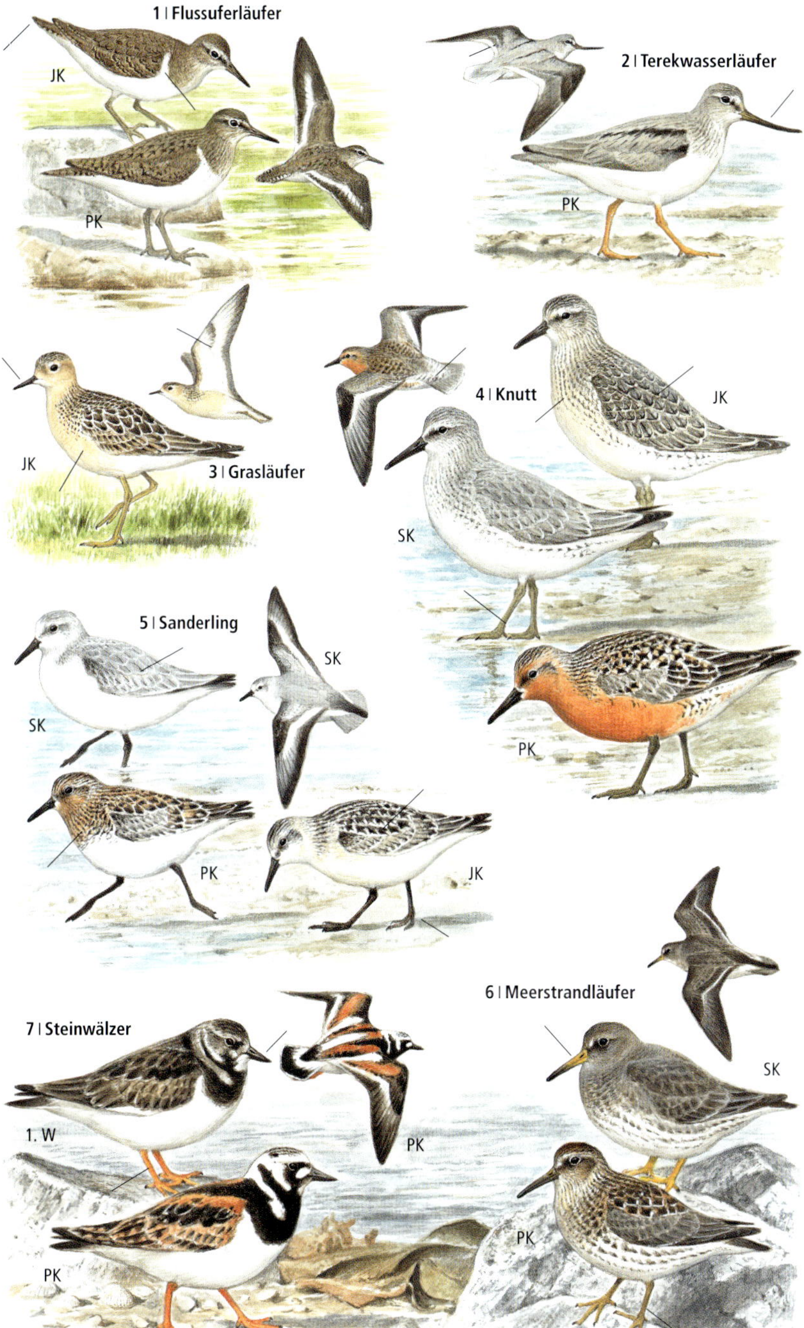
1 | Flussuferläufer
JK
PK
2 | Terekwasserläufer
PK
3 | Grasläufer
JK
4 | Knutt
JK
SK
PK
5 | Sanderling
SK
SK
PK
JK
6 | Meerstrandläufer
SK
PK
7 | Steinwälzer
1. W
PK
PK

1 | Alpenstrandläufer 184 470 G 19 cm

Calidris alpina **K** Häufigster Strandläufer, etwa so groß wie ein Star, Schnabel gleichmäßig leicht abwärts gebogen, in der Länge etwas variabel; im Flug weißer Flügelstreif, weiße Oberschwanzdecken durch schwarzes Längsband geteilt. Im PK durch schwarzen Bauchfleck unverwechselbar, Oberseite dann rostbraun und schwarz gemustert. JK oberseits beige bis rostbraune Federränder, oft weiße V-Zeichnung auf Mantel- und Schulterfedern, sehr dichte bis fast fehlende schwärzliche Tropfung auf den Bauchseiten. SK oberseits ganz grau, unterseits weiß, Brust verwaschen grau gestrichelt. Vgl. auch Abb. zur Mauser und Kleiderfolge auf hinterem innerem Umschlag. Den Alpenstrandläufer (und den Zwergstrandläufer) sollte man in allen Kleidern und Variationen genau studieren und kennen, um Verwechslungen mit anderen Arten zu vermeiden. Gesellig, meist in kleinen Gruppen bis gewaltigen Schwärmen. **S** Ruft nasal „tirrr", im Balzflug schwirrend „rrüri-rrrürie", mit Triller endend. **L** Nordeuropäische Moore, Tundra, zur Zugzeit Wattenmeer, Küste und Schlammflächen im Binnenland. **V** b (lokal Küste), Z 3-5, 7-10, Küste auch W.

2 | Sichelstrandläufer 185 G 20 cm

Calidris ferruginea **K** Eleganter Strandläufer, verglichen mit Alpenstrandläufer Schnabel länger und stärker gebogen, Hals und Beine länger, Flügel überragen Schwanz, im Flug Bürzel ungeteilt weiß (doch im PK mit schwärzlicher Querbänderung). Gefieder im PK unverwechselbar kupferrot (vgl. aber mit stämmigerem, kurzschnäbeligem Knutt), im JK sandbraune Oberseite gleichmäßig geschuppt, Flanken weiß, Brust anfangs pfirsichfarben getönt und wie weißer Bauch ohne die dunkle Strichelung von Alpenstrandläufern. **S** Ruft klingelnder als Alpenstrandläufer „kürrrl". **L** Brütet in nordasiatischer Tundra, zieht über Europa nach Afrika, rastet im Watt und auf Schlammflächen im Binnenland. **V** Z 5, 8-10.

3 | Sumpfläufer 186 G 17 cm

Calidris falcinellus **K** In Gestalt und Färbung ähnlich einem Alpenstrandläufer im JK, aber Schnabel mit hoher Basis, geradem First und abgeknickter Spitze, charakteristisches Kopfmuster mit dunklem Zügel und Scheitel sowie vor dem Auge gegabeltem doppeltem Überaugenstreif, Beine kürzer, Bewegungen langsamer. Im PK mit dunkler Tropfung auf Brust und Flanken, schwache, im JK mit gestrichelter Brust und weißen Flanken deutliche doppelte V-Zeichnung auf der Oberseite. **S** Ruft länger und trockener trillernd als Alpenstrandläufer „brrrit" und kurz „dret", balzt im Flug rhythmisch surrend. **L** Brütet in skandinavischen Mooren, rastet auf Schlammflächen. **V** z 5, 7-9, fast nur Küsten von Schleswig-Holstein und Mecklenburg, nur selten im Binnenland.

4 | Weißbürzel-Strandläufer G 17 cm

Calidris fuscicollis **K** Sehr seltener Gast, etwas kleiner als Alpenstrandläufer, Körper lang gestreckt, Flügel überragen Schwanz sehr weit, Schnabel kürzer, schwach gebogen, mit gelblicher Basis, kürzere Beine dunkel oliv; im Flug ungeteilt weiße Oberschwanzdecken typisch. Scheitel und Mantel rostbraun, Bauch immer weiß, Brust und Flanken schwarz gestrichelt (im PK stärker), oberseits mit weißer doppelter V-Zeichnung (im JK deutlicher). Vgl. mit ähnlichem Bairdstrandläufer auf S. 88. **S** Ruft charakteristisch mäuse- oder insektenartig sehr hoch „tziiit". **L** Brütet im arktischen Nordamerika, überwintert in Südamerika, erscheint als sehr seltener Gast alljährlich in Westeuropa. **V** A.

5 | Graubrust-Strandläufer G 19-22 cm

Calidris melanotos **K** Recht groß (♂ größer als ♀), mit oft gestrecktem Hals etwas an kleinen Kampfläufer erinnernd, Beine und Schnabelbasis grünlich, dicht gestrichelte Brust immer scharf vom weißen Bauch abgesetzt; schmale weiße Flügelbinde. Oberseits rostbraune Federsäume, im PK mit schwacher, im JK mit markanter doppelter weißer V-Zeichnung. **S** Ruft hölzern „drrrk". **L** Tundra Nordsibiriens und Nordamerikas, alljährlicher seltener Gast auf nassen Wiesen und Schlammflächen zwischen anderen Strandläufern, wohl meist östlicher Herkunft. **V** A, meist 5 und 10.

6 | Zwergstrandläufer 187 G 15 cm

Calidris minuta **K** Häufigster kleiner Strandläufer, Schnabel kurz, Beine schwarz, Schwanzkanten grau. Oberseits rostbraun (im PK variabel intensiv auch Kopf und Brust), im PK unauffällige einfache, im JK markante doppelte weiße V-Zeichnung auf der Oberseite. Färbung insgesamt sehr variabel. Den Zwergstrandläufer (und den Alpenstrandläufer) sollte man in allen Kleidern und Variationen genau studieren, um Verwechslungen mit anderen Arten zu vermeiden. **S** Ruft hoch „tit", balzt dünn „swi-swi-svirr". **L** Arktische Tundra, zur Zugzeit Watt und Schlammflächen im Binnenland, meist in kleinen Trupps. **V** Z 4-6, 7-10.

7 | Temminckstrandläufer 188 G 14 cm

Calidris temminckii **K** Länger gestreckt als Zwergstrandläufer, insgesamt grauer, auch auf der ähnlich einem Flussuferläufer gezeichneten Brust, Beine gelblich, Schwanz überragt die Flügelspitzen, Schwanzkanten weiß. Oberseite im PK variabel schwärzlich gefleckt, im JK einfarbig braungrau. Fliegt bei Störung fast senkrecht auf („himmelt"). **S** Ruft schwirrend „tirrr-rr", balzt rüttelnd zwitschernd „tititititi". **L** Nordeuropäische Feuchtgebiete, rastet auf Schlammflächen im Binnenland, selten an der Küste. **V** Z 5, 8-9.

JK
SK
PK
1 | Alpenstrandläufer
JK
2 | Sichel-
strandläufer
SK
PK
JK
PK
3 | Sumpfläufer
JK
4 | Weißbürzel-
Strandläufer
PK
♀ JK
5 | Graubrust-Strandläufer
♂ PK
6 | Zwergstrandläufer
SK
JK
PK
7 | Temminck-
strandläufer
JK
SK
PK

SEHR SELTENE WATVÖGEL

Auf dieser Seite werden einige in Nordamerika oder Asien brütende Limikolen behandelt, die sich ausnahmsweise nach Europa verfliegen und teilweise den heimischen Arten sehr ähnlich sehen.

1 | Wüstenregenpfeifer G 20 cm

Charadrius leschenaultii **K** Asiatische Art, etwas größer als Sandregenpfeifer, hochbeiniger und langschnäbeliger, kein weißes Nackenband, breiter weißer Flügelstreif reicht nur bis auf innere Handschwingen, Zehen überragen im Flug den Schwanz. ♂ im PK mit rostfarbenem Brustband und weißer Stirn, Diadem und Maske schwarz, ♀ viel matter gefärbt; SK und 1. W ohne Rosttöne. **S** Ruft tief rollend „trrr", meist gereiht. **L** Halbwüsten und Steppen im Nahen Osten und Mittelasien, im Winter Küsten. **V** A.

2 | Kolymaregenpfeifer G 18 cm

Charadrius mongolus **K** Asiatischer Regenpfeifer, dem Wüstenregenpfeifer extrem ähnlich, aber kleiner, Schnabel kürzer und stumpfer, Beine kürzer und dunkler, im PK Stirn schwarz, Brustband breiter, ♀ nur etwas matter gefärbt. Früher als Unterart des Mongolenregenpfeifers betrachtet. **S** Ruft hart „tschitick". **L** Ostsibirische Tundra, im Winter südasiatische Küsten. **V** A.

3 | Wilsonwassertreter G 23 cm

Phalaropus tricolor **K** Nordamerikanischer Wassertreter, etwas größer als die zwei europäischen Arten, mit längerem, nadelfeinem Schnabel und längeren gelben Beinen (diese nur im PK schwarz), schwimmt auch, läuft aber häufiger wie ein Wasserläufer am Ufer. Im PK durch grauen Scheitel, weißen Hinterhals, kastanienbraunen Halsseitenstreif und orangefarbenen Vorderhals unverwechselbar. Im SK hell grau mit langem Überaugenstreif. Flügel einfarbig dunkel, Bürzel weiß. **S** Ruft „witt". **L** Nordamerikanische Gewässer. **V** A.

4 | Drosseluferläufer G 19 cm

Actitis macularius **K** Nordamerikanisches Gegenstück zum Flussuferläufer (S. 84), aber auffallend kurzschwänziger als dieser, Flügelstreif reicht nicht bis zum Körper. Im PK unterseits wie Singdrossel schwarz gefleckt, Beine rötlich. JK oberseits grauer als Flussuferläufer, Schirmfederränder ohne Sägemuster, Schnabel graurosa, Beine gelblich. **S** Ruft einsilbig „kit". **L** Gewässerränder. **V** A.

5 | Bairdstrandläufer G 16 cm

Calidris bairdii **K** Mittelgroße arktische Art, ähnlich Weißbürzel-Strandläufer, aber noch länger gestreckt, Flügel weit über Schwanz ragend, Oberschwanzdecken schwarz geteilt, Beine kürzer, Schnabel gerader und ganz schwarz, Brust gelblich, braun gestrichelt. Im PK Oberseite dunkel gewürfelt, im JK sauber beige geschuppt. **S** Flugruf rollend „prrrüt". **L** Brütet auf steiniger Tundra Nordamerikas und Ostsibiriens, sonst Schlammflächen. **V** A.

6 | Gelbschenkel G 24 cm

Tringa flavipes **K** Zierlicher nordamerikanischer Wasserläufer mit hohen leuchtend gelben Beinen, geradem, kopflangem, einfarbig dunklem Schnabel, im Flug ungezeichnet dunklen Flügeln und weißem Bürzelfeld ohne Rückenkeil. Von manchmal gelbbeinigen Bruchwasserläufern an viel längeren, den Schwanz weit überragenden Flügeln und kürzerem Überaugenstreif unterscheidbar. **S** Ruft „kiu" oder „tju tju". **L** Nordamerikanische Waldtundra, Tümpel, Schlammflächen. **V** A.

7 | Tüpfelgelbschenkel G 31 cm

Tringa melanoleuca **K** Extrem seltener nordamerikanischer Gast, in der Färbung wie eine Großausgabe des Gelbschenkels, Gestalt aber eher wie Grünschenkel (von diesem jedoch sofort durch fehlenden weißen Rückenkeil und leuchtend gelbe Beine unterscheidbar). Gegenüber Gelbschenkel Schnabel deutlich länger als Kopf, aufgeworfen, mit heller Basis. **S** Ruft dreisilbig ähnlich Grünschenkel abfallend „kjü-kjü-kju". **L** Brütet in offener Waldtundra, sonst Schlammflächen. **V** -.

8 | Tundraschlammläufer G 28 cm

Limnodromus scolopaceus **K** Bekassinengroßer Schnepfenvogel, stochert mit sehr langem, an der Spitze verdicktem Schnabel nähmaschinenartig senkrecht im Flachwasser. Breiter Überaugenstreif, im Flug zigarrenförmiges weißes Rückenfeld und weißer Armflügel-Hinterrand, Unterseite im PK rost-, im JK gelbbraun; SK insgesamt grau mit weißem Bauch. **S** Ruft schrill „kiik", auch gereiht. **L** Ostsibirische und nordamerikanische Tundra, sonst Tümpel. **V** A.

9 | Moorschlammläufer G 27 cm

Limnodromus griseus **K** Extrem seltener nordamerikanischer Gast, vom kaum größeren Tundraschlammläufer am sichersten am Ruf unterscheidbar, ferner im PK an gepunkteten statt gebänderten Brustseiten, im JK/1. W an hell quer gebänderten statt lediglich hell gesäumten Schirmfedern. **S** Ruft zwei- bis dreisilbig „tü-dü" oder „tü-tü-tü" ähnlich Steinwälzer. **L** Subarktische Waldmoore Nordamerikas, sonst Küsten. **V** A.

1. W
♂ PK
1 | Wüstenregenpfeifer
♀ PK
1. W
3 | Wilsonwassertreter
2 | Kolymaregenpfeifer
♂ PK
1. W
PK
4 | Drosseluferläufer
JK
PK
5 | Bairdstrandläufer
9 | Moorschlammläufer
PK
JK
PK
6 | Gelbschenkel
JK
PK
7 | Tüpfelgelbschenkel
PK
8 | Tundraschlammläufer

BRACHSCHWALBENVERWANDTE

1 | Rennvogel 189 G 25 cm

Cursorius cursor **K** Isabellfarbener Watvogel, rollt auf langen Beinen regenpfeiferartig mit plötzlichen Stopps durch die Wüste. Schnabel kurz und gebogen, Handflügel und gesamter Unterflügel schwarz. Kopfmuster im oberseits geschuppten JK nur angedeutet. **S** Ruft nasal „quitt" und rau „prraak". **L** Brütet in nordafrikanischen und vorderasiatischen Halbwüsten, in Europa ausnahmsweise nur in Spanien. **V** A.

2 | Rotflügel-Brachschwalbe 190 G 26 cm

Glareola pratincola **K** Kurzbeiniger, kurzschnäbeliger, seeschwalbenartiger Watvogel mit gegabeltem Schwanz, brauner Oberseite und weißem Bürzel. Unterflügeldecken rotbraun (wirken im Flug aber oft schwärzlich), Armflügel-Hinterrand schmal weiß, Schwanzspieße überragen im PK die Flügelspitze. Gelbliches Kehlfeld nur im PK schwarz umrandet, Oberseite im JK geschuppt. Jagt im Flug über offenem Gelände nach Insekten. **S** Ruft nasal „kerrekek-kitik". **L** Brütet in lockeren Kolonien auf Brach- und trockenen Schlammflächen. **V** A.

3 | Schwarzflügel-Brachschwalbe 191

G 26 cm *Glareola nordmanni* **K** In allen Kleidern sehr ähnlich Rotflügel-Brachschwalbe, aber Unterflügeldecken schwarz und kein weißer Armflügel-Hinterrand. Ferner im PK deutlich vor den Flügelspitzen endende Schwanzspieße, etwas dunkler braune Oberseite, mehr Schwarz auf Zügel und weniger Rot an Schnabelbasis. **S** Ruft etwas tiefer als Rotflügel-Brachschwalbe. **L** Feuchte Steppen Südost-Europas und Mittelasiens, östlich von Rotflügel-Brachschwalbe. **V** A.

RAUBMÖWEN

4 | Falkenraubmöwe 192 G 38 cm, Sp 108 cm

Stercorarius longicaudus **K** Kleinste Raubmöwe, elegant, wirkt oft zierlich, nur etwa lachmöwengroß, fliegt auf langen, schlanken Flügeln seeschwalbenartig leicht und rüttelt oft. Altvögel kommen nur in der hellen Morphe vor und sind durch die zu den hellen Oberflügeldecken stark kontrastierenden schwarzen Armschwingen sowie im PK durch die den Schwanz um 12-24 cm überragenden, extrem verlängerten mittleren Steuerfedern unverwechselbar. Im dunklen, gebänderten JK schwer von Schmarotzerraubmöwe unterscheidbar und variabel gefärbt, aber kleiner, meist grauer und selten rötlich getönt, nur die beiden äußersten Handschwingen mit weißen Schäften, den Schwanz nur wenig überragende mittlere Steuerfedern mit stumpfer Spitze, Unterschwanzdecken gleichmäßig gebändert, Schnabel kürzer, dadurch höher wirkend, mit von der Basis scharf abgesetzter schwarzer Spitze deutlich zweifarbig. **S** Ruft alarmiert „krepp-krepp", balzt „kiiah". **L** Brütet im äußersten Norden Europas auch in küstenferner Tundra, sonst auf dem Meer und an Küsten. **V** z 8-9, selten.

5 | Schmarotzerraubmöwe 193

G 40 cm, Sp 113 cm *Stercorarius parasiticus* **K** Häufigste Raubmöwe, etwa sturmmöwengroß. Altvögel kommen in unterseits heller und dunkler Morphe sowie Zwischenformen mit und ohne Brustband vor, im PK sind um 5-8 cm verlängerte, spitze mittlere Steuerfedern kennzeichnend. Im insgesamt gebänderten JK variabel hell- bis dunkelbraun, häufig mit Rostton. Im Unterschied zur Falkenraubmöwe im JK größer, Schnabel länger, schlanker, eher einfarbig, leicht verlängerte mittlere Steuerfedern spitz endend, Unterschwanzdecken unregelmäßig gebändert, Schäfte der äußeren 3-5 Handschwingen weiß, meist mit ausgedehnt hellem Handwurzelfleck. **S** Ruft miauend „äag-giu". **L** Nordeuropäische Küsten, im Winter offenes Meer. **V** z 4-5, 7-10, Küsten, selten im Binnenland durchziehend.

6 | Spatelraubmöwe 194 G 46 cm, Sp 120 cm

Stercorarius pomarinus **K** Fast so groß wie Silbermöwe, Altvögel mit dunkler und häufigerer heller Morphe (mit oder ohne Brustband), im PK durch den Schwanz um 5-10 cm überragende, um 90° senkrecht gedrehte, spatelförmige Schwanzspieße gekennzeichnet. Im JK ähnlich Schmarotzerraubmöwe, aber größer, Flügelbasis breiter, durch helle Basen der Großen Unterhanddecken meist zwei weißliche Halbmonde auf Handflügel-Unterseite, etwas verlängerte mittlere Steuerfedern stumpf endend, Unterschwanzdecken gleichmäßig gebändert, kräftigerer Schnabel hell mit scharf abgesetzter dunkler Spitze. **S** Alarmruf tief „geck". **L** Arktische Tundra, Meer. **V** z 4-5, 8-10, selten.

7 | Skua 195 G 54 cm, Sp 132 cm

Stercorarius skua **K** Größte und schwerste Raubmöwe, etwa so groß wie Silbermöwe, wirkt insgesamt sehr dunkel. Im Flug immer durch von den Basen der Handschwingen gebildete, stark kontrastierende große weiße Halbmonde auf Ober- und Unterflügel gekennzeichnet; hat keine überstehenden mittleren Steuerfedern. Im JK sonst einfarbig dunkelbraun, Altvögel heller oder dunkler braun, durch viele weißliche Federränder besonders an Nacken und Hals oft etwas struppig erscheinend. **S** Ruft tief „tök". **L** Koloniebrüter an nordatlantischen Küsten, im Winter auf dem Meer. **V** z 8-10, Nordsee.

1 | Rennvogel
JK
2 | Rotflügel-Brachschwalbe
3 | Schwarzflügel-
Brachschwalbe
PK
JK
4 | Falkenraubmöwe
JK
PK
JK
JK dunkel
JK hell
5 | Schmarotzer-
raubmöwe
PK dunkel
PK hell
PK
JK
6 | Spatel-
raubmöwe
JK
PK dunkel
PK hell
JK
7 | Skua

ALKE

1 | Papageitaucher 196 G 31 cm

Fratercula arctica **K** Durch großen, dreieckigen, bunten Schnabel, ebenfalls dreieckiges helles Wangenfeld, orangefarbene Beine und etwas schmerbäuchigen Körper im PK kaum verwechselbar. Hornscheiden des seitlich zusammengedrückten Schnabels werden im Spätsommer vorübergehend abgeworfen, dieser dann also kleiner, aber weiterhin hoch, dreieckig und hell, ferner im SK Kopfseiten grau verdunkelt. JK ähnlich SK, Schnabel noch etwas kleiner und Kopfseiten düsterer, beide aber bereits kennzeichnend ausgebildet. Im meist niedrigen Flug Unterflügel düster, oberseits kein weißer Armflügel-Hinterrand, kurzschwänzig, schwarzes Halsband immer geschlossen. **S** Ruft in Kolonie kurz „aohr". **L** Brütet in oft gewaltigen Kolonien an nordwest-europäischen Felsküsten, gräbt sich dort Erdhöhlen oder legt das Ei in Felsnischen, überwintert weit auf dem offenen Meer. **V** A.

2 | Tordalk 197 G 40 cm

Alca torda **K** Typischer schwarzweißer Alk, gekennzeichnet durch seitlich zusammengedrückten, recht hohen schwarzen Schnabel mit oft schwer erkennbaren weißen Querbinden. Kann mit der häufigeren Trottellumme verwechselt werden, aber Oberseite tief schwarz, Flanken ungestrichelt, langer Schwanz spitz und wie Schnabel beim Schwimmen oft leicht schräg nach oben gehalten, Hals dicker und kürzer. Kopf- und Halszeichnung im JK und SK reduziert. Im Flug von Trottellumme (und teilweise Dickschnabellumme) durch rein weiße Unterflügeldecken, ungestrichelte Flanken, mehr Weiß auf Steißseiten, den Schwanz nicht überragende Füße sowie durch stärker angehobenen Kopf und Schwanz weniger bucklige Erscheinung unterschieden. **S** Ruft am Brutplatz etwas traurig knurrend „urrr", Flugbalz mit zeitlupenartigen Flügelschlägen. **L** Koloniebrüter an Felsküsten, meist zusammen mit Trottellummen, Eiablage oft unter Felsvorsprüngen; im Winter auf dem Meer. **V** b (nur Helgoland), sonst w an Küste.

3 | Trottellumme 198 G 42 cm

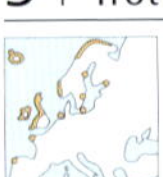

Uria aalge **K** Häufigster Alk an europäischen Küsten, erinnert durch dunkle Oberseite und weißen Bauch an einen kleinen Pinguin. Schwarzer Schnabel pfriemförmig und recht lang, Gefieder oberseits braunschwarz bis gräulich schwarz, unterseits weiß mit schwärzlichen Flankenstricheln, einige Vögel mit weißem Augenring und nach hinten ausgezogenem Lidstrich. Im SK und 1. W weiße Kopfseiten durch schmalen schwarzen Strich geteilt. Wirkt im Flug etwas bucklig, Füße überragen den Schwanz. **S** Ruft in der Kolonie schnarrend „aorr". **L** Brütet in oft aus vielen tausend Paaren bestehenden Kolonien auf schmalen Felsbändern an steilen Küstenklippen Nord- und Westeuropas; überwintert auf Nordsee und Atlantik. **V** b (nur Helgoland, dort häufig), sonst W vor Küsten.

4 | Dickschnabellumme 199 G 42 cm

Uria lomvia **K** Nur auf Island und in Nordnorwegen, brütet dort in gemischten Kolonien mit der sehr ähnlichen Trottellumme, von dieser unterschieden durch dickeren, kürzeren Schnabel mit weißem Längsstrich entlang des Schnabelspalts, fehlende Flankenstrichelung, spitzer statt stumpfer Begrenzung zwischen weißer und schwärzlicher Färbung auf dem Vorderhals, schwärzlichere Oberseite, im SK ferner durch viel weiter auf die Kopfseiten reichendes Schwarz und fliegend durch weiße Unterflügeldecken und mehr Weiß auf Steißseiten. **S** Ruft mürrischer als Trottellumme. **L** Nördlicher Nordatlantik, auch im Winter. **V** A.

5 | Krabbentaucher 200 G 20 cm

Alle alle **K** Winziger, knapp starengroßer Alk mit kurzem Hals und kleinem, schwarzem Schnabel sowie weiß gesäumten Schulterfedern. Liegt schwimmend meist hoch auf dem Wasser, zeigt im schwirrenden Flug, oft in Trupps, sehr dunkle Unterflügel. **S** Trillert am Brutplatz. **L** Bildet gewaltige Brutkolonien in Geröllfeldern und zerklüfteten Felshängen am Rand der Arktis, überwintert im nördlichen Nordatlantik. **V** w, wird durch Herbststürme oft in die Deutsche Bucht verschlagen, sonst A.

6 | Gryllteiste 201 G 35 cm

Cepphus grylle **K** Mittelgroßer Alk, weniger gesellig als die anderen Arten, mit pfriemförmigem, schwarzem Schnabel (innen aber signalrot), lackroten Beinen und von den Armdecken gebildetem großem, ovalem, weißem Flügelfeld, das besonders im sonst komplett schwarzen PK hervorsticht. Im SK und 1. W überwiegend weiß und oberseits grau gemustert, im JK Oberseite düster, Flügelfeld bis in den 1. S dunkel meliert. **S** Balzt grillenartig hoch zirpend „siirrrp". **L** Brütet in Felsspalten, oft am Rand großer Seevogelkolonien, auch in Einzelpaaren oder lockeren Gruppen; überwintert küstennah. **V** A, meist Helgoland und Ostsee; ausnahmsweise b.

PK
1 | Papageitaucher
1. W
SK
PK
2 | Tordalk
PK
SK
SK
PK
3 | Trottellumme
PK
3
SK
SK
PK
4 | Dickschnabellumme
PK
SK
PK
5 | Krabbentaucher
PK
SK
SK
PK
6 | Gryllteiste
PK
1. W
SK
SK
PK

MÖWEN

1 | Elfenbeinmöwe G 44 cm, Sp 106 cm

Pagophila eburnea **K** Mittelgroße Möwe aus der Hocharktis, die nur ausnahmsweise südlich der Packeisgrenze erscheint, wirkt durch runden Kopf, dicklichen Körper, kurze schwarze Beine und oft waagerechte Körperhaltung etwas taubenähnlich, im Flug aber sehr elegant. Im AK durch rein weißes Gefieder unverwechselbar, Schnabel mit bläulicher Basis und gelber Spitze. Auch im 1. W überwiegend weiß, doch Gesicht schmutzig verdunkelt und Gefieder in variablem Ausmaß schwärzlich und dunkelbraun gefleckt und gepunktet. Mausert abweichend von anderen Möwen im 1. S bereits in das weiße Alterskleid. Frisst oft an Kadavern und ist wenig scheu. **S** Ruft „frrrioh". **L** Ganzjährig in der Hocharktis und Packeiszone. **V** A.

2 | Schwalbenmöwe G 33 cm, Sp 84 cm

Xema sabini **K** Kleine hocharktische Hochseemöwe, schlank, elegant, mit gekerbtem Schwanz und immer typischem Flügelmuster, gebildet von einem großen weißen Dreieck am Flügelhinterrand, begrenzt durch schwarze äußere Handschwingen und dunkle Armdecken. Im PK schieferschwarze Kapuze, Schnabel schwarz mit gelber Spitze, Beine schwärzlich, Oberseite grau. Im während des Wegzugs noch getragenen JK oberseits bräunlich grau, durch helle Federränder geschuppt, schwarze Schwanzendbinde, Beine graurosa, statt der Kapuze erstreckt sich die braungraue Mantelfärbung über den Nacken bis auf Hinterscheitel und Ohrdecken des sonst weißen Kopfs; Verwechslungsgefahr nur Dreizehenmöwe im JK. Andere Kleider in Europa kaum zu sehen. **S** Ruft kratzend „kjä-kjärr". **L** Brutvogel hocharktischer Küsten, überwintert im Südatlantik, erscheint nach Herbststürmen an europäischen Küsten. **V** z 9-10 Nordsee, sonst A.

3 | Rosenmöwe G 30 cm, Sp 77 cm

Rhodostethia rosea **K** Kleine Möwe der arktischen Tundra, kann mit der manchmal ähnlichen Zwergmöwe verwechselt werden, ist jedoch etwas größer, hat längere, spitzere Flügel und einen längeren, bei Möwen sonst nicht vorkommenden keilförmigen Schwanz. Im PK kein Schwarz im Flügel (nur dünner Strich auf Außenfahne der äußersten Handschwinge), kennzeichnendes schmales, komplettes schwarzes Halsband, Kopf weiß, Unterseite rosa überhaucht, Unterflügel grau mit breit weißem Hinterrand. SK identisch, doch ohne Halsband, dafür Nacken verwaschen grau und schwärzlicher Fleck vor und hinter dem Auge. Im 1. W ähnlich Zwergmöwe, aber keilförmiger Schwanz nur mit kleiner schwarzer Spitze statt Endbinde, Scheitel hell, weißes Flügeldreieck größer, Armschwingen weiß. **S** Ruft nur am Brutplatz „kej-kej ki-kik". **L** Arktische Tundra Nordsibiriens, bleibt im Winter in der Packeiszone. **V** A.

4 | Zwergmöwe 202 G 26 cm, Sp 66 cm

Hydrocoloeus minutus **K** Kleinste Möwe, pickt Nahrung oft schwimmend (ähnlich Wassertreter) oder wie eine Seeschwalbe im Flug von der Wasseroberfläche auf. Bei Altvögeln Flügel weißspitzig ohne schwarze Abzeichen, dafür Unterflügel kennzeichnend schwärzlich mit breit weißem Hinterrand, im PK Kapuze einschließlich Hinterhals schwarz, im SK statt dessen nur schwärzlicher Ohrfleck und dunkler Hinterscheitel. Im 1. W oberseits grau mit schwärzlichem Zickzackband über Armdecken und Handflügel, hellen Unterflügeln, schwarzer Schwanzendbinde und düster grauer Kappe über Hinterscheitel und Ohrdecken. Nur kurz getragenes JK ähnlich, aber Mantel und Schulterfedern düster braun, ebenso ein Nackenband, das oft bis zum 1. W stehen bleibt (dann Verwechslungsgefahr mit viel größerer Dreizehenmöwe im 1. W). 1. S ähnlich, doch Zickzackband ausgeblichen bräunlich, manchmal schon angedeutete Kapuze, im 2. W wie SK, doch variabler Anteil schwarzer Flecke in weißer Flügelspitze, Unterflügel weißlich bis grau, im 2. S wie PK, doch weiterhin etwas Schwarz in Flügelspitze, Unterflügel grau bis schwarz. **S** Ruft nasal „keck", bei der Flugbalz „kjäkikjäkik". **L** Brütet an Binnengewässern hauptsächlich Nordost-Europas, zieht durch das europäische Binnenland und überwintert an Küsten. **V** Z 4-5, 8-10, w.

5 | Dreizehenmöwe 203 G 40 cm, Sp 100 cm

Rissa tridactyla **K** Hochseevogel, im Alterskleid ähnlich Sturmmöwe, doch Flügelspitze ganz schwarz ohne weiße Flecken, kurze Beine schwarz, Schnabel rein gelb. Im SK sichelförmiger dunkler Ohrfleck und grauer „Schal" um den Hinterhals. Vom JK bis zum 1. S erst schwärzliches, dann zu Braun verblassendes Zickzackband auf den Oberflügeln, bis zum 1. W auch dunkles Nackenband, darin der viel kleineren Zwergmöwe ähnlich. **S** In Kolonien stimmfreudig, ruft laut miauend „kitti-wääh kittiwäik". **L** In Nordwest-Europa große Kolonien mit an Felsklippen geklebten Tangnestern, im Winter offenes Meer. **V** b (nur Helgoland), W, im Binnenland A, meist nach Winterstürmen dorthin verschlagen.

AK
1. W
1. W
AK
1 | Elfenbeinmöwe
PK
JK
JK
PK
2 | Schwalbenmöwe
SK
PK
1. W
1. W
3 | Rosenmöwe
1. W
2. W
PK
4 | Zwergmöwe
SK
1. W
PK
PK
1. W
SK
1. W
5 | Dreizehenmöwe
PK

Möwen

1 | Lachmöwe 204 G 37 cm, Sp 92 cm

Chroicocephalus ridibundus **K** In weiten Teilen Europas die häufigste Möwe, vor allem im Binnenland, meist in Trupps zu sehen. In allen Kleidern kennzeichnend sind die relativ geringe Größe, der von den äußeren Handschwingen gebildete, zur Flügelspitze schwarz begrenzte weiße Keil auf den langen, schlanken, spitzen Flügeln und die mehr oder weniger deutliche Rotfärbung des schlanken Schnabels und der Beine. Im PK durch dunkelbraune, nicht auf den Hinterkopf reichende Kapuze unverwechselbar, Schnabel und Beine dunkelrot, Unterseite im Frühjahr oft rosa überhaucht. Im SK lediglich dunkler Halbmond auf den Ohrdecken, Beine und dann dunkelspitziger Schnabel rot. Im nur kurz getragenen JK oberseits ungewohnt düster bis hell rötlich braun gemustert, Beine und Schnabel gelblich bis blass rot, im am häufigsten zu sehenden 1. W bereits überwiegend grau und weiß, Kopfzeichnung wie im SK, aber Schwanz mit schwarzer Endbinde, Armschwingen dunkel und braunes Band auf den Armdecken. Im 1. S genauso, aber dunkle Gefiederpartien durch Ausbleichung meist blasser, Kapuze des PK angedeutet oder bereits vollständig ausgebildet. Ab 2. W nicht mehr von Altvögeln unterscheidbar. **S** Ruft kreischend „chrää", „kriäärr" und warnt „kekek". **L** Große Brutkolonien an verschilften Teichen und Seen, im Winter auf Gewässern aller Art, auch Parkteichen, Feldern und Deponien. **V** BJZW.

2 | Dünnschnabelmöwe 205

G 40 cm, Sp 96 cm *Chroicocephalus genei* **K** Südeuropäische Möwe, wegen der identischen Flügelfärbung außer im PK der Lachmöwe sehr ähnlich, aber Kopf immer weiß mit allenfalls angedeutetem dunklem Ohrfleck, Grau der Oberseite heller. Etwas größer, hochbeiniger und vor allem langhalsiger mit typischem Kopfprofil: Stirn sehr flach, langsam in langen, auf dem Oberschnabel weiter befiederten Schnabel übergehend. Brust und Bauch bei Altvögeln oft rosa getönt, im PK Beine und Schnabel schwärzlich rot, im SK rot bis orange, Iris gelb. Vom JK bis 1. S am sichersten nur an strukturellen Merkmalen, ab 1. W auch an heller Iris und meist hellerer Färbung von Schnabel und Beinen von Lachmöwe unterscheidbar. **S** Ruft tiefer, kehliger oder nasaler als Lachmöwe. **L** Küsten, Lagunen, Steppenseen. **V** A.

3 | Schwarzkopfmöwe 206 G 39 cm, Sp 98 cm

Ichthyaetus melanocephalus **K** Nur oberflächlich ähnlich Lachmöwe, aber größer, hochbeiniger, Schnabel kräftiger. Altvögel mit rein weißer Flügelspitze, im PK schwarze Kapuze reicht tief in Nacken, im SK Kappe und Ohrdecken dicht gestrichelt. JK ähnlich Sturmmöwe, doch Unterflügel weiß, 1. W und 1. S mit deutlichem grauem Armflügelfeld, schmal schwarzer Schwanzendbinde, schwärzlichem äußerem Handflügel und Kopfmuster wie SK, Schnabel und Beine düster grüngrau. Im 2. W und 2. S wie Altvogel, aber schwarze Flecken vor weißer Flügelspitze. **S** Tiefer und nasaler als Lachmöwe „geääh". **L** Teilt Lebensraum oft mit Lachmöwe und brütet gern in deren Kolonien; im Winter meist Küsten. **V** bzj, selten.

4 | Korallenmöwe 207 G 48 cm, Sp 122 cm

Ichthyaetus audouinii **K** Seltene, mittelgroße Art, allenfalls mit Mittelmeermöwe verwechselbar, aber mit grauen Beinen, schlanker, kurzschnäbeliger und flachstirniger. Im AK an korallenrotem Schnabel (mit gelber Spitze vor schmaler schwarzer Binde), dunklem Auge, hellgrauer Oberseite und kaum Weiß in der ausgedehnt schwarzen Flügelspitze erkennbar. Im JK oberseits dunkel graubraun, hell geschuppt, Brust und Flanken einschließlich Unterflügelbänderung bräunlich, Schwanz ganz schwarz mit schmaler weißer Endbinde und u-förmigen weißen Oberschwanzdecken, Schnabel grau mit schwarzer Spitze. Wird im 1. W und 1. S oberseits zunehmend grau, von 2. W bis 2. S mit schmaler schwarzer Schwanzendbinde, viel Schwarz auf Handflügel und Armschwingen und bereits rotem Schnabel. **S** Ruft nasal „gli-ieh", am Brutplatz auch krähen- und eselähnliche Laute. **L** Brütet auf kleinen Felsinseln im Mittelmeer, überwintert dort auch. **V** A.

5 | Fischmöwe 208 G 63 cm, Sp 155 cm

Ichthyaetus ichthyaetus **K** Einzige Großmöwe mit im PK schwarzer Kapuze, in allen Kleidern Iris dunkel, aber weiße Augenklammern. Charakteristische Kopfform mit kleinem, langem Kopf, der über die flache Stirn in den massiven Schnabel übergeht. Altvögel mit viel Weiß im Handflügel und schwarzem Band vor der Spitze, Beine gelb, Schnabel dreifarbig gelb, rot und schwarz; im SK statt Kapuze gestrichelte Maske von Auge bis Hinterkopf. Im JK scharf abgesetzte schwarze Schwanzendbinde, Brustseiten und hell geschuppte Oberseite graubraun, Unterflügel hell; ab 1. W Kopfmuster wie SK, Schnabel rosa mit schwarzer Spitze, Oberseite zunehmend grau. Wird dann dem SK ähnlicher, bis 3. W im Flügel noch viel, im Schwanz etwas Schwarz. **S** Ruft tief „ha-u" und gänseähnlich „ga-gaga". **L** Brütet vom Schwarzen Meer ostwärts an Steppenseen. **V** A.

1 | Lachmöwe
JK
1. W
1. W
SK
PK
PK
2 | Dünnschnabel-
möwe
1. W
1. W
SK
PK
3 | Schwarzkopfmöwe
1. W
2. W
PK
SK
PK
1. W
4 | Korallenmöwe
JK
JK
1. S
PK
PK
1. W
PK
1. S
SK
PK
5 | Fischmöwe

1 | Sturmmöwe 209 G 43 cm, Sp 104 cm

Larus canus **K** Mittelgroße Möwe, in Nordeuropa an Küsten und im Binnenland weit, in Mitteleuropa lokal verbreitet. Erinnert an Kleinausgabe der Silbermöwe, ist aber schmächtiger, rundköpfig, hat schlankeren Schnabel, dunkle Augen und schmalere Flügel. Bei Altvögeln Schnabel und Beine grünlich- bis matt gelb, Kopf im PK weiß, im SK einschließlich Hinterhals dunkel gestrichelt, Schnabel dann oft mit schwarzem Ring. JK bräunlich mit scharf abgesetzter schwarzer Schwanzendbinde, vom 1. W bis 1. S Beine noch schmutzig graurosa, Schnabel mit schwarzer Spitze ebenso oder gelblich, Mantel grau. Im 2. W und 2. S Schwanzbinde allenfalls angedeutet, Flügeldecken bereits grau, aber Handflügel noch ausgedehnt schwarz. **S** Ruft miauend „miijou" und „klii-ju-klii-ju". **L** Brutkolonien an Küsten, im Binnenland oft Einzelpaare. **V** B besonders an der Ostsee, lokal im Binnenland, JZW.

2 | Ringschnabelmöwe 210

G 45 cm, Sp 115 cm *Larus delawarensis* **K** Nordamerikanische Verwandte der Sturmmöwe und dieser sehr ähnlich, aber etwas größer, mit kräftigerem Schnabel, dessen First und Unterkante fast parallel verlaufen. Bei Altvögeln Schnabel gelb mit breit schwarzer Binde, Iris hell, Grau der Oberseite heller als bei Sturmmöwe, Beine leuchtender gelb, weißer Hinterrand der Schirmfedern schmaler, auf den zwei äußeren Handschwingen weniger Weiß vor der Spitze; im SK Kopfstrichelung intensiver, oft als Pfeilspitzen auf Brustseiten und Flanken ausgedehnt. Im 1. W Mantel und Große Armdecken heller grau als bei Sturmmöwe, Schwanzbinde nach oben meist in mehrere schmale Teilbinden aufgelöst, auf den Flanken oft pfeilförmige Fleckung, Schnabel deutlich zweifarbig rosa und schwarz. Im 1. S Flügeldecken meist extrem abgenutzt, im 2. W Auge bereits hell. **S** ähnlich Silbermöwe, doch höher. **L** Brutvogel Nordamerikas, alljährlich in geringer Zahl in Westeuropa. **V** A.

3 | Silbermöwe 211 G 60 cm, Sp 140 cm

Larus argentatus **K** Häufigste und bekannteste Großmöwe. Benötigt vier Jahre, bis sie komplett ausgefärbt ist, kann in dieser Zeit mit anderen Arten verwechselt werden. Groß, kräftig, mit massivem Schnabel, fleischfarbenen Beinen und langsam rudernden Flügelschlägen. Bei Altvögeln Oberseite hellgrau, Schnabel leuchtend gelb mit rotem Fleck vor der Spitze des Unterschnabels, Beine fleischfarben, Augen gelb, Lidring gelb bis orange, äußere Handschwingen schwarz mit weißen Spitzen und Flecken (bei westlicher Unterart *argenteus* weniger, bei nördlicher *argentatus* mehr Weiß; ferner ostbaltische Vögel vom Typ *„omissus"* mit gelblichen Beinen, vgl. Mittelmeer- und Steppenmöwe), im SK Kopf und Hals kräftig dunkel gestrichelt. Im JK recht einfarbig graubraun gemustert, auch Unterseite und Unterflügel, dunkle Schwanzendbinde oben unscharf begrenzt, wird im 1. W und 1. S. meist etwas heller, Basis des schwärzlichen Schnabels dann aufgehellt. Im 2. W und 2. S mehr graue Federn auf der Oberseite, Schnabel mit weißlicher Spitze, dunkler Binde und fleischfarbener Basis, Auge langsam heller werdend, im 3. W und 3. S ähnlich Altvogel, aber einzelne blass braune Flügeldecken, mehr Schwarz im Handflügel, Schwanzbinde oft noch angedeutet, Schnabel oft gelblich rosa mit schwarzer Binde, im 4. W mehr Schwarz auf Handschwingen und Handdecken als Altvögel, meist dunkle Schnabelbinde. Vgl. Darstellung der Gefiederfolge auf hinterer innerer Umschlagklappe. **S** Viele Rufe, z. B. „kjau-kjau", „gägägä", „aa-ou". **L** Große Kolonien an Küsten, regional im Binnenland, dort im Winter küstennah auch auf Feldern, Seen und Deponien. **V** BJZW.

4 | Mittelmeermöwe 212 G 55 cm, Sp 130 cm

Larus michahellis **K** Großmöwe des Mittelmeerraums, in allen Kleidern sehr ähnlich Silbermöwe, wirkt aber durch länger ausgezogenes Hinterende und den Schwanz weiter überragende Flügel eleganter, Beine etwas länger, Schnabel kräftiger. Altvögel oberseits dunkler grau, mehr Schwarz in Flügelspitze, Beine leuchtend gelb, nur im Spätherbst leichte dunkle Kopfstrichelung. Von JK bis 1. S Kopf und Unterseite heller als bei Silbermöwe, innere Handschwingen dunkler, Schwanz weißlich mit kontrastreicher scharfer Endbinde. 2. W bis 2. S Mantel bereits grau, aber Schwanz mit scharfer Endbinde. **S** Nasale, tiefe Rufe rauer als bei Silbermöwe, ähnlich Heringsmöwe. **L** Küsten und Binnenseen Südeuropas, breitet sich nordwärts aus. **V** b (hauptsächlich im Süden), ZW.

5 | Steppenmöwe 213 G 60 cm, Sp 140 cm

Larus cachinnans **K** Länger, hochbeiniger, langhalsiger mit schlankerem, mehr parallelrandigem Schnabel als Silber- und Mittelmeermöwe. Altvögel ähnlich Mittelmeermöwe, aber oberseits heller grau, Beine oft blasser gelb, Augen meist dunkler. Von JK bis 2. W weißliche Unterflügel (bei Mittelmeermöwe bräunlich). **S** Kennzeichnende lachende Stakkatofolge „ääh-hähähähä-hää". **L** Brütet vom Schwarzen Meer ostwärts an Küsten und Steppenseen, hat sich von dort nach Westen ausgebreitet. **V** b (lokal im Binnenland, besonders Ostdeutschland), ZW.

1 | Sturmmöwe

2 | Ringschnabelmöwe

3 | Silbermöwe

4 | Mittelmeermöwe

5 | Steppenmöwe

Möwen

1 | Mantelmöwe 214 G 70 cm, Sp 160 cm

Larus marinus **K** Größte Möwe, sehr massig und mit gewaltigem hohem Schnabel, Beine immer fleischfarben. Altvögel durch die schwärzliche Oberseite unverwechselbar (allenfalls mit der viel kleineren östlichen Unterart der Heringsmöwe, jedoch an Beinfarbe und im Flug viel mehr Weiß in der Flügelspitze erkennbar), Kopf im SK kaum dunkel gestrichelt. Unausgefärbte Vögel sind solchen von Silber- und Heringsmöwe oft sehr ähnlich und am besten an der Größe bestimmbar. Hinweise geben anfangs das gröber gemusterte Gefieder, die im Vergleich zur Silbermöwe hellere Färbung von Kopf, Unterseite und Schwanz und zur Heringsmöwe die aufgebrochene Schwanzbänderung und die aufgehellten inneren Handschwingen. Kennzeichnende schwarze Federn auf der Oberseite erscheinen meist erst zum 3. W. **S** Ruft sehr tief „kla-ou". **L** Brütet einzeln oder in kleinen Kolonien an nordeuropäischen Küsten, überwintert dort auch. **V** b im Norden, sonst JW an Küsten, im Binnenland nur A.

2 | Heringsmöwe 215 G 55 cm, Sp 130 cm

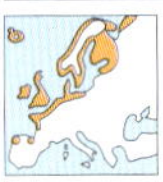

Larus fuscus **K** Relativ elegante Großmöwe, schlanker als Silbermöwe und maximal deren Größe erreichend, Flügel sehr lang und die Schwanzspitze weit überragend, Kopf leicht gerundet, Schnabel recht schlank, Altvögel immer mit gelben Beinen und kaum Weiß in der Flügelspitze. Kommt in fünf Unterarten vor, davon als Brutvögel in Europa auf Island und in Westeuropa *graellsii* („Westliche Heringsmöwe") mit blass schiefergrauer, im Ostseeraum *fuscus* („Baltische Heringsmöwe") mit schwarzer, in Südwest-Skandinavien und an mitteleuropäischen Küsten *intermedius* mit schwarzgrauer bis schwärzlicher Oberseite. Im JK oberseits dunkler und deutlicher geschuppt als junge Silbermöwe, Flügel einfarbig dunkel ohne helle „Fenster" im inneren Handflügel, auch Unterflügel dunkel, breit dunkle Schwanzendbinde kontrastreicher abgesetzt. Mausert schneller als andere Großmöwen, daher schon ab 1. S einige kennzeichnende schieferfarbene Mantel- und Schulterfedern. Zwei oft als eigene Arten betrachtete Unterarten brüten weiter östlich, *heuglini* („Tundramöwe") von der Kola-Halbinsel ostwärts in der sibirischen Tundra, auch für Experten kaum unterscheidbar: Altvögel wie Unterart *graellsii* gefärbt, aber etwas größer (wie Silbermöwe), kräftiger, hochbeiniger und langflügeliger sowie mit schwächerer Kopfstrichelung im SK, Jungvögel mausern sehr schnell und zeigen schon im 1. S dem Alterskleid ähnliche Merkmale. Die südöstliche Unterart *barabensis* („Barabamöwe") aus Nordkasachstan ist so hell, dass man sie kaum von der Steppenmöwe unterscheiden kann. **S** Ruft tiefer und nasaler als Silbermöwe. **L** Nordeuropäische Küsten, westliche Unterart überwintert dort auch teilweise, baltische zieht bis Ostafrika. Brütet in oft großen Kolonien. **V** BZ 3-9, W, häufig Nordsee, seltener Ostseeküste, Durchzügler auch an Binnengewässern. Östliche Unterarten überwintern hauptsächlich im Nordpazifik, *heuglini* tritt aber sehr selten auch in Mitteleuropa auf.

3 | Eismöwe 216 G 65 cm, Sp 150 cm

Larus hyperboreus **K** Von der Gestalt wie eine zu große, kräftige, etwas kurzflügelige, langschnäbelige helle Silbermöwe, aber in sämtlichen Kleidern ohne jegliches Schwarz im Flügel, Beine immer rosa. Altvögel oberseits heller grau als Silbermöwe, Flügelspitze rein weiß, im SK Kopf, Hals und meist auch Brust sehr kräftig dunkel gestrichelt bis gefleckt, dadurch das etwas grimmig blickende gelbe Auge betonend. Im JK und 1. W variabel weißlich, isabell- bis dunkel sandbraun mit wenigen blass bräunlichen Bändern auf dem Schwanz und fehlenden bis deutlichen bräunlichen Spitzen der hellen Handschwingen, Schnabel kennzeichnend rosa mit scharf abgesetzter schwarzer Spitze, Iris noch dunkel; im 1. S gesamtes Gefieder meist weißlich ausgeblichen. Im 2. und 3. W ähnlich, doch Schnabelspitze vor dunkler Binde hell, Auge zunehmend heller, Anteil hellgrauer Federn auf Oberseite steigend. (Helle Silbermöwen mit Pigmentstörung oft ähnlich, aber bei unausgefärbten Individuen Schnabel meist dunkel, mehr Braun in Flügel und Schwanz, bei Albinos Oberseite weiß statt grau.) **S** Ähnlich Silbermöwe. **L** Brutvogel Islands und arktischer Küsten Russlands, im Winter Nordatlantik. **V** w.

4 | Polarmöwe 217 G 55 cm, Sp 135 cm

Larus glaucoides **K** Arktische Möwe, Gefieder in allen Kleidern nahezu identisch mit Eismöwe, aber kleiner (maximal silbermöwengroß), schlanker, Flügel überragen Schwanz weiter als Schnabel lang ist (bei Eismöwe um weniger als Schnabellänge). Runderer Kopf, größeres Auge und kürzerer Schnabel erzeugen freundlicheren Gesichtsausdruck. Ferner anders als Eismöwe im PK roter statt orangegelber Lidring, im SK schwächere Kopfstrichelung, vom JK bis 1. S schwärzlicher, nur an der Basis graurosa aufgehellter Schnabel (statt rosa mit schwarzer Spitze). Ausnahmsweise erscheint die Unterart *kumlieni* aus Ostkanada mit grauen Flecken in der Flügelspitze in Westeuropa. **S** Ruft etwas schriller als Silbermöwe. **L** Brutvogel Grönlands und Nordkanadas, überwintert im Nordatlantik. **V** A im Winterhalbjahr.

2 | Heringsmöwe

SEESCHWALBEN

1 | Raubseeschwalbe 218 G 52 cm, Sp 135 cm

Hydroprogne caspia **K** Größte Seeschwalbe, fast silbermöwengroß, mit mächtigem, auch aus großer Entfernung auffallendem rotem Schnabel mit dunkler Spitze, schwarzen Beinen und recht kurzem Schwanz. Stirn im SK weiß gestrichelt, schwarze Kappe reicht im JK tiefer auf Kopfseiten. Wirkt im eher ruhigen, möwenartigen Flug etwas vorderlastig. **S** Ruft reiherähnlich tief und heiser „kräkräsch", Jungvögel betteln noch während des Wegzugs hoch „svii-vii". **L** Brutvogel rund um die Ostsee und in Südost-Europa. **V** z 4-5, 7-9.

2 | Zwergseeschwalbe 219 G 23 cm, Sp 52 cm

Sternula albifrons **K** Kleinste Seeschwalbe, Schwanz kurz und kaum gegabelt, schmalflügelig, rüttelt oft, Flügelschläge sehr schnell. Stirn auch im PK weiß, recht langer Schnabel dann gelb mit schwarzer Spitze, Beine orange. Im SK Schnabel dunkel und Zügel weiß, im oberseits wellig gemusterten JK nur Schnabelbasis blass gelb. **S** Ruft „prit prit". **L** Brütet auf flachen Sandstränden am Meer, im Binnenland auch auf Kiesbänken von Seen. **V** bz 4-9.

3 | Lachseeschwalbe 220 G 36 cm, Sp 105 cm

Gelochelidon nilotica **K** Große, robuste, etwas möwenähnliche Art mit kräftigem schwarzem Schnabel, recht langen schwarzen Beinen und kurzem, nur schwach gegabeltem Schwanz, anders als Brandseeschwalbe auch meist deutlich abgesetztem dunklem Handflügel-Hinterrand. Schwarze Kappe (ohne Schopf) des PK wird im SK durch dunkle Maske ersetzt. JK heller, oberseits kaum dunkel gemustert und mit mehr Weiß auf der Stirn als die ähnliche Brandseeschwalbe. Jagt häufig in ruhigem Flug über Land nach Insekten und kleinen Wirbeltieren. **S** Ruft lachend „käväck". **L** Bildet meist kleine Kolonien in Dünen und Feuchtwiesen in Südeuropa. **V** bz 5-9 an der Nordseeküste, sehr selten.

4 | Brandseeschwalbe 221 G 38 cm, Sp 100 cm

Thalasseus sandvicensis **K** Große Seeschwalbe von hellem Gesamteindruck mit eher kurzen, immer schwarzen Beinen und langem, schlankem, schwarzem Schnabel, bei Altvögeln immer mit gelber Spitze. Im PK schwarze Kappe mit kurzem Schopf, im SK mit weißer Stirn, im JK oberseits mit kräftigem Wellenmuster, düsterer Kappe und ganz dunklem Schnabel. Lange, schlanke Flügel im Flug oft stark gewinkelt, Schwanz relativ kurz. **S** Fällt meist durch die Stimme auf, laut und rau „kirr-rik". **L** Bildet oft gewaltige Kolonien auf Sandbänken an Meeresküsten. **V** BZ 3-10, im Binnenland A.

5 | Flussseeschwalbe 222 G 34 cm, Sp 88 cm

Sterna hirundo **K** An der Küste meist häufigste, im Binnenland oft einzige brütende weiße Seeschwalbe. Schlank, elegant, gegabelter Schwanz mit deutlich verlängerten äußeren Steuerfedern (reichen im Stehen fast bis zur Flügelspitze), oberseits hellgrau, unterseits weiß, rote Beine kurz, orangeroter Schnabel mit schwarzer Spitze, im PK ganze Kappe, im JK und SK nur Scheitel und Hinterkopf schwarz. Im JK gebänderte Oberseite anfangs bräunlich, deutlicher dunkler Armflügel-Vorderrand, Schnabelbasis orange. Jagt aus elegantem Flug stoßtauchend nach Fischen. Zur Unterscheidung von der Küstenseeschwalbe siehe dort. **S** Ruft „kit", „kirri", „krrri-jä". **L** Brütet in oft großen Kolonien, aber auch in Einzelpaaren an Küsten, im Binnenland auf Kiesbänken. **V** BZ 4-9.

6 | Küstenseeschwalbe 223 G 36 cm, Sp 86 cm

Sterna paradisaea **K** Häufige Seeschwalbe an mittel- und nordeuropäischen Küsten, im Norden auch in der Tundra. In allen Kleidern der Flussseeschwalbe sehr ähnlich, doch etwas kleiner, schlanker, langschwänziger, Beine und Schnabel kürzer. Im PK Schnabel einfarbig dunkelrot, Unterseite meist stärker grau getönt, Schwanz überragt Flügelspitzen deutlich, Handflügel heller und insgesamt durchscheinend wirkend mit nur schmalem, scharf abgesetztem schwarzem Hinterrand (statt mit grauen äußeren und einen weißen Keil bildenden inneren Handschwingen). Im JK oberseits grauer als Flussseeschwalbe, dunkler Flügelvorderrand schmaler, Armschwingen weiß (statt grau mit weißen Spitzen), Schnabel meist dunkel. Sammelt neben dem typischen Stoßtauchen auch oft Nahrung im niedrigen Suchflug von der Wasseroberfläche ab.
S Ruft höher als Flussseeschwalbe. **L** Koloniebrüter an Meeresküsten. **V** BZ 4-9, im Binnenland z.

7 | Rosenseeschwalbe 224 G 38 cm, Sp 80 cm

Sterna dougallii **K** Extrem selten, ähnelt Fluss- und Küstenseeschwalbe, ist aber sehr hell, Schnabel und Beine sind länger, die Flügel kürzer. Im PK überragen die Schwanzspieße die Flügel sehr weit, die Unterseite ist rosa überhaucht, der schwarzer Schnabel bloß an der Basis rot, nur die äußersten drei Handschwingen sind verdunkelt. Färbung im JK wie eine Kleinausgabe der Brandseeschwalbe. **S** Ruft kennzeichnend „tschu-wik".
L Brütet sehr selten und lokal nur an Küsten Irlands, Großbritanniens und Frankreichs. **V** A.

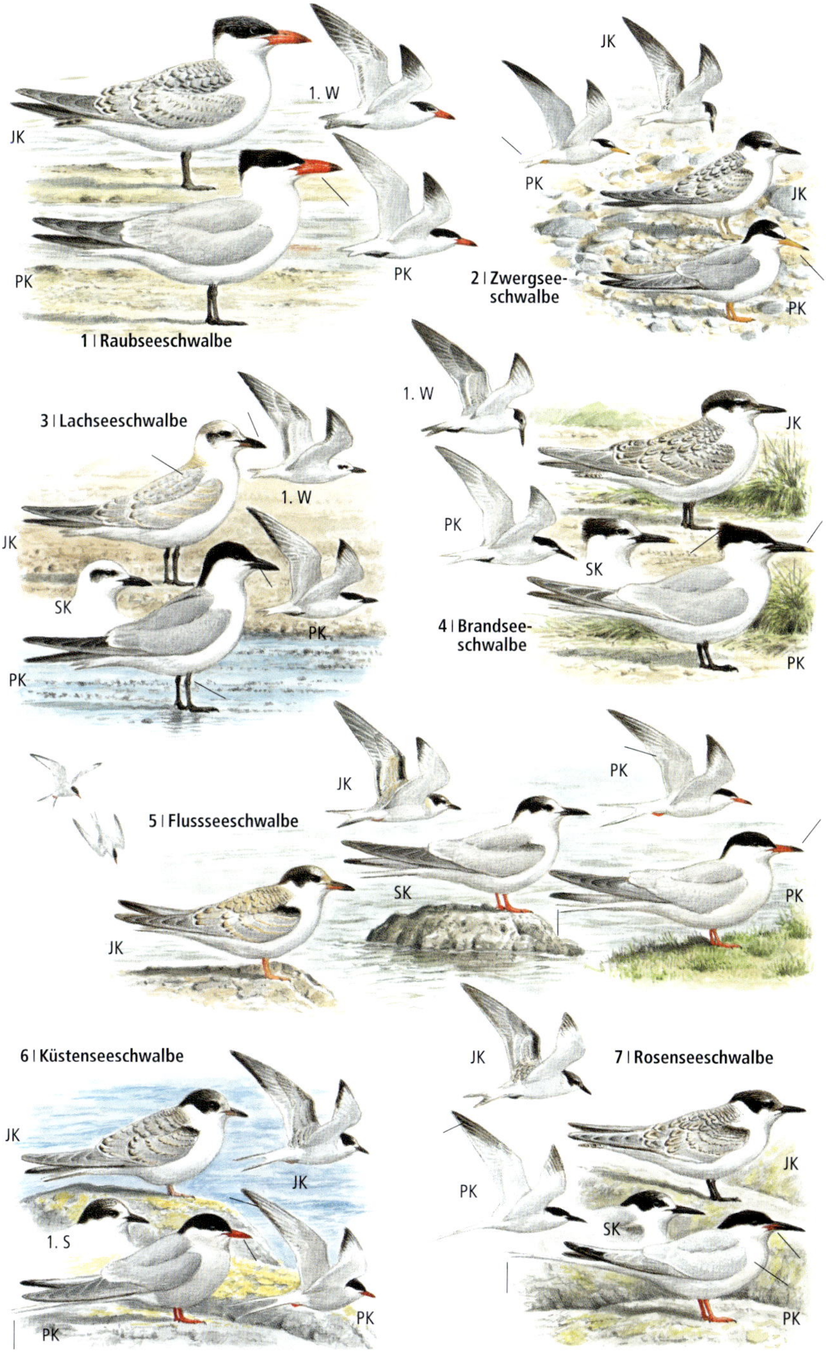
1 | Raubseeschwalbe
JK
PK
1. W
PK
2 | Zwergsee-
schwalbe
JK
PK
JK
PK
3 | Lachseeschwalbe
JK
SK
PK
1. W
PK
4 | Brandsee-
schwalbe
1. W
PK
JK
SK
PK
5 | Flussseeschwalbe
JK
JK
SK
PK
PK
6 | Küstenseeschwalbe
JK
JK
1. S
PK
PK
7 | Rosenseeschwalbe
JK
PK
JK
SK
PK

1 | Trauerseeschwalbe 225 G 23 cm, Sp 65 cm

Chlidonias niger **K** Häufigste der drei dunklen, hauptsächlich an Binnengewässern vorkommenden und dort auch in Schwimmblattzonen brütenden sogenannten „Sumpfseeschwalben", die im Gegensatz zu den weißen Arten breitflügeliger sind, kürzere, nur schwach gegabelte Schwänze tragen und ihre Nahrung, meist Insekten und deren Larven, statt durch Stoßtauchen in gaukelndem Flug von der Wasseroberfläche aufpicken. Im PK unverwechselbar, rundum düster, Kopf und Bauch schwarz, oberseits dunkel-, Unterflügel und Schwanz hellgrau, nur Steiß weiß. Im SK unterseits aber weiß mit kennzeichnendem dunklem Fleck auf Brustseiten, schwarze Kappe erstreckt sich tropfenförmig auf Ohrdecken. JK wie SK, doch Oberseite geschuppt. **S** Ruft nasal „kjäh". **L** Brütet und rastet an stehenden Binnengewässern, erscheint ziehend aber auch an Küsten. **V** bZ 4-9.

2 | Weißflügel-Seeschwalbe 226

G 22 cm Sp 64 cm *Chlidonias leucopterus* **K** Besonders während des Zugs im Frühjahr oft mit Trauerseeschwalben vergesellschaftet und diesen in Verhalten und Aussehen ähnlich, doch Schwanz schwächer gekerbt, Beine länger, Schnabel kürzer, Flügel breiter. Im PK vor allem durch die schwarzen Unterflügeldecken gekennzeichnet, ferner durch hellere Oberflügel und weißen Schwanz. Im grauen SK fast wie Trauerseeschwalbe, aber ohne dunklen Brustseitenfleck, dafür Bürzel und Oberschwanzdecken weiß, Schwanz grau mit weißen Außenkanten, dunkle Kappe nur gestrichelt. JK wie SK, aber Kappe massiv dunkel ähnlich Trauerseeschwalbe, doch brauner Mantel sattelartig von übriger Oberseite abgehoben. **S** Ruft rau „kerek" und „kesch". **L** Brütet hauptsächlich an osteuropäischen Binnengewässern. **V** z 5, 8-9, selten.

3 | Weißbart-Seeschwalbe 227

G 24 cm, Sp 72 cm *Chlidonias hybrida* **K** Größte und hellste der drei „Sumpfseeschwalben", Beine länger, Schnabel dicker, oft an *Sterna*-Arten erinnernd, doch Bürzel und schwach gekerbter Schwanz (mit weißen Außenkanten) in allen Kleidern grau. Im PK von hellem Grundton, düster grauer Bauch kontrastiert zu hellen Unterflügeln und weißen Kopfseiten, Schnabel kräftig rot. Oberflügel im SK heller als bei Trauer- und Weißflügelseeschwalbe, gestrichelter Hinterscheitel mit schwarzem Fleck auf Ohrdecken verbunden, Brustseitenfleck fehlend oder schwach. JK sehr ähnlich Weißflügel-Seeschwalbe, aber breitere helle Federränder auf dunklem Mantel, Armflügel-Vorderrand nicht oder wenig verdunkelt, Schwanz oft mit angedeuteter dunkler Endbinde. **S** Ruft laut und hölzern „krrrk". **L** Binnengewässer Süd- und Osteuropas. **V** z 5-6, 8-9, ausnahmsweise b.

FLUGHÜHNER

4 | Sandflughuhn 228 G 32 cm

Pterocles orientalis **K** Taubenähnlich mit kleinem Kopf, kurzem Schnabel und sehr kurzen, befiederten Beinen; durch tarnfarbige Oberseite am Boden fast unsichtbar. In allen Kleidern durch rundlichen schwarzen Bauch gekennzeichnet, Unterflügel kontrastreich schwarzweiß. ♂ mit einfarbig grauer, ♀ mit sandfarbener, dunkel gestrichelter Brust und stärker gebänderter Oberseite. Erinnert im schnellen Flug auf spitzen Flügeln eher an Goldregenpfeifer als an Tauben. **S** Häufig geäußerter Flugruf schnaubend „tjörrrrl". **L** Brütet hauptsächlich in Nordafrika und Asien, in Europa nur auf der Iberischen Halbinsel und am nördlichen Kaspischen Meer in Halbwüsten und Steppen, zieht nicht, fliegt aber meist in Trupps morgens und abends über größere Entfernungen zum Trinken an Wasserlöcher. **V** -.

5 | Spießflughuhn 229 G 30 cm

Pterocles alchata **K** Kleiner und heller als Sandflughuhn, mit weißem Bauch und bei beiden Geschlechtern stark verlängerten mittleren Steuerfedern sowie schwarz umrahmtem rostbraunem Brustfeld. ♂ oberseits mit grünlichen Flecken und schwarzer Kehle, ♀ oberseits gebändert, Kehle weißlich, darunter zusätzliches schwarzes Halsband. **S** Ruft aufgescheucht oder auf dem Flug zur Tränke guttural „katar katarr". **L** Trockenes Gelände und Halbwüsten in Nordafrika und Vorderasien, in Europa nur auf der Iberischen Halbinsel und in Südfrankreich (Crau). Fliegt früh morgens in oft großen Trupps zur Tränke. **V** -.

6 | Steppenflughuhn G 30 cm

Syrrhaptes paradoxus (nicht abgebildet) **K** Wirkt fast wie eine Kreuzung aus Sand- und Spießflughuhn: Bei beiden Geschlechtern Bauch schwarz, aber mittlere Steuerfedern verlängert, jedoch sehr spitze und helle Flügel unterseits ganz weißlich, Kehle immer hell. Kopf blass orange, ♂ mit einfarbig hellgrauer Brust, ♀ mit schmalem schwarzem Halsband und gefleckten Brustseiten. **S** Ruft „giöck" und „köckri". **L** Brutvogel mittelasiatischer Steppen, unternahm früher regelmäßig gewaltige Invasionen nach Westeuropa (zuletzt 1888). **V** A.

JK
SK
PK
1 | Trauerseeschwalbe
SK
PK
PK
JK
SK
2 | Weißflügel-
Seeschwalbe
SK
PK
JK
SK
PK
3 | Weißbart-
Seeschwalbe
SK
PK
♂
♀
4 | Sandflughuhn
♂
♀
♂
♂
5 | Spießflughuhn

TAUBEN

1 | Felsentaube 230 G 33 cm, Sp 65 cm

Columba livia **K** Stammform der Straßentaube, von dieser manchmal kaum unterscheidbar. Typische Kennzeichen reiner Felsentauben sind hellgraue Oberseite, leuchtend weißer Bürzel, zwei schwarze Querbinden auf dem Armflügel und weiße Unterflügel. Gestalt und rasante Flugweise wie Straßentaube, meist in Trupps. **S** Gurrt wie Straßentaube in einer Serie dumpf „drru-oo-uh", segelt bei der Flugbalz auf v-förmig gehaltenen Flügeln. **L** In Südeuropa lokal häufig in Gebirgen und an Felsküsten, auch in Irland und Nordwest-Großbritannien; Nester in Höhlen, Spalten und auf Felsbändern. **V** -.

2 | Straßentaube 230 G ca. 33 cm, Sp ca. 65 cm

Columba livia f. *domestica* **K** Stammt von verwilderten Brief- und anderen Zuchttauben ab, die aus der Felsentaube gezüchtet wurden. Gefieder sehr variabel und von weiß über braun bis schwarz in fast allen Farbtönen und -kombinationen zu sehen, oft aber auch der Stammform Felsentaube sehr ähnlich. Besonders im Flug mit vielen Vogelarten verwechselbar, z. B. Watvögeln, Möwen, Flughühnern, kleinen Greifvögeln und Falken. **S** Wie Felsentaube, Jungvögel betteln mit langem dünnem Fiepen. **L** Brütet in Städten und Dörfern in Nischen von Häusern und Türmen, zur Nahrungssuche auch auf Feldern. **V** BJ.

3 | Hohltaube 231 G 30 cm, Sp 63 cm

Columba oenas **K** Überwiegend graue Taube in Wäldern und alten Parks, ohne Weiß im Gefieder und ohne Halsring. Armflügel nur mit zwei kurzen schwarzen Binden, Bürzel grau, ebenso Unterflügel (bei Felsen- und Straßentaube weiß), Auge dunkel. Zieht manchmal gemeinsam mit Ringeltauben, fällt im Flug dann durch geringere Größe und kürzeren Schwanz auf. **S** Singt dumpf und hohl „oo-uo oouo", Balzflug mit tiefen Flügelschlägen und langer Gleitstrecke auf hoch gereckten Flügeln. **L** Brütet in Wäldern und Parks, im Gegensatz zu den anderen Tauben nicht frei, sondern in Baumhöhlen. **V** BZ 2-10, w.

4 | Ringeltaube 232 G 41 cm, Sp 73 cm

Columba palumbus **K** Größte Taube, in fast ganz Europa häufig, durch breites weißes Flügelband unverwechselbar, Altvögel ferner mit großem, weißem Halsseitenfleck, der im JK noch fehlt. Zur Brutzeit paarweise, sonst in Trupps. **S** Balzt dumpf „dru-du, du duu-du", ferner im Frühjahr aufwärts führender Balzflug mit Flügelklatschen und Abwärtsgleiten. **L** Brütet in Wäldern, Parks, Gärten, zunehmend in Städten, Nahrungssuche auch auf Feldern und Wiesen. **V** BZ 2-10, stellenweise W.

5 | Turteltaube 233 G 26 cm, Sp 51 cm

Streptopelia turtur **K** Kleine, oft scheue Taube mit recht langen Flügeln, meist in locker mit Gehölzen bestandener Landschaft. Oberseite orangebraun und schwarz gemustert, auf den Halsseiten schwarze und weiße Schrägstriche, die im JK noch fehlen. Im ruckartigen Flug von der Türkentaube an kontrastreicher Färbung des schwärzlichen Schwanzes mit abgesetzter weißer Endbinde, weißem Bauch und dunklen Unterflügeln unterscheidbar. **S** Singt schnurrend „turrrr turrr". **L** Besiedelt offene Wälder, Auwälder, Feldgehölze, Obstplantagen, überwintert im tropischen Afrika und wird während des Zugs häufiges Opfer von Jägern. **V** BZ 4-9.

6 | Türkentaube 234 G 32 cm, Sp 52 cm

Streptopelia decaocto **K** Kleine, wenig scheue, fahle Taube des menschlichen Siedlungsbereichs. Gefieder recht einfarbig hell graubraun mit kennzeichnendem schwarzem Nackenband, das lediglich im JK fehlt. Im Flug wenig kontrastreich mit verwaschen abgesetzter weißer Schwanzendbinde (von unten aber deutlicher), hellen Unterflügeldecken und einheitlich beiger Körperunterseite. **S** Balzt dumpf, aber heller als Ringeltaube dreisilbig „du-duuu du", meist von erhöhter Warte; ruft im Flug heiser „chrää". **L** Lebt nahezu ausschließlich in Städten und Dörfern, kann von März bis November brüten. **V** BJ, ist erst etwa 1950 vom Balkan nach Mitteleuropa und seitdem weit darüber hinaus eingewandert.

7 | Palmtaube 235 G 24 cm, Sp 42 cm

Streptopelia senegalensis **K** Durch langen Schwanz und kurze Flügel ähnlich einer kleinen Ausgabe der Türkentaube, aber viel dunkler, mit ähnlicher weißer Schwanzendbinde wie Turteltaube, aber großem, blaugrauem Feld auf dem Oberflügel und kennzeichnendem schwarz gesprenkeltem Schal auf der Vorderseite des Halses. Sehr vertraut, auch in dicht bebauten Städten zu sehen. **S** Balzt mit fünfsilbigem, schnellem, gedämpftem Gurren, dritte und vierte Silbe etwas höher „dododuuduudo". **L** Hauptsächlich von Nordafrika bis Mittelasien verbreitet, brütet in Europa nur in Istanbul auch auf europäischer Seite des Bosporus (sowie in anderen türkischen Städten, wohl meist ausgesetzt). **V** -.

1 | Felsentaube
2 | Straßentaube
Variationen
3 | Hohltaube
JK
4 | Ringeltaube
JK
5 | Turteltaube
JK
7 | Palmtaube
6 | Türkentaube
JK

SCHLEIEREULEN

1 | Schleiereule 236 G 36 cm, Sp 88 cm

Tyto alba **K** Mittelgroße, insgesamt sehr helle Eule der Kulturlandschaft und des Siedlungsbereichs. Heller, herzförmiger Gesichtsschleier mit schwarzen Augen, Unterseite in Westeuropa weiß (Unterart *alba*), in Mittel- und Osteuropa orangegelb (Unterart *guttata*), Oberseite grau und gelblichbraun ohne deutliche Musterung. Auch im Flug sehr einfarbig, Flügel ober- und unterseits ohne auffallende dunkle Abzeichen. **S** Ruft fauchend „schrch" und heiser „schriiii"; Jungvögel betteln mit schnarchenden Lauten. **L** Offene Landschaft, benutzt als Brutplatz Nischen an und in Gebäuden. **V** BJ.

EULEN

2 | Zwergohreule 237 G 20 cm, Sp 50 cm

Otus scops **K** Kleine, rindenfarbige Eule offener, gehölzbestandener Landschaften Südeuropas mit kurzen, dicken Federohren und gelber Iris. Das braune, mit feinen schwarzen Markierungen versehene Gefieder kann rötlich bis gräulich getönt sein. Flugweise weniger wellenförmig als Steinkauz (oft im selben Lebensraum), direkter und auf längeren, schlankeren Flügeln. **S** Balzt alle 3 Sekunden flötend „tjuuk", oft von Paaren im Duett zu hören, klingt ähnlich Geburtshelferkröte (vgl. S. 187). **L** Baumbestandene Kulturlandschaften Südeuropas, auch Alleen und alte Gärten; überwintert in Afrika. **V** In Süddeutschland sehr selten bz 4-9, sonst A.

3 | Waldohreule 238 G 34 cm, Sp 92 cm

Asio otus **K** Verbreitetste und häufigste Ohreule Europas, wie eine Kleinausgabe des Uhus, aber viel kleiner (und häufiger), schlanker und schmalflügeliger mit leichtem, möwenähnlichem, gaukelndem Flug. Gefieder rindenartig gemustert, lange Federohren (im Flug und in entspannter Haltung aber angelegt), Iris orange. Im Flug im Unterschied zum Uhu Bauch gestreift, Flügelspitze und Schwanz eng gebändert. Noch nicht flugfähige Ästlinge stehen im Frühjahr oft am Boden oder niedrig auf Bäumen und machen sich durch ihre Bettelrufe bemerkbar. Kleine Trupps bilden im Winter oft Schlafgemeinschaften in dichten Baumgruppen. **S** Balzt alle 3 Sekunden dumpf „huu", ♀ ruft nasal „pääh"; Warnruf „kwäck kräck", Bettelruf der Jungvögel „pii-äh". **L** Nadelwälder, Feldgehölze, auch Parks, brütet oft in verlassenen Krähennestern. **V** BJZW.

4 | Sumpfohreule 239 G 37 cm, Sp 100 cm

Asio flammeus **K** Bewohnt offenes, oft feuchtes Gelände, jagt schon in der Dämmerung und sogar tagsüber. Kann leicht mit der Waldohreule verwechselt werden, ist aber heller mit kurzen, oft unsichtbaren Federohren und hat gelbe, schwärzlich umrandete Augen. Unterscheidet sich im Flug auch durch einfarbig dunkle Flügelspitze, breit weißen Flügelhinterrand, kaum gestreiften Bauch und grobe Schwanzbänderung. **S** ♂ singt im Balzflug „dudududu …", oft verbunden mit Flügelklatschen, ♀ ruft „tschii-op"; Warnruf „tschäff". **L** Moore, Heiden, Feuchtwiesen, offene Landschaft (Bodenbrüter). **V** bzw, nur lokal und selten, überwiegend im Norden.

5 | Uhu 240 G 66 cm, Sp 155 cm

Bubo bubo **K** Größte Eule, schwer und massig mit plustrigem Gefieder und langen Federohren, allenfalls mit der viel kleineren und schlankeren Waldohreule verwechselbar. Oberseite wie Kiefernrinde gefärbt, Unterseite rostgelb, Iris orange. Fliegt schnell mit flachen Schlägen der breiten Flügel, Federohren dabei angelegt. **S** ♂ balzt meist in der Dämmerung laut und tief „uu-hu", ♀ antwortet etwas höher und ruft auch rau „rräh-he", warnt scharf „kwä kwä", auch wiederholt und mit Schnabelknappen; Jungvögel betteln „tschu-üsch". **L** In weiten Teilen Europas in Bergland und einsamen Wäldern, oft mit Felswänden (Brutplatz); in den letzten Jahrzehnten in Deutschland ausgesetzte Vögel brüten inzwischen aber recht vertraut selbst in Städten und an Kraftwerken. **V** bj.

6 | Schneeeule 241 G 60 cm, Sp 138 cm

Bubo scandiacus **K** Sehr große Eule der Tundra und des offenen Berglands in Nordeuropa, oft tagsüber aktiv und frei auf niedrigen Warten stehend. Durch Größe, überwiegend weißes Gefieder und gelbe Augen unverwechselbar (außer mit manchmal sehr weißen Mäusebussarden). Altes ♂ fast ganz weiß, ♀ auf dem Bauch schwach gebändert und oberseits kräftig quer gefleckt (sowie deutlich größer), bei unausgefärbten Vögeln schwarzbraune Bänderung und Fleckung deutlicher. **S** ♂ balzt dumpf stöhnend „gooh" und warnt entenähnlich „kräk-kräk-kräk"; ♀ warnt „bjij, bjij bjij", hungrige Jungvögel quietschen. **L** Nordeuropäische Tundra, besonders Regionen mit vielen Lemmingen und Wühlmäusen. **V** A, oft auch aus Gefangenschaft entflohen.

guttata
alba
1 | Schleiereule
grau
rötlich
2 | Zwergohreule
3 | Waldohr-
eule
Ästling
5 | Uhu
Ästling
4 | Sumpfohreule
Ästling
6 | Schneeeule
♂
Ästling
♂
♀

Eulen

1 | Waldkauz 242 — G 40 cm, Sp 90 cm

Strix aluco **K** Häufige, in Wäldern und Parks weit verbreitete Eule von kompakter Gestalt, mit rundem Kopf und schwarzen Augen. Grundton des Gefieders variiert von grau- bis rotbraun, auf den inneren Schulterfedern weiße Flecken wie eine Perlenschnur. Im Flug breitflügelig und kurzschwänzig, Flügel gebändert ohne hellen Bereich auf dem Handflügel. **S** ♂ balzt mit dem aus gruseligen Filmen bekannten „huuh, hu-huhu huuh"; ♀ ruft „kju-wit", Jungvögel betteln fauchend „psiib". **L** Wälder, Parks mit alten Bäumen (Höhlenbrüter), tagsüber manchmal auch in Mauernischen. **V** BJ.

2 | Habichtskauz 243 — G 55 cm, Sp 115 cm

Strix uralensis **K** Großer Kauz alter Wälder, nur mit Wald- oder Bartkauz zu verwechseln. Größer, fahler und gelblicher als Waldkauz, längerer Schwanz leicht keilförmig, schwarze Augen von blassem Gesichtsschleier umgeben. Im bussardähnlichen Flug Schwanz und Oberflügel gleichmäßig gebändert. **S** Balzt siebensilbig „wuhu, wuhu o-wuhu"; ♀ ruft krächzend „kruäw". **L** Brütet in nordeuropäischer Taiga, lokal im Bergland in Südost-Europa, brütet in Nistkästen, Baumhöhlen oder alten Greifvogelnestern, am Brutplatz sehr aggressiv. **V** b, ausgesetzte Vögel im Nationalpark Bayerischer Wald, in Österreich und an anderen Orten.

3 | Bartkauz 244 — G 64 cm, Sp 138 cm

Strix nebulosa **K** Größter Kauz mit gewaltigem, rundem Kopf, durch konzentrische Kreise geziertem Gesichtsschleier und gelben Augen. Gefieder grau mit dunkler grauer Musterung. Kann im Flug nur mit Habichtskauz und Uhu verwechselt werden, hat aber aufgehellte Handflügelbasis und breite dunkle Schwanzendbinde. **S** Balzt mit einer Serie von 10-12 tief pumpenden Tönen, zum Ende abfallend, nur 400 Meter weit hörbar, ♀ antwortet dünn „tchepp-tschep-tchep"; Warnruf tief murrend „grrroou". **L** Alte nordeuropäische Taiga mit offenen Flächen, brütet oft auf Baumstümpfen oder in alten Greifvogelnestern, dort oft vertraut, aber manche Männchen auch sehr aggressiv. **V** -.

4 | Raufußkauz 245 — G 25 cm, Sp 56 cm

Aegolius funereus **K** Kleiner Kauz dunkler Wälder mit großem, etwas eckigem Kopf mit hellem Gesicht und gelben Augen, oberseits massiv dunkelbraun mit weißlichen Fleckenreihen, unterseits diffus dunkel gefleckt. Ästlinge sind auffallend schokoladenbraun, im Gegensatz zu anderen kleinen Eulen auch auf dem Bauch. **S** Singt weit hörbar mit Okarinaklang leicht ansteigend „pu pu pu-pupupupu" mit gewissen Variationen und ruft schnalzend „zjuck"; Ästlinge betteln kurz „ksi". **L** Bewohnt dichte Nadel- und Mischwälder, oft im Bergland, mit als Brutplatz dienenden Höhlen (oft vom Schwarzspecht gezimmert). **V** BJ.

5 | Steinkauz 246 — G 25 cm, Sp 53 cm

Athene noctua **K** Kleiner Kauz offener Landschaften mit langen Beinen, kurzem Schwanz und breitem, flach gerundetem Kopf. Gefieder oberseits graubraun mit weißer Sprenkelung, unterseits weißlich mit breiten braunen Stricheln, Gesichtsschleier verwaschen, dafür gelbe Augen mit weißen „Augenbrauen" auffallend. Steht oft in fast waagerechter Körperhaltung und knickst bei Erregung mit dem Körper. Auch tagaktiv, steht dann gern frei auf Warten und zeigt einen ausgeprägten Wellenflug. **S** Balzt lang gezogen und ansteigend „guh-ug"; ruft scharf „kiju" und warnt hart und hoch „ki kikit", Jungvögel äußern zischende Bettelrufe. **L** Offene Landschaft, oft mit Kopfweiden oder Ställen als Brutplatz, auch Dörfer. **V** BJ, abnehmend.

6 | Sperlingskauz 247 — G 17 cm, Sp 35 cm

Glaucidium passerinum **K** Kleinste europäische Eule, nur knapp starengroß und fast nur in der Dämmerung aktiv. Kleiner runder Kopf, manchmal winzige Federohren sichtbar, Auge gelb mit kurzem weißem Überaugenstreif, Gefieder weiß geperlt und gebändert. Steht gern auf Warten und hebt dabei den Schwanz leicht an. Flug schnell, über größere Entfernungen wellenförmig, an Star oder Kleinspecht erinnernd. **S** Herbstbalz eine Serie tonleiterartig ansteigender Pfiffe, sonst etwa in Sekundenabstand gimpelähnlich flötend „hjük", manchmal mit eingestreutem leisem „huhuhu"; ♀ ruft lang und dünn „ziiih", Bettelruf ähnlich, aber kürzer. Bei Dunkelheit stumm. **L** Nadel- und Mischwälder mit Lichtungen und alten Spechthöhlen als Brutplatz, meist im Bergland. **V** BJ, lokal.

7 | Sperbereule 248 — G 39 cm, Sp 76 cm

Surnia ulula **K** Durch gebänderte Unterseite, langen Schwanz und spitze Flügel sperberähnliche Eule der nördlichen Taiga. Oft tagaktiv, kann auch im Flug leicht mit Sperber verwechselt werden, doch Kopf groß mit dunkel umrahmtem weißem Gesicht. **S** Balzt mit langem Triller; warnt falkenähnlich „kikikiki", Jungvögel betteln „pssii-ip". **L** Offene Taiga. **V** A.

1 | Waldkauz
grau
braun
Ästling
2 | Habichtskauz
Ästling
3 | Bartkauz
Ästling
in Bruthöhle
4 | Raufußkauz
Ästling
5 | Steinkauz
Ästling
6 | Sperlingskauz
Ästling
7 | Sperbereule
Ästling

Segler · Kuckucke · Schwalmvögel

SEGLER

1 | Mauersegler 249 G 18 cm, Sp 42 cm

Apus apus **K** Häufigster Segler, in fast ganz Europa und in nahezu sämtlichen Lebensräumen anzutreffen, fast immer nur im Flug und meist in Trupps. Jagt oft zusammen mit Schwalben, ist aber größer, hat reißenderen Flug auf sichelförmigen Flügeln, nur wenig gegabelten Schwanz und ist insgesamt schwärzlich, nur an der Kehle weißlich. **S** Ruft schrill und laut „srrieh". **L** Brütet in Gebäudenischen, auch an Felsen, selten in Baumhöhlen; jagt überall. **V** BZ 5-8.

2 | Fahlsegler 250 G 17 cm, Sp 42 cm

Apus pallidus **K** Südeuropäischer Segler, kaum vom Mauersegler unterscheidbar, etwas bräunlicher, heller Kehlfleck größer, hellere Arm- und innere Handschwingen von dunkleren äußeren Handschwingen und dunklerem Mantel leicht abgesetzt, dunkle Augenumgebung von helleren Kopfseiten abgehoben, Flügel stumpfer. Unausgefärbte Mauersegler im zweiten Kalenderjahr können oft sehr ähnlich aussehen. **S** Tiefer als Mauersegler abfallend „vriije". **L** Städte und Felsen in Südeuropa. **V** A, aber bz 4-10 in der Südschweiz.

3 | Alpensegler 251 G 22 cm, Sp 55 cm

Tachymarptis melba **K** Größter Segler, fast falkenähnlich, durch braune Oberseite und weiße Unterseite mit dunklem Brustband unverwechselbar. **S** Ruft trillernd an- und abschwellend „tritritritititi". **L** Südalpen, Felsen und Städte Südeuropas. **V** bz 4-9, in Deutschland nur an Gebäuden in einigen Städten Baden-Württembergs, z. B. Freiburg, aber häufiger Österreich und Schweiz.

4 | Weißbürzelsegler 252 G 15 cm, Sp 35 cm

Apus caffer **K** Kleiner, schwarzer Segler, Kehle, Armflügel-Hinterrand und schmal rechteckiger Bürzel kontrastreich weiß abgesetzt, langer Schwanz tief gegabelt. **S** Ruft eher tief und holprig beginnend „tchit-tchit-tchit-tjürrr". **L** Afrikanische Art, brütet in Europa nur lokal in Südspanien in alten Rötelschwalbennestern. **V** -.

5 | Haussegler 253 G 13 cm, Sp 33 cm

Apus affinis **K** Sehr selten, vom Weißbürzelsegler unterschieden durch kürzeren, gerade abgeschnittenen Schwanz, größeres, bis auf die Hinterflanken reichendes weißes Bürzelfeld und fehlenden hellen Armflügel-Hinterrand. **S** Ruft hell zwitschernd. **L** Afrikanische und asiatische Art in Städten und an Felswänden, in Europa erst neuerdings lokaler Brutvogel in Südspanien. **V** A.

KUCKUCKE

6 | Kuckuck 254 G 34 cm, Sp 57 cm

Cuculus canorus **K** Oberseite, Kopf und Brust grau, Bauch quergebändert. ♀ auch auf der Brust rostgelb gebändert, in einer seltenen Morphe Oberseite und Brust rostbraun und insgesamt schwärzlich gebändert. Auch im JK manchmal bräunlich und immer mit weißem Nackenfleck. Im Flug durch spitze Flügel und langen Schwanz falkenähnlich, aber schnelle, etwas kraftlose Flügelschläge kaum über der Horizontalen, kleiner Kopf vorgestreckt und leicht angehoben, kein Gleitflug. **S** ♂ singt gereiht das bekannte „kuckuck" oder „guu-ku", bei Verfolgungsflügen fauchend „gauch"; ♀ ruft glucksend „bübübübü", Jungvögel betteln hoch „srii". **L** Bewohnt fast alle Lebensräume, in denen für die Eiablage geeignete Sperlingsvögel als Wirte brüten. **V** BZ 4-9.

7 | Häherkuckuck 255 G 37 cm, Sp 60 cm

Clamator glandarius **K** Langschwänziger als der Kuckuck, oberseits grau mit weißen Flecken und Binden übersät, unterseits ungebändert hell. Bei Altvögeln Scheitel grau mit angedeutetem Schopf, vom JK bis 1. S Scheitel und Oberseite schwärzlich, Handschwingen auffallend rostbraun statt grau. Oft am Boden. **S** Ruft laut ratternd „tjerr tjerr tjerr tje tje". **L** Offene Landschaften Südwest-Europas und Ostgriechenlands, legt seine Eier bevorzugt in Elsternester. **V** A.

NACHTSCHWALBEN

8 | Nachtschwalbe 256 G 27 cm, Sp 56 cm

Caprimulgus europaeus **K** Liegt tagsüber lang gestreckt und rindenfarbig getarnt auf dem Boden oder einem Ast. Jagt nachts im Flug Insekten (melkt aber keine Ziegen, obwohl er früher Ziegenmelker genannt wurde). Flugbild falkenähnlich, ♂ mit weißen Flecken auf äußeren Handschwingen und Schwanzecken. **S** ♂ singt nachts ausdauernd schnurrend „errrrrr-örrrrrr-errrrrr", dazwischen im Flug „fiorr-fiorr-fiorr" und mechanisch erzeugtes Flügelknallen; ruft auch froschähnlich „krruit". **L** Heiden, Moore, Waldränder, offenes Gelände. **V** BZ 5-9, abnehmend.

9 | Rothals-Nachtschwalbe 257

G 32 cm, Sp 62 cm *Caprimulgus ruficollis* **K** Größer und langschwänziger als Nachtschwalbe, mit rötlichem Halsband, grauem Flügelbug und gleichmäßig breiten Flügelbinden; auch ♀ mit weißen Flügel- und Schwanzabzeichen, aber schwächer. **S** ♂ singt ausdauernd zweisilbig „kjotok-kjotok …", ♀ ruft leiser „tsche-tsche-tsche …". **L** Verbuschte Heide und Pinienwälder in Spanien. **V** -.

1 | Mauersegler
4 | Weißbürzel-
segler
5 | Haus-
segler
3 | Alpensegler
2 | Fahlsegler
7 | Häherkuckuck
6 | Kuckuck
Jungvogel in
Teichrohrsänger-
Nest
JK
♀ braune Morphe
♂
8 | Nachtschwalbe
♂
9 | Rothals-Nachtschwalbe
♀
♂

RACKEN

1 | Blauracke 258 G 30 cm, Sp 55 cm

Coracias garrulus **K** Überwiegend blauer Vogel etwa von der Größe und Gestalt einer Dohle, der gern frei auf Warten, z. B. Leitungsdrähten steht. Mantel und Schulterfedern braun, sonstiges Gefieder überwiegend türkisblau mit dunkelblauen Partien auf Flügeln und Schwanzbasis. JK blasser und bräunlicher mit gestrichelter Brust. **S** Ruft krächzend „rak-ak", „rrahk", kiebitzartig gaukelnder Balzflug. **L** Offene Landschaft mit alten Bäumen (Höhlenbrüter) und Ansitzwarten (fängt am Boden Insekten und kleine Wirbeltiere) in Süd- und Osteuropa. **V** Früher b, heute A, aber noch b in Ostösterreich.

SPINTE

2 | Bienenfresser 259 G 26 cm, Sp 38 cm

Merops apiaster **K** Mittelgroßer, sehr schlanker und exotisch bunter Vogel mit langem, sanft abwärts gebogenem Schnabel, schmalen Flügeln und langem Schwanz, dessen mittlere Steuerfedern bis zu 3 cm verlängert sind. Gelbe Kehle durch dunkles Halsband begrenzt, Oberseite im blasseren JK grünlich. Gesellig, steht oft auf Drähten oder jagt im Flug Insekten. **S** Fällt häufig durch die Stimme auf, rollend „prrüt" und flüssig „glütt". **L** Offene Landschaft mit Steilwänden für die meist in Kolonien angelegten Brutröhren. **V** BZ 5-9, lokal besonders im Süden und Osten, zunehmend, auch Ostösterreich.

3 | Blauwangenspint G 24 cm, Sp 37 cm

Merops persicus **K** Ähnlich Bienenfresser, doch Gefieder überwiegend smaragdgrün ohne Braun auf Scheitel und Mantel, Kehle rotbraun, Schwanzspieße bis zu 8 cm verlängert. Im Flug Unterflügeldecken intensiv statt blass rostbraun, Flügel mit gleichmäßig schmalem statt zum Körper hin breiter werdendem schwarzen Hinterrand. **S** Ruft etwas härter und höher als Bienenfresser. **L** Brütet in Halbwüsten Nordafrikas und Mittelasiens, in Europa nur östlich des Schwarzen Meeres. **V** A.

EISVÖGEL

4 | Eisvogel 260 G 18 cm, Sp 22 cm

Alcedo atthis **K** Klein und untersetzt mit großem Kopf, langem Dolchschnabel, kurzen, korallenroten Beinen und Stummelschwanz, durch metallisch blaue Ober- und orangerote Unterseite exotisch anmutend. Unterschnabelbasis beim ♀ meist rötlich, Gefieder im JK weniger glänzend, Schnabel anfangs kürzer mit weißlicher Spitze. Jagt auf Warten am Gewässerrand stehend oder aus dem Rüttelflug nach Kleinfischen und Wasserinsekten. Fliegt pfeilschnell und geradlinig meist dicht über der Wasseroberfläche. **S** Ruft hoch und durchdringend „ti ti" und „zii". **L** Ganzjährig Gewässer aller Art, benötigt zur Brutzeit aber Steilwände am Ufer, in die er seine Bruthöhle gräbt. **V** BJZW.

WIEDEHOPFE

5 | Wiedehopf 261 G 27 cm, Sp 46 cm

Upupa epops **K** Durch aufrichtbare „Indianerhaube", langen, sanft gebogenen Schnabel, zimtbraunes Gefieder und schwarzweiße Bänderung der runden Flügel unverwechselbar. Stochert nach Wirbellosen und deren Larven, fliegt meist niedrig, etwas flapsig und unstet. **S** Singt dreisilbig hohl „hup-hup-hup"; ruft heiser „schaar" und trocken „terr". **L** Offene Landschaft mit Gehölzen, gern Weinbaugebiete oder Wiesen mit Weidevieh und Bruthöhlen in Bäumen, Ställen, Stein- oder Erdhaufen. **V** bz 4-9, nur noch lokal besonders im Südwesten und Osten.

PAPAGEIEN

6 | Halsbandsittich 262 G 40 cm, Sp 45 cm

Psittacula krameri **K** Ein vielerorts eingeführter Papagei, mittelgroß und langschwänzig, leuchtend grün und mit typischem Papageienschnabel. ♂ mit schwarzem Kinn und Halsring sowie bläulichem und rosa Band im Nacken und bis zu 28 cm langem Schwanz, ♀ und Jungvögel mit einfarbig grünem Kopf und kürzerem Schwanz. Tritt meist in Gruppen auf und bildet oft große Schlafgemeinschaften. **S** Ruft laut kreischend „kiio", „kiak". **L** Heimat Asien und tropisches Afrika, in vielen Regionen Europas eingebürgert, meist in Parks mit alten Bäumen (Höhlenbrüter). **V** bj, besonders im Südwesten Deutschlands.

7 | Alexandersittich G 58 cm

Psittacula eupatria **K** Deutlich größer als Halsbandsittich, Schwanz bis zu 35 cm lang, rotbrauner Streif am Flügelbug, Schnabel höher, auch Unterschnabel rot. **S** Ruft „trriu", „kiiarr". **L** Heimat Südasien, mancherorts in Parks eingebürgert. **V** bj, besonders Rheinland.

8 | Mönchssittich G 33 cm

Myiopsitta monachus **K** Kleiner als Alexander- und Halsbandsittich, Gesamteindruck grün, aber Stirn und Brust grau, Schwungfedern blau. **S** Ruft metallisch raspelnd „tschääp". **L** Heimat Südamerika, vielerorts in Europa eingebürgert. **V** bj, nur selten und sehr lokal besonders im Rheinland.

JK
1 | Blauracke
JK
2 | Bienenfresser
4 | Eisvogel
♂
♀
3 | Blauwangenspint
5 | Wiedehopf
6 | Halsbandsittich
♂
♂
7 | Alexandersittich
8 | Mönchssittich

SPECHTE

1 | Grünspecht 263 G 33 cm, Sp 48 cm

Picus viridis **K** Ein großer Specht mit überwiegend grünem Gefieder und feuerrot leuchtender, bis in den Nacken reichender Scheitelfärbung und schwarzer Maske. Auge weißlich, im wellenförmigen Flug gelblicher Bürzel und gebänderte äußere Steuerfedern sichtbar. Bartstreif beim ♀ ganz schwarz, beim ♂ mit roter Füllung. Im JK im Gegensatz zum Grauspecht im JK oberseits weißlich und unterseits schwärzlich gefleckt. Hält sich viel am Boden auf, um nach Ameisen zu suchen. **S** Gesang laut und hell lachend „klüklüklüklüklü", nicht deutlich abfallend, aber am Schluss oft etwas beschleunigt, Flugruf „kjükjük-jück"; trommelt selten, mit 1,5 Sekunden etwa doppelt so lange wie Buntspecht und sehr schwach. **L** Offene Wälder, alte Obstplantagen und Parks. **V** BJ.

2 | Iberiengrünspecht 264 G 32 cm

Picus sharpei **K** Vertritt den Grünspecht auf der Iberischen Halbinsel und wurde früher als dessen Unterart betrachtet. Insgesamt fast identisch, aber mit grauer Augenregion statt schwarzer Maske, schwacher bis fehlender Bänderung von Flanken und Steiß, etwas kürzerem Schnabel und beim ♂ nicht oder nur unten schwarz begrenztem Bartstreif. Achtung, in Mitteleuropa gelegentlich vorkommende Hybriden zwischen Grün- und Grauspecht sehen meist sehr ähnlich aus! **S** Wie Grünspecht. **L** Von den Pyrenäen über die gesamte Iberische Halbinsel. **V** -.

3 | Grauspecht 265 G 30 cm, Sp 39 cm

Picus canus **K** Ein überwiegend grüner Specht, der nur mit dem größeren Grünspecht verwechselt werden kann. Kopf grau mit nur dünnem schwarzem Zügel- und Bartstreif, Auge bräunlich, Grün der Oberseite matter, Unterseite grauer und ohne Flankenbänderung, im Flug ungebänderte äußere Steuerfedern. Nur beim ♂ Stirn rot, beim ♀ grau. JK wie Alterskleid, nur etwas matter gefärbt. Ebenfalls oft am Boden, aber häufiger als Grünspecht auch hoch in Bäumen. **S** Gesang eine Serie abfallender lauter Pfiffe, am Schluss langsamer werdend „kjükjükjükjü-kjü-kjü kjü", im Gegensatz zum Grünspecht eher traurig als lachend, ruft auch „tük" und in Serie laut „kja"; trommelt oft, ein gleichmäßig schneller und recht lauter Wirbel dauert 1,2-1,5 Sekunden. **L** Alte Wälder und Parks, oft mit mehr Nadelholz und in höheren Lagen als Grünspecht. **V** BJ, fehlt in weiten Teilen der Norddeutschen Tiefebene.

4 | Schwarzspecht 266 G 43 cm, Sp 70 cm

Dryocopus martius **K** Größter Specht, etwa krähengroß und durch ganz schwarzes Gefieder unverwechselbar. Nur Schnabel und Auge elfenbeinweiß, ferner beim ♂ die gesamte Kopfplatte, beim ♀ nur der Hinterkopf feuerrot. Im JK schon wie Altvögel, nur etwas matter schieferschwarz und oft mit weißlicher Kehle. Flug nicht wellenförmig wie bei anderen Spechten, sondern waagerechter, etwas unstet und krähenartig, aber Hals und Schwanz lang, Flügelbasis stark eingeschnürt. Nisthöhle mit großem stark ovalem statt wie bei anderen Spechten fast rundem Einflugloch. **S** Gesang ein lautes, unbändiges Lachen „kloikloi klöklöklöklö", zögernder beginnend als Grünspecht, dafür aber am Schluss konstant bleibend, ruft ferner auch im Flug „grigrigrigri" und lang „klii-ööh"; Trommelwirbel laut, eher langsam und 2-3 Sekunden andauernd. **L** Alte Laub-, Misch- und Nadelwälder. **V** BJ.

5 | Wendehals 267 G 17 cm, Sp 26 cm

Jynx torquilla **K** Erinnert mehr an einen Sperlingsvogel als an andere Spechte, trägt ein rindenfarbiges Tarngefieder, hat einen schwachen Schnabel (zimmert seine Nisthöhle nicht selbst), hängt nicht an Stämmen, sondern steht auf Zweigen (oft hoch in Baumkronen versteckt, dann ockergelbe Kehle und weißlicher Bauch mit schmaler Querbänderung kennzeichnend) und hüpft bei der Ameisenjagd (Hauptnahrung) am Boden. Weitere Kennzeichen sind der bis auf die Halsseite reichende dunkle Augenstreif, die drei dunklen Längsstreifen auf der Oberseite und im singvogelartigen, raschen, flachen Bogenflug der gebänderte Schwanz. **S** Singt nasal quäkend laut „däähd däähd däähd däähd …", warnt hart „teck" und zischt bei Bedrohung in der Bruthöhle; trommelt nicht. **L** Bewohnt offene Wälder, Obstplantagen, alte Parks und Gärten, sofern genügend Ameisen am Boden erreichbar sind. Zimmert die Nisthöhle nicht selbst, bezieht auch Nistkästen. Einzige ziehende Spechtart, überwintert südlich der Sahara. **V** BZ 4-9, stark abnehmend.

1 | Grünspecht
JK
♀
♂
♂
2 | Iberiengrünspecht
3 | Grauspecht
♂
♂
♀
4 | Schwarzspecht
♀
♂
5 | Wendehals

1 | Dreizehenspecht 268 G 23 cm, Sp 33 cm

Picoides tridactylus **K** Schwarzweißer Specht ohne Rot im Gefieder, nur ♂ auf Scheitel goldgelb meliert, etwas kleiner als Buntspecht. Kopf mit dachsähnlichem Streifenmuster, Flügel überwiegend schwarz, weiße Unterseite schwärzlich gebändert. Nordeuropäische Unterart *tridactylus* mit weißem Band vom Nacken bis zum Bürzel, dieses bei der mittel- und südeuropäischen Unterart *alpinus* schmaler sowie massiv dunkel gebändert. Besitzt nur eine nach hinten weisende Zehe. **S** Ruft weicher als Buntspecht „kip", Trommelwirbel mit 1-1,5 Sekunden etwa zwischen Weißrücken- und Buntspecht, kräftiger und langsamer als Buntspecht, am Schluss leicht beschleunigt, ähnlich Schwarzspecht, aber nur halb so lang. **L** Naturnahe alte Wälder mit viel Nadel- und Totholz, häufig in nördlicher Taiga, im Süden fast nur Bergwälder. **V** bj, in Deutschland nur Alpen, Böhmer- und neuerdings Schwarzwald.

2 | Weißrückenspecht 269 G 26 cm, Sp 39 cm

Dendrocopos leucotos **K** Größter schwarz-weiß-roter Specht, am besten gekennzeichnet durch die breite weiße Bänderung auf Flügeldecken, Schultern und Rücken (statt des weißen längsovalen Felds auf den Schulterfedern bei Bunt-, Blut- und Mittelspecht). Steiß rosarot, Flanken gestrichelt, Scheitel bei ♂ rot, bei ♀ schwarz, im JK aber immer rot. Weißer Rücken und Bürzel meist wenig auffällig, bei der südost-europäischen Unterart *lilfordi* Bürzel sogar schwarz und Rücken dunkel gebändert. **S** Ruft tiefer und weicher als Buntspecht „güg"; Trommelwirbel länger als bei diesem, dauert etwa 1,5-2 Sekunden und wird am Ende schneller. **L** Alte Laub- und Mischwälder mit viel Totholz, oft in Gewässernähe oder im Bergland, besonders in Osteuropa. **V** bj, in Deutschland nur Alpen und Böhmerwald.

3 | Buntspecht 270 G 24 cm, Sp 36 cm

Dendrocopos major **K** Häufigster und bekanntester Specht Europas, fällt sofort durch sein immer schwarz, weiß und rot gefärbtes Gefieder auf. Typisch sind die langen, ovalen, weißen Schulterfelder und der vom Steiß zu den Unterschwanzdecken ausgedehnte rot leuchtende Bereich. Der rote Nackenfleck des ♂ fehlt dem ♀, während das JK durch einen komplett roten Scheitel gekennzeichnet ist und Verwechslung mit Weißrücken- und Mittelspecht ermöglicht. **S** Ruft kurz und scharf „kick", auch in Serie; schneller, plötzlich endender Trommelwirbel mit 0,4-0,8 Sekunden Dauer recht kurz. **L** Gehölzbestandene Bereiche aller Art, von Wäldern bis zu Gärten, im Winter sogar an Futterhäusern. **V** BJ.

4 | Blutspecht 271 G 24 cm, Sp 36 cm

Dendrocopos syriacus **K** Kommt im südöstlichen Europa neben dem Buntspecht vor und ist diesem in allen Kleidern sehr ähnlich, zeigt aber nur auf den beiden äußeren Steuerfedern etwas Weiß (vgl. Zeichnung) und besitzt keine Verbindung zwischen schwarzem Wangenstreif und Hinterkopf. Ferner Steiß blasser rot, Hinterflanken oft gestrichelt, oft nur drei (statt meist fünf) weiße Binden im bräunlicheren Handflügel, Borsten an Oberschnabelbasis weißlich (statt schwarz). Im JK Brust oft rötlich. Die im Überschneidungsbereich beider Arten nicht seltenen Hybriden mit dem Buntspecht sind oft nur am erhöhten Weißanteil im Schwanz als solche erkennbar. **S** Ruft weicher als Buntspecht „püg", trommelt höher und sich beschleunigend mit 0,8-1,4 Sekunden fast doppelt so lang. **L** Bewohnt eher offenes Gelände, z. B. Parks, Obstplantagen, Weingärten und Alleen in Südost-Europa, hat sich zu Beginn des vorigen Jahrhunderts nach Nordwesten ausgebreitet. **V** A, aber BJ in Ostösterreich.

5 | Mittelspecht 272 G 21 cm, Sp 33 cm

Dendrocoptes medius **K** Nur etwas kleiner als der ähnliche Buntspecht, aber mit schwächerem Schnabel, weder bis zum Schnabel noch bis zum Hinterkopf reichendem Wangenstreif, blass rosa Steiß und gestrichelten Flanken. Alle Kleider nahezu identisch, also auch bei ♀ und im JK ganzer Scheitel rot, ♀ kaum blasser. **S** Balzt quäkend „wääd wääd wääd …", ruft „kik gägägägäg" und „kik-guug"; trommelt nur ausnahmsweise, dann eher langsam, gleichmäßig und von etwa 2 Sekunden Dauer. **L** Bevorzugt Eichenwälder, auch sehr alte Buchenwälder. **V** BJ.

6 | Kleinspecht 273 G 15 cm, Sp 26 cm

Dryobates minor **K** Kleinster Specht, erinnert manchmal an einen untersetzten Sperlingsvogel, besonders im Flug. Oberseite durch weiße Querbänderung sehr hell, Steiß ohne jegliches Rot (sonst aber wie eine Bonsaiausgabe des Weißrückenspechts gefärbt), Flanken gestrichelt, nur ♂ mit rotem Scheitelfleck. **S** Singt hell „kikikikiki", etwas an Turmfalken erinnernd, ruft manchmal leiser als Buntspecht „gig"; trommelt mit 1-2 Sekunden länger, aber leiser und höher als dieser, dafür mit bis zu 20 Wirbeln pro Minute häufiger, oft von Rufserien unterbrochen. **L** Laubwälder, Parks, Gärten, gern in Gewässernähe, im Winter sogar in Schilfbeständen und manchmal an Meisenknödeln. **V** BJ.

alpinus
♂
♀
♂
1 | Dreizehen-
specht
2 | Weiß-
rücken-
specht
♂
♀
♂
lilfordi
JK
3 | Buntspecht
♀
♂
♂
5 | Mittelspecht
♀
4 | Blutspecht
♀
♂
♀
♂
♂
6 | Kleinspecht

Pirole · Würger

PIROLE

1 | Pirol 274 — G 24 cm

Oriolus oriolus **K** Knapp so groß wie eine Amsel und auch in der Flugweise drosselähnlich. ♂ unverkennbar gelb und schwarz, ♀ gelblich grün, Bürzel und Schwanzspitze gelb, JK noch matter grünlich, ♂ im 1. S noch ähnlich ♀. Oft in Baumkronen versteckt und dann nur zu hören. **S** Der Gesang klingt laut und voll flötend wie „düde-lio" („Vogel Bülow"), der Ruf heiser krächzend „chrääjk". **L** Alte Laubwälder, Parks. **V** BZ 5-8.

WÜRGER

2 | Neuntöter 275 — G 17 cm

Lanius collurio **K** Häufigster Würger Europas, steht aufrecht auf erhöhten Warten und hält nach Insekten Ausschau, die im Flug oder am Boden erbeutet und manchmal als Nahrungsvorrat auf Dornen gespießt werden; dreht dabei oft den Schwanz. ♂ mit rotbraunem Mantel, grauem Kopf und schwarzer Maske sowie schwarzem Schwanz mit viel Weiß an der Basis, ♀ blasser ohne deutliches Kopfmuster, unterseits quer gewellt, wenig Weiß im Schwanz, JK ähnlich, aber auch oberseits gewellt. **S** Singt leise plaudernd mit Imitationen, ruft gedehnt „wääd" und „schack-schack". **L** Offene Landschaft, Hecken, Waldränder, oft Dornengebüsch. **V** BZ 5-9.

3 | Rotkopfwürger 276 — G 18 cm

Lanius senator **K** Scheitel und Nacken rotbraun, Mantel dunkel mit großen weißen Schulterflecken, Bürzel weiß, ♀ lediglich etwas blasser gefärbt. Im JK ähnlich Neuntöter, aber durchschnittlich grauer mit angedeuteter Aufhellung von Schultern und Bürzel. Unterart *badius* auf den westlichen Mittelmeerinseln ohne weiße Handschwingenbasis. **S** Singt laut und variabel, auch mit Imitationen; warnt trocken „schrrrrt" und „wä-wä-wä". **L** Offene Wälder, Alleen, Obstbäume in Südeuropa. **V** Früher in Südwest-Deutschland extrem seltener bz 4-9, sonst A.

4 | Maskenwürger 277 — G 18 cm

Lanius nubicus **K** Gesamte Oberseite schwarz, nur Stirn und Schultern weiß, Flanken orange; ♀ insgesamt blasser gefärbt, im JK ähnlich Rotkopfwürger im JK, aber heller, grau ohne Brauntöne, Bürzel dunkel und schwarzer Schwanz länger. Selten frei stehend, meist im Gebüsch versteckt. **S** Gesang raue, wiederholte Strophen; ruft ähnlich Bekassine „tschrääh" und trocken ratternd. **L** Offene Wälder und Gebüsch, in Europa nur in Ostgriechenland. **V** A.

5 | Schwarzstirnwürger 278 — G 20 cm

Lanius minor **K** Ähnlich Raubwürger grau mit schwarzer Maske, doch auch Stirn schwarz, im AK unterseits rosa getönt. Flügel relativ länger, Schwanz aber deutlich kürzer. Im oberseits gewellten JK Stirn noch grau, aber an Proportionen vom Raubwürger unterscheidbar. Im Gegensatz zu diesem nur im Sommer anwesend. **S** Singt ähnlich Rotkopfwürger, auch mit kreischenden Tönen; warnt schackernd „tschek". **L** Offene Landschaften mit Gehölzen und Leitungen in Südost-Europa, dort BZ 4-9. **V** Früher in Süddeutschland b, heute A, jedoch noch b in Ostösterreich.

6 | Raubwürger 279 — G 24 cm

Lanius excubitor **K** Einziger in Mitteleuropa überwinternder Würger, steht gern auf Büschen und Leitungen, jagt Mäuse und Vögel, erinnert etwas an kleine Elster mit grauer Oberseite. Groß, langschwänzig, grau, weiß und schwarz, Stirn grau. Unterseite im JK und bei vielen ♀ grau gewellt. **S** Einfacher Gesang aus schrillen und rauen Tönen zusammengesetzt; ruft „schrrrp". **L** Offenes Gelände mit Gehölzen und Ansitzwarten. **V** bjW.

7 | Iberienraubwürger 280 — G 24 cm

Lanius meridionalis **K** Sehr ähnlich Raubwürger und diesen von Iberien bis Südfrankreich vertretend. Oberseits dunkler grau, unterseits graurosa getönt, deutlicher s-förmiger Überaugenstreif, Weiß nur auf Hand-, nicht auf Armflügel. **S** Ähnlich Raubwürger. **L** Offenes, trockenes oder wüstenartiges Gelände. **V** -.

8 | Isabellwürger — G 17 cm

Lanius isabellinus **K** Asiatischer Würger, verfliegt sich gelegentlich nach Europa und ist vom ähnlichen Neuntöter in allen Kleidern durch etwas längeren rostroten Schwanz (Mitte und Spitze manchmal dunkler; ausnahmsweise bei Neuntöter ähnlich) und insgesamt blasseres Gefieder unterscheidbar. Oberseite sandbraun, Unterseite beige, Maske bei ♂ komplett, bei ♀ nur hinter Auge, weißer Fleck auf Handschwingenbasis, dieser bei ♀ und im 1. W schwach oder fehlend. ♀ und 1. W anders als Neuntöter oberseits nicht und unterseits schwach gebändert. **S** Ähnlich Neuntöter. **L** Offenes Gelände. **V** A.

9 | Rotschwanzwürger — G 17 cm

Lanius phoenicuroides **K** Mittelasiatische Art, in allen Punkten ganz ähnlich Isabellwürger, aber ♂ oberseits dunkler, unterseits weißlicher, mit rostbraunem Scheitel und deutlichem weißen Überaugenstreif. ♀ und JK kaum von Neuntöter und Isabellwürger unterscheidbar. **V** A.

1 | Pirol
♂
♀
♂
3 | Rotkopfwürger
♂
♂
JK
4 | Masken-
würger
♂
♂
JK
2 | Neuntöter
♂
♀
JK
JK
5 | Schwarzstirn-
würger
6 | Raubwürger
JK
1. W
8 | Isabellwürger
7 | Iberienraubwürger
♂
♂
9 | Rotschwanzwürger

KRÄHENVERWANDTE

1 | Elster 281 G 46 cm, Sp 55 cm

Pica pica **K** Ein allgemein bekannter, hübsch schwarz-weißer Vogel mit Metallglanz, extrem langschwänzig, aber kurz- und rundflügelig, daher unverwechselbar. Fliegt etwas flatternd mit unregelmäßigen Flügelschlägen; außerhalb der Brutzeit auch in Trupps. **S** Leise zwitschernder Gesang selten zu hören, dafür häufig lautes, heiseres Schackern „tschek-tschäk-tschäk". **L** Offenes Gelände mit Gehölzen, auch in Städten und Gärten, Nest ein auch oben geschlossener großer Reisigbau hoch in Bäumen. **V** BJ.

2 | Blauelster 282 G 33 cm, Sp 38 cm

Cyanopica cooki **K** Meist in kleinen Gruppen zu sehen und am langen azurblauen Schwanz sowie den ebenso gefärbten Flügeln sofort zu erkennen, ebenso an der schwarzen Kapuze (diese im JK weißlich meliert) und weißen Kehle. **S** Stimmfreudig, u. a. ähnlich Eichelhäher rau „wrüi", hell „kui" und rollend „krrrii". **L** Ganzjährig in offenen Wäldern der Iberischen Halbinsel. **V** -.

3 | Eichelhäher 283 G 34 cm, Sp 55 cm

Garrulus glandarius **K** Ein häufiger und allgemein bekannter Krähenverwandter, der zwar aufmerksam, aber oft nicht besonders scheu ist. Gefieder sehr bunt mit milchkakaobrauner Grundfärbung, schwarz und blau gemustertem Flügelfeld und schwarzem Bartstreif. Im Flug sind weiße Felder auf Bürzel und Armflügel kennzeichnend. Sammelt im Herbst Eicheln und Nüsse, trägt sie im Kehlsack über oft große Entfernung und versteckt sie als Wintervorrat. In manchen Jahren im Herbst starker Zuzug aus Nordosten, dann auch in kleinen Trupps. **S** Ruft rätschend „chrää" und warnt damit auch andere Tiere frühzeitig vor Gefahren („Polizist des Waldes"), ferner wie Mäusebussard „hiäh", selten ist auch ein leise plaudernder Gesang mit Pfeiftönen und schnalzendem „tschetschok" zu hören. **L** Wälder aller Art, Parks, besonders im Herbst auch an Haselnüssen in Gärten. **V** BJZW.

4 | Tannenhäher 284 G 33 cm, Sp 55 cm

Nucifraga caryocatactes **K** Etwa so groß wie Eichelhäher, aber mit längerem schlankem Schnabel und besonders im Flug auffallendem kurzem Schwanz mit weißer Endbinde. Gefieder sonst dunkelbraun mit typischer weißer Tropfung (einem gewaltigen Star nicht unähnlich). In manchen Jahren im Herbst Einflüge der wenig scheuen sibirischen Unterart *macrorhynchos* mit längerem, schlankerem, geraderem Schnabel und breiterer Schwanzendbinde. **S** Ruft hölzern „rrraaa", selten leise plaudernder Gesang. **L** Nadelwälder der Taiga und im Bergland, im Herbst auch an Haselnüssen in Gärten. **V** BJ in Alpen und Mittelgebirgen.

5 | Unglückshäher 285 G 28 cm, Sp 42 cm

Perisoreus infaustus **K** Ein nur gut drosselgroßer Häher mit düster graubraunem Gefieder und Rostrot auf Flügeln, Bürzel und Schwanzseiten, erinnert daher an einen großen Rotschwanz. Heimlich, aber neugierig. **S** Meist stumm, ruft selten etwas klagend „kiä". **L** Ganzjährig in flechtenreichen skandinavischen Nadelwäldern und der russischen Taiga, zieht nicht. **V** -.

6 | Alpendohle 286 G 38 cm, Sp 70 cm

Pyrrhocorax graculus **K** Ein typischer und nicht zu übersehender Charaktervogel der Alpen, schwarz mit gelbem Schnabel und roten Beinen (wie eine riesige Amsel). Unterscheidet sich im Flug von der Dohle auch durch schwarz abgesetzte Unterflügeldecken (statt eher einfarbig dunkelgrauem Unterflügel). Gesellig, sehr vertraut und von rastenden Bergwanderern magisch angezogen, besucht Berggasthöfe und plündert manchmal sogar Rucksäcke. **S** Ruft durchdringend pfeifend „zi-eeh" und hell klirrend „schirrrr". **L** Hochgebirge; meist Koloniebrüter in Spalten steiler Felswände. **V** bj, in Deutschland nur in den Alpen.

7 | Alpenkrähe 287 G 39 cm, Sp 75 cm

Pyrrhocorax pyrrhocorax **K** Eine eher kleine Krähe von schlanker Gestalt mit metallisch schwarzem Gefieder, roten Beinen und schlankem, leicht gebogenem rotem Schnabel (dieser im JK noch orangegelb, dann Verwechslungsgefahr mit Alpendohle). Von der Alpendohle ferner unterschieden durch längere, im Stehen den kürzeren Schwanz überragende Flügel, im Flug durch sechs (statt fünf) sichtbare tief gefingerte äußere Handschwingen, geraden (statt geschwungenen) Flügelhinterrand und eher kurzen, recht gerade abgeschnittenen Schwanz (statt länger und stärker gerundet). **S** Ruft „kiach", peitschender als Dohle. **L** Hochgebirge in Südeuropa, Küstenklippen in Westeuropa, immer mit benachbarten kurzrasigen Wiesen; brütet in Einzelpaaren oder lockeren Kolonien. **V** -, in den Alpen inzwischen nur noch bj in der Südschweiz (Wallis).

2 | Blauelster
1 | Elster
3 | Eichelhäher
5 | Unglückshäher
4 | Tannenhäher
macro-
rhynchos
6 | Alpendohle
JK
7 | Alpenkrähe

Krähenverwandte

1 | Dohle 288 — G 33 cm, Sp 70 cm

Coloeus monedula **K** Eine kleine Krähe, die vielerorts auch in Städten brütet. Gekennzeichnet durch überwiegend schwärzliches Gefieder mit etwas hellerer Unterseite, grauen Nacken, kurzen Schnabel und helle Iris, fällt zudem in gemischten winterlichen Krähentrupps im Flug zwischen den anderen Arten durch die geringe Größe, den typischen Ruf und die schnelleren Flügelschläge auf. Die Unterart *soemmerringii* („Halsbanddohle") in Osteuropa ist unterseits grauer mit hellerem Nacken und weißlichem Halbmond auf den Halsseiten **S** Ruft hell und kurz „kjak" in verschiedensten Variationen. **L** Bewohnt die Kulturlandschaft, brütet in Baumhöhlen, Gebäudenischen und Schornsteinen einzeln oder in kleinen Kolonien. **V** BJZW.

2 | Rabenkrähe 289 — G 47 cm, Sp 92 cm

Corvus corone **K** Häufigste und bekannteste Krähe in Mittel- und Westeuropa, eigentlich ohne besondere Kennzeichen, da rundum auch an den unbefiederten Körperteilen schwarz gefärbt, Federn mit leichtem Metallglanz. Eine Verwechslungsgefahr besteht mit dem größeren Kolkraben und den Jungvögeln der Saatkrähe. Tritt außerhalb der Brutzeit in oft großen Trupps auf, solche werden aber auch im Sommer von Nichtbrütern und noch nicht geschlechtsreifen Vögeln gebildet, trifft sich abends an manchmal gewaltigen Gemeinschaftsschlafplätzen in Baumgruppen. **S** Ruft krächzend „krrah" und guttural „grrr", beim Hassen auf Greifvögel und Eulen höher und energischer „krrrr". **L** Alle Landschaften, auch Städte; Einzelbrüter. **V** BJ westlich der Elbe über Böhmen und Wienerwald bis zum Südrand der Alpen.

3 | Nebelkrähe 289 — G 47 cm, Sp 92 cm

Corvus cornix **K** Häufigste und bekannteste Krähe in Nord-, Ost- und Südost-Europa. Schwesterart der Rabenkrähe, beide werden oft auch unter der Bezeichnung Aaskrähe zu einer Art zusammengefasst und dann als deren Unterarten betrachtet. Durch die graue Färbung von Mantel, Rücken und Unterseite unverwechselbar; die in der schmalen Kontaktzone mit Rabenkrähen vorkommenden Hybriden zwischen beiden sind oft auf Hinterbauch und Unterschwanzdecken schwarz. **S** Wie Rabenkrähe. **L** Alle Landschaften, auch Städte; Einzelbrüter. **V** BJ östlich der Elbe.

4 | Saatkrähe 290 — G 45 cm, Sp 87 cm

Corvus frugilegus **K** Große Krähe, gesamtes Gefieder schwarz mit violettem Metallglanz, doch im Gegensatz zur Rabenkrähe mit auffallend dreieckigem Kopfprofil und struppig abstehender hinterer Flankenbefiederung, längerem, schlankerem Schnabel mit geraderem First; im AK Kopf an der Schnabelbasis typisch unbefiedert grau, im JK aber noch den Winter über bis ins Frühjahr wie bei der Rabenkrähe schwarz befiedert. **S** Ruft heiser und nasal „gaah" und „grah", ohne rollendes „r" der Rabenkrähe. **L** Offene Kulturlandschaft mit Gehölzen; Koloniebrüter, auch außerhalb der Brutzeit meist in großen Trupps auf Feldern und Wiesen. **V** bjZW.

5 | Kolkrabe 291 — G 61 cm, Sp 122 cm

Corvus corax **K** Größte Krähe und gleichzeitig größter europäischer Sperlings- bzw. Singvogel, gut bussardgroß, mit mächtigem Schnabel und struppigem Kehlgefieder; im gemessenen Flug langer, keilförmiger Schwanz, lange Flügel und weit hervorstehender Kopf typisch. Führt lebenslange Ehe (20 Jahre!), daher meist paarweise oder im Familienverband zu sehen. **S** Sehr stimmfreudig und weithin hörbar, ruft tief und sonor „korrk", schallend „klong" und gereiht „korrp korrp korrp". **L** Von offener Landschaft umgebene ruhige Wälder, auch Gebirge; nicht in Städten und meist achtsamer als andere Krähenverwandte; Einzelbrüter. **V** BJ.

6 | Glanzkrähe — G 40 cm, Sp 75 cm

Corvus splendens **K** Stammt aus Indien und ist erst ab 1995 als „Blinder Passagier" auf Schiffen in europäische Häfen gelangt, hat sich aber bislang nur bei Rotterdam kurzzeitig als Brutvogel etabliert. Färbung ähnlich Hybrid zwischen Raben- und Nebelkrähe, Größe zwischen Dohle und Nebelkrähe, aber durch schlanken Körperbau, kleinen runden Kopf und relativ langen Schnabel gekennzeichnet, das Grau auf Hals, Nacken und Brust variabel hell. **S** Ruft heiser unterdrückt „chrääă". **L** An menschlichen Siedlungsraum und Abfälle gebunden, oft in Häfen und bei Schnellrestaurants; gesellig. **V** -.

Viele Krähenverwandte stehen selbst bei Naturfreunden nicht im besten Ruf, obwohl es sich um hochintelligente Vögel handelt. Ihr letztlich harmloses Auftreten in großen und lautstarken Schwärmen mag an schlechte Gruselfilme erinnern. Den Zorn von Gartenbesitzern ziehen sie leicht auf sich, wenn sie schlecht versteckte Nester anderer Singvögel plündern – die Amsel lernt aber daraus und sucht sich für den nächsten Brutversuch eine besser getarnte Stelle. In der Landschaft spielen Krähen jedoch eine wichtige Rolle bei der Beseitigung von Aas – und im Siedlungsbereich von menschlichem Abfall.

1 | Dohle
soemmerringii
2 | Rabenkrähe
JK
JK
3 | Nebelkrähe
4 | Saatkrähe
JK
5 | Kolkrabe
6 | Glanzkrähe

MEISEN

1 | Kohlmeise 292 G 14 cm

Parus major **K** Die bekannteste und größte Meise, gekennzeichnet durch gelbe Unterseite mit schwarzem Längsstreif (beim ♂ breiter), schwarzen Kopf mit weißem Wangenfeld (im JK gelblich ohne untere schwarze Begrenzung) und moosgrünen Mantel. **S** Singt „zizidäh zizidäh" oder „tita tita"; ruft u. a. „pink", „tsi-zuhi", „zähzähzäh". **L** Gärten, Parks, Wälder; oft an Futterhäusern. **V** BJ.

2 | Blaumeise 293 G 12 cm

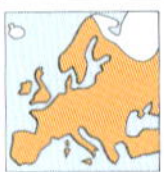

Cyanistes caeruleus **K** Weit verbreitete, häufige und allgemein bekannte Meise mit weiß umrahmtem blauem Scheitel, schwarzem Augenstreif, deutlichem Blauton auf Flügeln und Schwanz und gelber Unterseite mit nur angedeutetem Längsstrich. JK blasser und am Kopf stark gelblich. Turnt sehr agil im Gezweig, oft in Gruppen. **S** Gesang silberhell klingelnd „zi zie zirrrr"; Rufe vielfältig, oft „sisididi" und „zi-tschrrr". **L** Gärten, Wälder; besucht oft Futterhäuser. **V** BJ.

3 | Lasurmeise 294 G 13 cm

Cyanistes cyanus **K** Sehr helle östliche Meise, ähnlich Blaumeise, aber ohne Gelb, Scheitel ganz weiß, Flügelbinde und Schirmfederspitzen breit weiß, ebenso der nur an der Basis und in der Mitte blaue Schwanz. Gelegentliche Hybriden mit Blaumeise zeigen weniger Weiß und meist bläulichen Scheitel. **S** Ähnlich Blaumeise. **L** Laub- und Mischwälder, oft an Gewässern. **V** A.

4 | Tannenmeise 295 G 11 cm

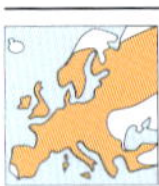

Periparus ater **K** Kleine, Nadelbäume bevorzugende Art mit großem weißem Nackenfleck (im JK gelblich), beiger Unterseite ohne Längsstrich und zwei Flügelbinden (als einzige Meise!). Kopf recht groß mit oft leicht gesträubtem Hinterscheitel. Oberseite blaugrau, aber in Spanien (Unterart *vieirae*), auf den Britischen Inseln und Irland (*britannicus* und *hibernicus*) oliv getönt, auf Zypern (*cypriotes*) wie die Unterseite bräunlich. **S** Singt „wietzewietze"; ruft spitz pfeifend „tii-e" und traurig „tüüh". **L** Nadel- und Mischwälder, auch Nadelbaumgruppen in Parks und Gärten. **V** BJ; manchmal im Herbst Invasionen aus Nordost-Europa, dann überall anzutreffen.

5 | Haubenmeise 296 G 12 cm

Lophophanes cristatus **K** An der spitzen Federhaube auf dem schwarzweiß gemusterten Kopf sofort kenntlich, Oberseite hellbraun, Unterseite weißlich, keine Flügelbinde. **S** Gesang selten zu hören, pfeifend z. B. „didu-didu-didu-djü", vermischt mit „zizi-gürrrl"; ruft unverwechselbar brodelnd „gürrr". **L** Nadel- und Mischwälder, Parks mit Koniferenbeständen; partner- und ortstreu, kann die Nisthöhle selbst zimmern. **V** BJ.

6 | Sumpfmeise 297 G 12 cm

Poecile palustris **K** Eher kleine graubraune Meise mit glänzend schwarzer Kopfplatte und hellen Kopfseiten sowie kleinem schwarzen Kinnfleck. Kann nur mit Weidenmeise verwechselt werden, s. dort. **S** Gesang eine Folge etwa sechs gleicher Töne, „tjüptjüptjüp …" oder „titätitätitä …"; ruft niesend „pitschü" und „tsi-tschü". **L** Wälder, Gärten; besucht Futterhäuser. **V** BJ.

7 | Weidenmeise 298 G 12 cm

Poecile montanus **K** Weit verbreitete graubraune Meise, ähnlich Sumpfmeise, aber Kopfplatte matt statt glänzend schwarz und weiter in den Nacken reichend, Kopfseiten ausgedehnter und reiner weißlich, Kinnfleck größer, Kopf und Hals dicker, aufgehelltes Armschwingenfeld, Schwanzspitze leicht gestuft; bestes Kennzeichen andere Stimme. Westliche Unterarten brauner, östliche grauer gefärbt. **S** Singt wehmütig pfeifend „tjü tjü tjü …" (Dialekt in den Alpen etwas monotoner „düü düü düü…"); ruft gedehnt nasal „däääh" oder „zizi däääh däääh". **L** Wälder und Parks, zimmert Nisthöhle in morsches Weichholz selbst; besucht Futterhäuser. **V** BJ.

8 | Balkanmeise 299 G 13 cm

Poecile lugubris **K** Braungraue Meise des Balkan mit im Vergleich zu Sumpf- und Weidenmeise etwas schäbig erscheinendem Gefieder, Kinnlatz weiter ausgedehnt, Kopfplatte matt braunschwarz (beim ♀ bräunlicher) und weit auf die Kopfseiten herabgezogen, daher nur schmaler weißer Wangenkeil. Eher scheu und nicht gesellig. **S** Singt rauer und langsamer als Sumpfmeise „tschirv-tschirv-tschirv …"; ruft „zrih-zrih-zrih" und ratternd „tscherrr-rr". **L** In offenen Laub- und Mischwäldern des Balkan, auch im Kultur- und Bergland. **V** -.

9 | Lapplandmeise 300 G 13 cm

Poecile cinctus **K** Warm graubraune Meise des nördlichsten Europa mit rostgelben Flanken, matt schwarzbrauner Kopfplatte und großem schwarzem Kinnlatz, sonst ähnlich Weidenmeise; Gefieder flauschiger als bei anderen Meisen. **S** Singt dünn schwirrend „tschi-ürrr tschi-ürrr …"; ruft weniger lang gezogen als Weidenmeise „ti-ti tää tää". **L** Spärlich in alten Nadelwäldern Skandinaviens und der russischen Taiga bis zur Fjällbirkenzone. **V** -.

♀
♂
JK
1 | Kohlmeise
2 | Blaumeise
JK
4 | Tannenmeise
5 | Haubenmeise
3 | Lasurmeise
6 | Sumpfmeise
8 | Balkanmeise
7 | Weidenmeise
östlich
westlich
9 | Lapplandmeise

Beutelmeisen bis Schwalben

BEUTELMEISEN

1 | Beutelmeise 301 G 11 cm

Remiz pendulinus **K** Meisenähnlicher kleiner Vogel mit grauem Kopf und schwarzer Maske, rotbraunem Mantel und dünnem Schnabel. ♀ nur etwas blasser gefärbt, im JK Kopf sandbraun ohne Maske. **S** Singt leise und hoch „ziu-siu sirr siiu“; ruft sehr hoch, lang gezogen und abfallend „ziiiiü“. **L** Gehölze an Gewässern, Sumpfgebiete, Schilf; webt kunstvolles Hängenest mit seitlicher Eingangsröhre ähnlich einer Wollsocke an meist über dem Wasser hängenden Zweigspitzen. **V** BZ 4-9.

BARTMEISEN

2 | Bartmeise 302 G 15 cm

Panurus biarmicus **K** Durch rundlichen Körper und kurzen gelben Schnabel etwas meisenähnlich, aber mit sehr langem, recht breitem Schwanz und zimtbraunem Gefieder. Nur ♂ mit grauem Kopf und schwarzem „Bart“; im JK Mantel und Schwanzkanten schwarz. Turnt geschickt an Schilfstängeln, fällt oft durch die Rufe auf. **S** Gesang leise zwitschernd „tschip tschip tschir“; typische Rufe nasal „tsching“ und „dschüü“. **L** An ausgedehnte Schilfgebiete gebunden, baut dort ein offenes Halmnest. **V** bj.

SCHWANZMEISEN

3 | Schwanzmeise 303 G 14 cm

Aegithalos caudatus **K** Mit kleinem, rundlichem, weißlichem Körper, winzigem Schnabel und extrem langem, schmalem Schwanz kaum verwechselbar. Nur bei Unterart *caudatus* im nordöstlichen Europa Kopf ganz weiß, bei allen anderen wie bei *europaeus* in Mitteleuropa mit dunklem Scheitelseitenstreif, einige südliche Unterarten mit grauem Mantel, z. B. *irbii* (Südspanien). Meist in rastlos umherstreifenden, ständig rufenden Trupps zu sehen. **S** Gesang dünn trillernd „wiwiwiwiwi“; kennzeichnende Rufe trocken surrend „tsrrr“ und hoch „srih-srih-srih“. **L** Gebüschreiche Wälder, auch Parks; baut mit Flechten verkleidetes Kugelnest in Astgabeln. **V** BJW.

SCHWALBEN

4 | Mehlschwalbe 304 G 14 cm

Delichon urbicum **K** Im Flug an den nach hinten gebogenen, schmalen Schwalbenflügeln, dem nicht sehr tief gegabelten Schwanz und dem Kontrast zwischen weißer Unter- und schwarzer Oberseite mit leuchtend weißem Bürzel sofort erkennbar; Oberseite schimmert aus der Nähe metallisch blauschwarz. **S** Ruft kurz „prrit“, beim unauffällig zwitschernden Gesang wiederholt. **L** Brütet in Städten und Dörfern, jagt dort, in offener Landschaft und hoch im Luftraum; Lehmnest außen unter Gebäudevorsprüngen, kugelig mit kleinem Einflugloch, manchmal einzeln, oft aber auch dicht nebeneinander in großen Kolonien; bildet im Herbst keine auffallenden Schlafgemeinschaften. **V** BZ 4-10.

5 | Rauchschwalbe 305 G 19 cm

Hirundo rustica **K** Bekannteste Schwalbe mit langen, spitzen Flügeln und tief gegabeltem Schwanz, die äußeren Steuerfedern besonders beim ♂ schmal und stark verlängert. Oberseite einfarbig metallisch blauschwarz, Unterseite weiß mit dunklem Brustband und rostroter, im JK rostbeiger Kehl- und Gesichtsfärbung; Schwanzspieße im JK kürzer. **S** Zwitschernder, flüssiger Gesang mit kratzenden Lauten und schnurrendem Schluss; ruft flüssig „wit“, bei Alarm scharf „zli-vit“. **L** Ställe, Dörfer, auch Städte, jagt in offener Landschaft und über Feuchtgebieten; napfförmiges Lehmnest wird innerhalb von Gebäuden an Wände geklebt; bildet vor dem Wegzug nach Afrika im Herbst oft gewaltige Schlafgemeinschaften in Schilfgebieten. **V** BZ 4-10.

6 | Rötelschwalbe 306 G 17 cm

Cecropis daurica **K** Nur in Südeuropa, kann dort mit der Rauchschwalbe verwechselt werden, aber Bürzel und Nacken sind hell rostfarben, Unterschwanz schwarz, Kehle hell und Unterseite gestrichelt. **S** Singt ähnlich Rauchschwalbe, doch tiefer und rauer; ruft kennzeichnend nasal „twät“, warnt kurz „kirr“. **L** Felsiges Gelände, Nest mit retortenförmigem Eingang auch unter Brücken und in Gebäuden. **V** A.

7 | Uferschwalbe 307 G 13 cm

Riparia riparia **K** Kleine Schwalbe, oben braun, unten weiß mit braunem Brustband, Schwanz kaum gegabelt. **S** Ruft trocken „kschrr“, beim Gesang gereiht. **L** Flüsse, Feuchtgebiete; Koloniebrüter, gräbt Niströhren in sandige Steilufer, oft in Kiesgruben. **V** BZ 4-9.

8 | Felsenschwalbe 308 G 14 cm

Ptyonoprogne rupestris **K** Ebenfalls oberseits braun, aber größer als Uferschwalbe, ohne Brustband, Unterflügeldecken dunkler abgesetzt, weiße Schwanzflecke und dunkle Unterschwanzdecken. **S** Schwatzender Gesang; ruft „pit“, „trit“ und „tsrij“. **L** Klippen und Gebirge Südeuropas; Nest in Felsnischen, selten an Gebäuden. **V** bz 3-9, nur Alpen.

JK
1 | Beutelmeise
JK
♀
2 | Bartmeise
♂
caudatus
3 | Schwanzmeise
4 | Mehlschwalbe
JK
5 | Rauchschwalbe
♂
7 | Uferschwalbe
6 | Rötelschwalbe
8 | Felsenschwalbe

LERCHEN

1 | Feldlerche 309 465 G 17 cm

Alauda arvensis **K** Bekannteste und häufigste Lerche Europas, graubraun mit weißem Flügelhinterrand und mittellangem Schwanz mit weißen Außenkanten sowie angedeuteter Haube; Handschwingen überragen Schirmfedern weit. Gefieder im JK geschuppt. **S** Gesang ein langes Jubilieren mit hoch rollenden Tönen und Imitationen, meist im Flug aus größter Höhe; ruft „dr-rüp". **L** Offene Landschaft, Felder, Wiesen. **V** BZ 3-10, w.

2 | Heidelerche 310 G 14 cm

Lullula arborea **K** Kleine Lerche, kurzschwänziger als Feldlerche, am Hinterkopf zusammenlaufender weißlicher Überaugenstreif, beidseitig weiß eingefasstes Feld an der Vorderkante des Handflügels, nicht Schwanzkanten, sondern -spitzen weiß. Wellenflug ausgeprägter als bei Feldlerche. **S** Gesang meist im Flug eine weiche, lieblich jodelnde Tonfolge, lauter und schneller werdend „li li li lilililülülülülulu ilü ilü liüilü …", besonders in der Dämmerung und nachts; Ruf melodisch „düdeloi". **L** Heiden, Bergwiesen, Lichtungen. **V** BZ 3-10, lokal.

3 | Haubenlerche 311 G 17 cm

Galerida cristata **K** Von anderen Lerchen (außer Thekla- und viel schwächer manchmal Feldlerche) durch auffallende spitze Haube unterschieden, Flügel breit und rund, ohne weißen Hinterrand, Schwanz relativ kurz mit bräunlichen Kanten, Schnabel hell, lang und kräftig. Wenig scheu, rennt aber schnell. **S** Gesang einfach aus Einzelrufen und Imitationen, von erhöhter Warte oder im Flug; Rufe melancholisch „düi" und „di di düh". **L** Trockene, offene Landschaft, auch Straßen und Industriegebiete. **V** BJ, stark abnehmend.

4 | Theklalerche 312 G 16 cm

Galerida theklae **K** Muss in Südwest-Europa von der fast identischen Haubenlerche unterschieden werden, ist etwas kleiner, kurzschnäbeliger, grauer mit rötlicheren Oberschwanzdecken, kräftigerer Mantel- und Bruststrichelung, eher grauen als rostbeigen Unterflügeldecken und stumpferer Haube. **S** Abwechslungsreicher als Haubenlerche. **L** Oft in trockenerem Offenland. **V** -.

5 | Kurzzehenlerche 313 G 15 cm

Calandrella brachydactyla **K** Kleiner und heller als Feldlerche, ungestreifte Unterseite, dunkler Halsseitenfleck (oft schwer erkennbar), deutlicher Überaugenstreif, Scheitel im frischen Gefieder rostfarben, ungezeichnete helle Kleine und dunkle Mittlere Armdecken. **S** Singt im planlos wirkenden Flug kurze, zwitschernde Phrasen, etwa „tschüt tschüt tschüll-tschill-ill-ill drro drri düüe tschüllüllüll"; ruft trocken „drüt" oder „trülp". **L** Offene Trockengebiete Südeuropas. **V** A.

6 | Stummellerche 314 G 14 cm

Alaudala rufescens **K** Von der sehr ähnlichen Kurzzehenlerche durch deutliche Bruststrichelung und weit vor der Flügelspitze endende Schirmfedern unterschieden, ferner etwas dunkleres, mehr graubraunes Gefieder. **S** Singt abwechslungsreicher, länger und mit mehr Imitationen als Kurzzehenlerche; ruft surrend „drrrrd". **L** Offenes Gelände in Spanien und Südrussland. **V** A.

7 | Kalanderlerche 315 G 19 cm

Melanocorypha calandra **K** Sehr große Lerche, relativ kurzschwänzig mit dickem Schnabel und großem schwarzem Fleck auf den Halsseiten. Im Flug lange breite Flügel unterseits charakteristisch schwärzlich mit weißer Hinterkante. **S** Melodischer Gesang mit Imitationen aus kreisendem Singflug in großer Höhe, Flügelschläge dabei zeitweise langsam und rudernd; Ruf laut und rau rollend „tschüritt". **L** Steppenartiges Gelände in Südeuropa. **V** A.

8 | Dupontlerche 316 G 17 cm

Chersophilus duponti **K** In Europa nur in Spanien, sehr scheu. Färbung ähnlich Feldlerche, jedoch durch längeren, deutlich abwärts gebogenen Schnabel eindeutig gekennzeichnet, ferner schlanker, hochbeiniger, ohne weißen Flügelhinterrand. **S** Singt in der Dämmerung und nachts aus großer Höhe mit kurzen Flötentönen und nasalem Endton; ruft „tju-tjü". **L** Trockenes, steppenartiges Gelände in Zentralspanien. **V** -.

9 | Ohrenlerche 317 G 17 cm

Eremophila alpestris **K** Sofort am typischen Kopfmuster mit schwarzen und gelben Partien erkennbar, auch wenn schwarze Federohren nicht sichtbar sind, ferner Beine und Schnabel schwarz. Färbung bei ♀ und im 1. W blasser, JK kräftig gefleckt mit angedeutetem Bartstreif. Anders als bei nördlicher Unterart *flava* bei *balcanica* in Südost-Europa Bartstreif und Brustband verbunden, Mantel fast ungestrichelt. **S** Singt nur kurze, stotternde Strophen; ruft hoch „pii", „iih-düdi". **L** Nordeuropäische Bergwiesen, Fjälls und Tundra, auf dem Balkan auch im Gebirge, nördliche Populationen ziehen im Winter meist an Küsten. **V** W 10-4, besonders Küste, sehr selten mit Feldlerchen auf Stoppelfeldern im Binnenland.

JK
1 | Feldlerche
2 | Heidelerche
3 | Haubenlerche
4 | Theklalerche
5 | Kurzzehenlerche
6 | Stummellerche
7 | Kalanderlerche
8 | Dupontlerche
9 | Ohrenlerche
♂
balcanica
♀ SK
♂ PK
JK

Laubsänger

LAUBSÄNGER

1 | Fitis 318 — G 11,5 cm

Phylloscopus trochilus **K** Sehr häufiger, aber unauffälliger kleiner grünlicher Vogel, der sich agil durch die Zweige bewegt, am besten am Gesang erkennbar. Sehr ähnlich Zilpzalp, aber langflügeliger mit weiter über die Schirmfedern ragenden Handschwingen, oberseits stärker grünlich, Überaugenstreif deutlicher, Beine hell. Im JK insgesamt gelblicher. Nordost-europäische Unterart *acredula* grauer. **S** Gesang beginnt mit hohen, klaren Tönen, fällt dann ab und endet etwas wehmütig „hilü dielü-dü-düdüüh"; ruft deutlicher zweisilbig als Zilpzalp „hu-id". **L** Gärten, Parks, Wälder, Buschgruppen. **V** BZ 4-9.

2 | Zilpzalp 319 — G 11 cm

Phylloscopus collybita **K** Neben dem ähnlichen Fitis häufigster Laubsänger, klein und rastlos, oberseits grünlich braungrau, unterseits beige. Flügel kürzer als bei Zilpzalp, Beine dunkel, Gefieder bräunlicher. In Nordost-Europa Unterart *abietinus* heller und bräunlicher, in Nordrussland fehlen *tristis* („Taigazilpzalp") gelbgrüne Gefiedertöne. **S** Singt „zilp-zalp-zilp-zalp-zalp..." mit eingeschobenem, gedämpftem „perre perre"; ruft einsilbig „huit", Jungvögel im Herbst auch höher „hiit". **L** Gärten, Wälder, Parks, Gebüsch, zur Zugzeit oft am Wasser. **V** BZ 3-10, w.

3 | Iberienzilpzalp 320 — G 11 cm

Phylloscopus ibericus **K** Vertritt den Zilpzalp auf der Iberischen Halbinsel, ist etwas langflügeliger, grünlicher und gelblicher, aber nur an der Stimme sicher unterscheidbar. **S** Gesang in drei Teile gegliedert und oft trillernd beendet, etwa „tjip-tjip-tjip-hüid-hüid-tirr"; ruft abfallend und etwas nasal „piü". **L** Wie Zilpzalp. **V** A.

4 | Waldlaubsänger 321 — G 12 cm

Phylloscopus sibilatrix **K** Langflügelig, oberseits gelbgrün, gelbe Brust scharf vom weißen Bauch abgesetzt, gelber Überaugenstreif und grüner Augenstreif deutlich, Beine hell; meist in Baumkronen versteckt. **S** Zwei Gesangstypen, mit hellem Triller endende Reihe „zip-zip-zip-zwirrrrrrrrr" und traurig flötende Tonfolge „düh düh düh düh"; ruft scharf „zip" und wehmütig „tüh". **L** Alte Laubwälder. **V** BZ 4-8.

5 | Berglaubsänger 322 — G 11 cm

Phylloscopus bonelli **K** Oberseite grauoliv mit stärker gelblichem Bürzel, im Gegensatz zum Waldlaubsänger ganze Unterseite weißlich, auffallend helle Ränder der Schirmfedern, auch Schwungfedern mit grünen Kanten, Kopfmuster sehr schwach und daher offener Gesichtsausdruck. **S** Gesang ein klarer, lachender Triller von einer Sekunde Dauer, langsamer als der Schluss vom Waldlaubsänger, „svisvisvisvisvi ..."; ruft zweisilbig „tü-it". **L** Südwest-europäische Bergwälder, gern Eichen. **V** bz 4-8, in Deutschland Alpen und Südwesten.

6 | Balkanlaubsänger — G 11,5 cm

Phylloscopus orientalis **K** Etwas größer als Berglaubsänger, oberseits grauer, etwas langflügeliger, Große Armdecken oft deutlich aufgehellt, doch am sichersten am Ruf unterscheidbar. **S** Singt etwas schneller als Berglaubsänger und ruft auch zwischen Gesangsstrophen völlig anders sperlingsartig „tschip" und hölzern „tut". **L** Bergwälder auf dem Balkan, von 4-9 anwesend. **V** A.

7 | Grünlaubsänger 323 — G 10 cm

Phylloscopus trochiloides **K** Ähnlich Fitis mit graugrüner Oberseite, aber mit einer kurzen hellen Flügelbinde (oft unauffällig, manchmal mit zweiter angedeuteter Binde auf Mittleren Armdecken), weißlicher Überaugenstreif deutlicher und länger, Beine graubraun, Unterschnabel hell. **S** Gesang kurz, laut, hoch, schnell, erst etwas an Bachstelze, durch oft angehängten Triller an Zaunkönig erinnernd; ruft ähnlich Bachstelze „si-litt". **L** Osteuropäische und asiatische Wälder. **V** A, meist Ende 5-6, gelegentlich b.

8 | Wanderlaubsänger 324 — G 12 cm

Phylloscopus borealis **K** Ähnlich Grünlaubsänger mit einer (manchmal angedeuteter zweiter) Flügelbinde, doch größer, kräftiger, Flügel länger, Überaugenstreif reicht nicht bis zur Schnabelbasis, wohl aber Augenstreif (beides bei Grünlaubsänger umgekehrt), Unterschnabelspitze dunkel, Beine braunrosa. **S** Singt schwirrend „sresresresresre"; ruft scharf „zrl". **L** Wälder in Nordost-Europa und Asien. **V** A.

9 | Gelbbrauen-Laubsänger 325 — G 10 cm

Phylloscopus inornatus **K** Klein, oberseits moosgrün mit zwei deutlichen gelben Flügelbinden und langem Überaugenstreif; vgl. Sommergoldhähnchen im JK. **S** Ruft lispelnd „tsuist". **L** Sibirische Taiga. **V** A, oft 10 Helgoland.

10 | Goldhähnchen-Laubsänger 326

G 9,5 cm *Phylloscopus proregulus* **K** Sehr klein und mit zwei Flügelbinden, unterscheidet sich vom Gelbbrauen-Laubsänger durch gelben Längsstreif auf Scheitelmitte und gelben Bürzel; rüttelt oft vor Zweigen **S** Gesang trillernd, ruft „hüiht". **L** Sibirische Taiga. **V** A, meist 10-11 an Küsten.

acredula
1 | Fitis
1. W
abietinus
2 | Zilpzalp
4 | Waldlaubsänger
3 | Iberienzilpzalp
5 | Berglaubsänger
7 | Grünlaub-
sänger
6 | Balkanlaubsänger
8 | Wanderlaubsänger
9 | Gelbbrauen-
Laubsänger
10 | Goldhähnchen-
Laubsänger

Schwirl- bis Rohrsängerverwandte

SCHWIRLVERWANDTE

1 | Schlagschwirl 327 G 15 cm

Locustella fluviatilis **K** Eher zu hören als zu sehen, aber auch arm an auffälligen Kennzeichen: Oberseite ungestreift graubraun, Brust verwaschen gestrichelt, Überaugenstreif undeutlich, Flanken olivbraun verdunkelt, Beine rosa, aber lange braune Unterschwanzdecken mit weißen Spitzen. **S** Singt viel langsamer als der Feldschwirl mit voneinander getrennten Silben ausdauernd mechanisch wetzend „tze-tze-tze-tze-tze", besonders nachts; ruft „zr" und „dschik". **L** Feuchtes Dickicht, oft am Wasser. **V** bz 5-8, besonders im Osten.

2 | Rohrschwirl 328 G 14 cm

Locustella luscinioides **K** Wegen ähnlicher Färbung und gemeinsamen Lebensraums leicht mit Teichrohrsänger zu verwechseln, aber dunkler rotbraune Oberseite meist ohne rostbraun abgehobenen Bürzel, Brust und Flanken dunkler braunbeige, Schwanz breit und gerundet mit langen, (anders als Schlagschwirl) einfarbig rostbeigen Unterschwanzdecken. **S** Schwirrender Gesang ähnlich Feldschwirl, doch tiefer, härter und schneller, oft mit tickenden Tönen eingeleitet; ruft ähnlich Kohlmeise „tsching", „pwingt". **L** Größere Schilfgebiete. **V** bz 4-9.

3 | Feldschwirl 329 G 13 cm

Locustella naevia **K** Häufigster Schwirl, olivbraune Oberseite deutlich gestreift, helle Unterseite oft mit undeutlichen Brustflecken, Überaugenstreif schwach, kennzeichnender breiter, runder Schwanz mit langen, grob gefleckten Unterschwanzdecken (vgl. Schilfrohrsänger). Meist in niedriger Vegetation versteckt oder am Boden laufend. **S** Minutenlanges mechanisches, heuschreckenartiges Schwirren „serrrrrrrrrrr", auch nachts; ruft kurz „schitt". **L** Dichte Vegetation innerhalb offener Landschaft. **V** BZ 4-9.

HALMSÄNGER

4 | Zistensänger 330 G 10 cm

Cisticola juncidis **K** Klein mit kurzen Flügeln, kurzem, rundem Schwanz mit schwarzweißen Spitzen und leicht abwärts gebogenem Schnabel, ganze Oberseite kräftig hell und dunkel gestreift. Hält sich außer beim Singflug meist in bodennahem Pflanzendickicht verborgen. **S** Singt selbst in der Mittagshitze im typischen wellenförmigen Flug in etwa 10 m Höhe monoton „zrip zrip zrip …", pro Bogen ein Ton; ruft laut „tschip". **L** Offenes Gelände in Südeuropa, manchmal Brutvorstöße nach Norden. **V** A, ausnahmsweise b.

ROHRSÄNGERVERWANDTE

5 | Schilfrohrsänger 331 G 12 cm

Acrocephalus schoenobaenus **K** Häufigster der oberseits gestreiften Rohrsänger, dunkle Streifung allerdings oft schwach und diffus. Langer beiger Überaugenstreif, betont durch dunkle Seiten des gestrichelten Scheitels. Brust im JK dunkel gestrichelt. **S** Singt auch nachts an Teichrohrsänger erinnernd, aber abwechslungsreicher, schneller, mit Imitationen und Crescendo erregter Töne, die in melodisches Flöten übergehen, z. B. „zrüzrü-trett krükrükrüpsi trutru-perrrrrrr-errrrr wi-wi-wi lülülü zetre zetre …"; ruft „trrr" und „tjäck". **L** Bevorzugt Schilfgebiete, aber auch in vegetationsreichem Sumpf. **V** B (seltener im Südwesten), Z 4-9.

6 | Seggenrohrsänger 332 G 12 cm

Acrocephalus paludicola **K** Extrem seltener gestreifter Rohrsänger, der leicht mit einem Schilfrohrsänger verwechselt werden kann. Kennzeichnend sind die heller gelbliche Grundfärbung, die dunkle Kopfplatte mit scharfem, schmalem, beigem Scheitelstreif (manchmal bei Schilfrohrsänger besonders im JK angedeutet), der kräftiger schwärzlich gestreifte Mantel (einschließlich Bürzel) mit zwei langen gelblichen Längsstreifen, die helle Zügelregion und die Strichelung von Brust und Flanken. Im JK noch heller ockergelblich ohne Strichelung auf der Unterseite (im Gegensatz zum Schilfrohrsängetr im JK). **S** Singt träger und monotoner als Schilfrohrsänger „err-didi errrdüdü errr-didi …"; ruft „errr" und „teck". **L** Osteuropäische Seggensümpfe. **V** Bis 2014 noch extrem seltener bz im Nordosten, 4-9, inzwischen A.

7 | Mariskenrohrsänger 333 G 13 cm

Acrocephalus melanopogon **K** Ebenfalls oberseits gestreift, aber im Gegensatz zum Schilfrohrsänger eher rostbraune Grundtönung, Scheitel und Ohrdecken dunkler, den breiten, rechteckig endenden weißlichen Überaugenstreif und die weiße Kehle betonend. Flanken und Brustseiten ungestrichelt rostbraun getönt, Unterschwanzdecken weißlich, Flügel kürzer mit die Schirmfedern nur wenig überragenden Handschwingen. **S** Singt etwas weicher und lebendiger als Teichrohrsänger mit eingeschobenen arttypischen ansteigenden, an Brachvogel oder Nachtigall erinnernden Flötentönen „lü lü lüü lüüh"; ruft schmatzend „tscheck" und „krrk". **L** Binsen und Schilfgebiete. **V** A, aber bz 3-9 am österreichischen Neusiedlersee.

1 | Schlagschwirl
2 | Rohrschwirl
3 | Feldschwirl
4 | Zistensänger
5 | Schilfrohrsänger
JK
6 | Seggenrohrsänger
7 | Marisken-
rohrsänger
JK

1 | Teichrohrsänger 334 G 13 cm

Acrocephalus scirpaceus **K** Häufigster ungestreifter Rohrsänger von typischer Gestalt mit flachem, spitzem Kopf und langem Schnabel, an Schilf gebunden. Oberseite oliv- bis rostbraun, Bürzel wärmer rostbraun, Unterseite weißlich, oft zimt- bis rostfarben, heller Überaugenstreif schwach und nicht bis hinter das Auge reichend, Beine graubraun. **S** Gesang eine metronomartige Aneinanderreihung mehrfach wiederholter, meist rauer Töne, etwa „trr-trr-trr-tri-tri-tri-tiri-tiri", nur gelegentlich mit pfeifenden Imitationen durchsetzt, langsamer und schlichter als Schilfrohrsänger; ruft kurz „tschurrr" und „teck". **L** Große und kleine Schilfbestände. **V** BZ 5-9.

2 | Sumpfrohrsänger 335 G 14 cm

Acrocephalus palustris **K** Weniger an Schilf und Gewässer gebunden als der ähnliche Teichrohrsänger, aber Gefieder oberseits eher grünlich olivbraun, Bürzel nicht rostfarben abgehoben (außer im JK), unterseits gelblich grau überhaucht mit oft abgesetzter weißlicher Kehle, Überaugenstreif und Augenring deutlicher, Schirmfedern und Handschwingen deutlicher hell gesäumt, Alula oft dunkel hervorstechend, Beine hellbraun bis strohfarben, Flügel etwas länger (aber bei beiden Arten 7-8 Handschwingenspitzen frei sichtbar). **S** Abwechslungsreicher schneller Gesang tagsüber und nachts mit Tempiwechseln, rauen, pfeifenden, quietschenden und knarrenden Tönen, voller hervorragender Imitationen europäischer und afrikanischer Stimmen, dazwischen kennzeichnend nasal „ti-zää" oder meisenähnlich „tsä-bi"; warnt lang „karrr" und „tschrr". **L** Gebüsch, Sümpfe, Hochstaudenfluren, Brennnesselbestände, nicht nur am Wasser. **V** BZ 5-8.

3 | Feldrohrsänger 336 G 13 cm

Acrocephalus agricola **K** Östlicher Rohrsänger, dem Teichrohrsänger ähnlich, aber mit längerem, leicht gerundetem Schwanz und kürzeren Flügeln. Oberseits recht variabel rost- bis hell graubraun, unterseits weißlich mit bräunlichen Flanken und Unterschwanzdecken, Überaugenstreif sehr lang und markant, oben durch verdunkelte Scheitelseiten betont, Augenring schwach, Halsseiten heller, Schirmfedern breit rostbraun gesäumt, Schnabel kürzer, Unterschnabel mit dunkler Spitze, Beine fleisch- bis hornfarben, Handschwingen (meist nur sechs Spitzen sichtbar) überragen Schirmfedern weniger. **S** Gesang voller Imitationen und daher ähnlich Sumpfrohrsänger, doch mit konstantem Tempo, weicher, langsamer, ohne raue Elemente vorgetragen und ohne das für Sumpfrohrsänger kennzeichnende „tsä-bii"; ruft anders als Teichrohrsänger „dsack" und „tschick". **L** Meist in den landseitigen Bereichen ausgedehnter Schilfgebiete vom Schwarzen Meer ostwärts. **V** A.

4 | Buschrohrsänger 337 G 13 cm

Acrocephalus dumetorum **K** Kommt hauptsächlich nordöstlich vom Verbreitungsgebiet des Sumpfrohrsängers vor und ist diesem extrem ähnlich, doch etwas kleiner, flachstirniger und kurzflügeliger, oberseits eher fahl oliv- bis graubraun, unterseits kreideweiß mit nur schwacher Flankentönung, mit deutlichem Augenring und kräftig ausgebildetem, elliptisch verbreitertem Überaugenstreif, ziemlich einfarbigen Flügeln, nur die halbe Schwanzlänge einnehmenden Unterschwanzdecken (statt zwei Drittel), grauen Beinen und deutlich kürzeren Flügeln (6-7 Handschwingenspitzen sichtbar). **S** Gesang vorwiegend nachts, besteht wie beim Sumpfrohrsänger überwiegend aus brillanten Imitationen, ist aber langsamer, Motive werden singdrosselartig 3-6, manchmal 10-mal wiederholt, bei vielen Individuen ist ein klares, in großen Tonschritten ansteigendes „loo-lüü-lii-a" eingeflochten, immer aber das dem Sumpfrohrsänger fehlende typische schnalzende „tscheck tscheck"; ruft weicher als Sumpfrohrsänger „thek" und „dsik". **L** Ähnlich Sumpfrohrsänger, oft in noch trockeneren Bereichen, gern in Brombeergebüsch. **V** A, ausnahmsweise b.

5 | Drosselrohrsänger 338 G 19 cm

Acrocephalus arundinaceus **K** Größter europäischer Rohrsänger, allein durch die Größe unverwechselbar. Färbung ähnlich Teichrohrsänger, Überaugenstreif deutlich, Schnabel drosselartig groß, Flügel sehr lang. **S** Singt laut knarrend „karre-kiet-karre-karre-kiet kiet"; ruft „krek" und „kerrr". **L** Schilfflächen und -streifen. **V** BZ 5-9.

BUSCHSÄNGER

6 | Seidensänger 339 G 14 cm

Cettia cetti **K** Fast immer in dichter Vegetation versteckt, kaum einmal zu sehen, aber um so lauter zu hören. Kompakt mit rotbrauner Oberseite, bräunlich getönter grauer Unterseite, schwachem Überaugenstreif, kurzem, rundem, oft gestelztem Schwanz (mit nur zehn statt wie bei Singvögeln üblich zwölf Steuerfedern!), kurzen rostbeigen Unterschwanzdecken und kurzen, gerundeten Flügeln. **S** Singt plötzlich einsetzend sehr laut und explosiv „plütt-plütt plitti plitti-plittplött"; ruft „pex" und schmetternd „tetetet". **L** Pflanzendickicht am Wasser in Süd- und Südwest-Europa, in manchen Jahren Brutvorstöße nach Norden. **V** Von Südwesten einwandernd, seit wenigen Jahren bj in Deutschland, offenbar recht winterhart und weiterhin zunehmend.

1. W
1 | Teichrohrsänger
1. W
2 | Sumpf-
rohrsänger
3 | Feldrohrsänger
1. W
4 | Busch-
rohrsänger
1. W
5 | Drosselrohrsänger
1. W
6 | Seidensänger

1 | Gelbspötter 340 G 13 cm

Hippolais icterina **K** In weiten Teilen Europas häufigster Spötter, im Vergleich zu Rohrsängern mit spitzerem Kopf, breiterem Schnabel und kürzeren Unterschwanzdecken. Oberseits grünlich, unterseits gelb, Überaugenstreif undeutlich und Zügel hell, daher offener Gesichtsausdruck; von hellen Rändern der Armschwingen gebildetes Flügelfeld, graue Beine. Im JK manchmal mehr bräunlich und gräulich. Bewegung träge, weniger hektisch als Laubsänger. **S** Abwechslungsreicher Gesang mit Imitationen ähnlich Sumpfrohrsänger, aber aus höherer Vegetation und nicht nachts, dazwischen eingeflochten typisches miauendes „giiäh" und der Ruf „tätäroit" oder „didero-id"; ruft auch „tätätä" und „täck". **L** Offene Laubwälder, Parks, Gärten. **V** BZ 5-9.

2 | Orpheusspötter 341 G 13 cm

Hippolais polyglotta **K** Vertritt den Gelbspötter im Südwesten Europas, ist etwas rundköpfiger, auf der grünlichen Oberseite eher mit Braun- als Graustich, unterseits hell gelb (manchmal auch beige), ohne helles Armflügelfeld und mit bräunlichen Beinen. Wichtigster Unterschied neben der Stimme sind die kürzeren, nicht bis zu den Spitzen der Oberschwanzdecken reichenden, die Schirmfedern nur etwa halb so weit wie beim Gelbspötter überragenden Flügel. **S** Singt melodischer, schwatzender und schneller als Gelbspötter, zu Beginn und eingestreut immer der typische sperlingsartig schilpende Ruf „trrrt", nie miauend „gii-äh"; ruft auch „tet" und „tschret". **L** Oft wärmere, trockenere Gebüsche und niedrigere Gehölze als Gelbspötter. **V** bz 5-8 in Südwest-Deutschland, breitet sich langsam weiter aus, im Nordosten immer noch A.

3 | Olivenspötter 342 G 17 cm

Hippolais olivetorum **K** Größter Spötter mit kräftigem, langem Schnabel und sehr langen Flügeln, oberseits braungrau, unterseits weißlich, Beine grau. Nur mit dem viel kleineren Blassspötter zu verwechseln, hat aber angedeutetes helles Armflügelfeld, gewölkte Unterschwanzdecken und sehr dunkle Schwung- und Steuerfedern. **S** An Drosselrohrsänger erinnernder lauter, rauchiger Gesang mit Wiederholungen, z. B. „kutschock tschü tschi tschack kerr kerr"; ruft tief und hart „tschack". **L** Unterholzreiche offene Wälder, Mandel- und Olivenhaine auf dem Balkan. **V** -.

4 | Blassspötter 343 G 12 cm

Iduna pallida **K** Erinnert weniger an Spötter als an blassen Teichrohrsänger, hat aber gerade abgeschnittenen Schwanz mit grauen Kanten und breitere Schnabelbasis. Ferner oberseits grau mit Oliv-, aber nie Rostton, unterseits einfarbiger weißlich, Überaugenstreif deutlicher, Unterschnabel gelblich, Beine graubraun, nicht so weit über die Schirmfedern ragende Handschwingen. Schlägt Schwanz abwärts. **S** Singt ohne Imitationen ähnlich Teichrohrsänger, doch rauer schwatzend und langweiliger, manchmal mit ansteigenden, wiederholten Tonfolgen; ruft schnalzend „tzack" und ratternd „krrrt". **L** Brütet von Ungarn bis zum Balkan in verbuschtem, offenem Wald und Obstplantagen. **V** A.

5 | Isabellspötter 344 G 13 cm

Iduna opaca **K** Spanischer Spötter, dort nur mit Teichrohrsänger verwechselbar (aber anderer Lebensraum), sonst extrem ähnlich Blassspötter, jedoch etwas größer, hochbeiniger, mit eher sandbrauner Oberseite, schwächerem Überaugenstreif, längerem und an der Basis breiterem Schnabel mit von unten konvexen statt konkaven Seiten. **S** Ruf wie Blassspötter; singt schneller und melodischer als dieser mit mehr Flötentönen. **L** Offener Wald, Plantagen, Gärten. **V** A.

6 | Buschspötter 345 G 11 cm

Iduna caligata **K** Kleinster Spötter, laubsängerähnlich, oberseits braun, heller Überaugenstreif deutlich und durch dunklen Zügel sowie dunklen Scheitelseitenstreif betont (ähnlich Feldrohrsänger), Schwanzkanten weißlich, Beine braunrosa, Unterschnabel hell mit dunkler Spitze, schlägt den Schwanz oft leicht aufwärts. **S** Gesang leise, schnell, schwatzend, brodelnd, ohne Imitationen, ähnlich leiser Gartengrasmücke, beginnt oft mit „di-di-di"; ruft raspelnd „dsrak". **L** Brütet in Osteuropa in Gebüsch, niedrigem Gestrüpp, Staudenfluren am Wasser und in der Waldsteppe. **V** A.

7 | Steppenspötter G 12 cm

Iduna rama **K** Ähnlich Buschspötter, etwas größer, langschwänziger, oberseits grauer, unterseits weißlicher, mit kürzerem Überaugenstreif, längerem Schnabel ohne dunkle Unterschnabelspitze, dadurch wiederum dem Blassspötter extrem ähnlich, schlägt den Schwanz jedoch aufstatt abwärts, hat kürzere Flügel mit meist nur 5 (statt 6) vor den Schirmfedern sichtbaren Handschwingenspitzen und keinen deutlichen Olivton auf der Oberseite. **S** Singt schneller und strukturierter als Buschspötter, mehr an Schilfrohrsänger erinnernd; ruft „zak". **L** Südöstlich vom Buschspötter in Steppen mit Büschen und Bäumen vom Wolgadelta bis Mittelasien. **V** A.

1 | Gelbspötter
1. W
1. W
2 | Orpheusspötter
1. W
3 | Olivenspötter
1. W
4 | Blassspötter
1. W
7 | Steppen-
spötter
6 | Buschspötter
5 | Isabellspötter
1. W

GRASMÜCKEN

1 | Mönchsgrasmücke 346 G 14 cm

Sylvia atricapilla **K** Eine der häufigsten und, da auch in Gärten brütend, bekanntesten Grasmücken. Insgesamt grau, oberseits mit bräunlichem Ton, unterseits heller, an den Flanken leicht olivgrau verdunkelt, keine weißen Schwanzkanten. Sofort an der Kopfplatte zu erkennen, diese beim ♂ im AK schwarz, beim ♀ und ♂ im JK braun. Kann mit Sumpf- und Weidenmeise verwechselt werden, die aber weiße Kopfseiten und schwarzes Kinn haben. Zur Brutzeit oft heimlich, danach aber gern an Beerensträuchern. **S** Wohltönend plaudernder, perlender Gesang endet mit klaren, langen, etwas wehmütigen Flötentönen; warnt hart „teck" und „täck-äck-äck". **L** Gärten, Parks, Wälder. **V** BZ 4-10, vereinzelt w.

2 | Gartengrasmücke 347 G 14 cm

Sylvia borin **K** Unauffälligste Grasmücke mit einfarbig graubraunem Gefieder ohne besondere Abzeichen, aber in fast ganz Europa häufig. Recht kräftig gebaut, Kopf gerundet, Halsseiten grau aufgehellt, angedeuteter Augenring, Beine und Schnabel grau. Lebt sehr zurückgezogen, bleibt meist im Blattwerk verborgen. **S** Gesang laut, weich und melodisch zwitschernd und plaudernd, auch mit raueren Tönen, länger als bei Mönchsgrasmücke und ohne deren klar flötendes Schlussmotiv; warnt „tschäk-tschäk" und „chärrr". **L** Offene Wälder, Parks. **V** BZ 5-9.

3 | Sperbergrasmücke 348 G 16 cm

Curruca nisoria **K** Östliche Art, groß und langschwänzig, Spitzen von Schwanz, Schirmfedern und Armdecken immer hell, Ober- und Unterschwanzdecken immer geschuppt. Im AK immer gelbe Iris, graue Oberseite und gesperberte Unterseite. Im JK Iris dunkel, Oberseite graubraun, Unterseite rahmfarben, hat aber anders als die sonst ähnliche Gartengrasmücke helle Schirmfederränder und Armdeckenspitzen. **S** Rauer, kurzer Gesang mit eingefügtem, ratterndem Artruf „rrrt-t-t-t-t". **L** Offenes Gelände mit Gebüsch, gern Dornenhecken, oft gemeinsam mit Neuntöter, vom östlichen Mitteleuropa ostwärts. **V** bz 5-9 in Ostdeutschland, sonst A.

4 | Klappergrasmücke 349 G 13 cm

Curruca curruca **K** Kleine, kurzschwänzige, häufige Grasmücke, in allen Kleidern praktisch identisch gefärbt. Oberseite einschließlich Flügel graubraun, Kopf heller grau, Ohrdecken dunkler, manchmal weißer Überaugenstreif angedeutet, Unterseite weißlich, Beine dunkelgrau, Iris dunkel; hat nie Rosttöne im Gefieder. **S** Gesang ein einfaches, monotones, hölzernes Klappern auf einem Ton „de-dededede", oft mit leise plauderndem Vorgesang, manchmal abgewechselt mit sehr hohem, mäuseartigem „zizizizi"; warnt schnalzend „tett". **L** Gärten, Parks, Waldränder. **V** BZ 4-9.

5 | Dorngrasmücke 350 G 14 cm

Curruca communis **K** Häufige Grasmücke offener Landschaft in fast ganz Europa. Hat in allen Kleidern breit rostbraune Säume der Flügeldecken und Schirmfedern, helle, gelblich bis rötlich braune Beine, helle Schnabelbasis und im AK auch aufgehellte Iris. ♂ mit grauem Kopf, weißer Kehle und rosa getönter Brust, ♀ etwas matter gefärbt, Kopf braungrau, Brust beige, im JK oft Kopf und Mantel einheitlich blass graubraun. Kann mit Klapper- und Brillengrasmücke verwechselt werden. **S** Der kurze, rau zwitschernde Gesang in holprigem Rhythmus wird oft im Singflug vorgetragen; ruft „wäääd wääd", warnt „dschäär". **L** Gebüsch in offener Landschaft, gerne Dornenhecken. **V** BZ 5-9.

6 | Orpheusgrasmücke 351 G 15 cm

Curruca hortensis **K** Große südwestliche Grasmücke mit braungrauer Oberseite, beiger Unterseite mit braunrosa Tönung, ungefleckten Unterschwanzdecken, Kopfplatte einschließlich Ohrdecken düster, beim ♂ schwärzlich. Größer als Samtkopf-Grasmücke, Beine schwärzlich, Iris meist hell, kein roter Lidring. **S** Lauter, drosselähnlicher Gesang aus mehrfach wiederholten, recht tiefen Silben, z. B. „turo-turo-turo tschrie-tschrie pjüpjüpjü"; ruft „tschack", warnt rasselnd „trrrrr". **L** Offene Wälder, hohe Macchie, Gebüsche in Südwest-Europa. **V** A.

7 | Nachtigallengrasmücke 352 G 16 cm

Curruca crassirostris **K** Sieht in allen Kleidern der Orpheusgrasmücke sehr ähnlich und vertritt sie im östlichen Mittelmeerraum, aber Schnabel länger und kräftiger, Schwanz länger, Oberseite sauberer grau, Kopf oft dunkler, Unterseite weißlicher, aber Unterschwanzdecken deutlich geschuppt, Iris oft verdunkelt. Im JK ähnlich Sperbergrasmücke im JK, aber Ohrdecken dunkel und keine Sperberung. **S** Singt melodischer, länger und abwechslungsreicher als Orpheusgrasmücke, oft an Nachtigall erinnernd, z. B. „trü trü trü schiwü schiwü jo-jo-jo-brü-triüh"; ruft tiefer als Mönchsgrasmücke „tschäck" und schnarrend „trrr". **L** Gebüsch mit einzelnen Bäumen, offener Laubwald. **V** -.

♀
♂
♂ 1. W
1 | Mönchsgrasmücke
2 | Gartengrasmücke
1. W
♂
♀ / ♂ 1. S
3 | Sperbergrasmücke
1. W
4 | Klappergrasmücke
1. W
6 | Orpheusgrasmücke
♀
♂
♀ / 1. W
5 | Dorngrasmücke
♂
♂
7 | Nachtigallengrasmücke

Grasmücken

1 | Samtkopf-Grasmücke 353 G 13 cm

Curruca melanocephala **K** Häufige Grasmücke im Mittelmeerraum, meist auch im Winter anwesend. In allen Kleidern mit rotem Augen- und Lidring sowie weiß abgesetzter Kehle. ♂ mit schwarzer Kapuze, Oberseite und Flanken grau, beim ♀ Kapuze grau, Oberseite und Flanken braungrau. **S** Kurzer, rau schwatzender, schneller Gesang mit kurzen flötenden und knirschenden Tönen durchsetzt, auch im Flug; warnt „terett tret-tret-tret" und „tr-tr-tr". **L** Gebüsch und lockerer Niederwald in Südeuropa. **V** A.

2 | Maskengrasmücke 354 G 13 cm

Curruca ruppeli **K** Kommt lediglich in Südgriechenland vor und kann nur mit Samtkopf-Grasmücke verwechselt werden, zeigt aber immer deutliche weißliche Ränder von Schirmfedern, Armschwingen und Armdecken. ♂ durch schwarze Kehle und weißen Bartstreif unverwechselbar, ♀ insgesamt grauer, Augenring unauffällig, Kehle oft grau oder dunkel gefleckt. **S** Singt ähnlich Samtkopf-Grasmücke, etwas langsamer; ruft ratternd „chrrr" und schnalzend „zit". **L** Bewohnt von 3-9 offenen Eichenwald und dichtes Gebüsch, oft an steinigen Hängen. **V** -.

3 | Schuppengrasmücke 355 G 13 cm

Curruca melanothorax **K** Brütet nur auf Zypern und ähnelt Samtkopf- und Maskengrasmücke. ♂ an von der Kehle bis zu den Unterschwanzdecken reichender grober Schuppung der Unterseite kenntlich, diese bei ♀ schwächer und auf dem Bauch meist fehlend, aber auch schon im JK auf den Unterschwanzdecken vorhanden und dann von Samtkopf-Grasmücke auch an rosa statt grauer Schnabelbasis und hellen Schirmfederrändern unterscheidbar. **S** Gesang langsam, holprig und trocken, wie Ruf „chrr" weniger rau als bei Samtkopf-Grasmücke. **L** Dichtes Gebüsch auf Zypern. **V** -.

4-6 | Weißbart-Grasmücke 356

Die Unterarten der „Weißbart-Grasmücke" werden in die drei Arten Iberien- (4), Ligurien- (6) und Balkan-Bartgrasmücke (5) unterteilt, Iberien- und Balkan-Bartgrasmücke aber oft noch als Weißbart-Grasmücke *C. cantillans* mit den Unterarten *cantillans*, *albistriata* (5) und *iberiae* (4) geführt.

4 | Iberien-Bartgrasmücke G 12 cm

Curruca inornata **K** ♂ oberseits blaugrau, unterseits rostorange mit kontrastierendem schmalem weißem Bartstreif und rotem Lidring. ♀ insgesamt blasser mit weißlichem Augenring, JK bräunlicher, Schirmfedern braun gesäumt, beide von Brillengrasmücke an graubraunen statt rotbraunen Flügeln unterscheidbar. **S** Singt abwechslungsreicher, auch mit klaren, hellen Tonfolgen, von Buschspitze oder im Flug; ruft trocken „tschek". **L** Gebüsch, Macchie, offene Wälder, auch Bergland. **V** A.

5 | Balkan-Bartgrasmücke G 13 cm

Curruca cantillans **K** Ähnlich Iberien-Bartgrasmücke, aber Kehle/Brust ziegelrot zu sonst weißlicher Unterseite kontrastierend, Bartstreif breiter, mehr Weiß auf Schwanzkanten. **S** Singt schneller als Iberien-Bartgrasmücke, ruft voller „tschrep". **L** Wie Iberien-Bartgrasmücke. **V** A.

6 | Ligurien-Bartgrasmücke G 12 cm

Curruca subalpina (nicht abgebildet) **K** Wie Iberien-B., doch Unterseite altrosa. ♀ und JK nur am Ruf von dieser unterscheidbar. **S** Singt höher und schneller als diese; Ruf kennzeichnend, ähnlich Zaunkönig „zerr". **L** Wie Iberien-B.; kehrt erst 2 Wochen später als Iberien-B. und Balkan-B. Ende April zurück. **V** A.

7 | Brillengrasmücke 357 G 12 cm

Curruca conspicillata **K** Erinnert durch rostbraune Flügel und weißen Augenring an die viel größere Dorngrasmücke. ♂ hat schwarze Augen- und Zügelregion und intensiver braunrosa Brust, ♀ geringeren Überstand der Handschwingen über ausgedehnter rostbraune Schirmfedern. **S** Singt hoch zwitschernd und mit klaren Tönen einsetzend; ruft lang klappernd „trrrrtrrr". **L** Niedriges Gestrüpp, halbwüstenartige, salzige Buschsteppen im westlichen Mittelmeerraum und isoliert auf Zypern. **V** A.

8 | Provencegrasmücke 358 G 13 cm

Curruca undata **K** Kleine, etwas düstere südwestliche Grasmücke mit langem, oft gestelztem Schwanz. ♂ oberseits grau, unterseits weinrot, Kehle weiß gestrichelt und Lidring rot, ♀ matter gefärbt, oberseits mit Braunstich, JK oberseits noch brauner, Kehle braunbeige, Unterseite grau. Atlantische Unterart *dartfordiensis* von Südengland bis Nordportugal oberseits brauner. **S** Singt von Buschspitze oder im Flug kurz und kratzend; Ruf gedehnt und heiser „tchää-är". **L** Niedriges Gebüsch. **V** A.

9 | Sardengrasmücke 359 G 13 cm

Curruca sarda **K** Inselart des westlichen Mittelmeers, ähnlich Provencegrasmücke, doch gesamte Unterseite einschließlich der ungestrichelten Kehle grau. Geschlechter ähnlich, ♂ auf Vorderkopf oft schwärzlicher. Im JK Kehle weißlich. **S** Gesang ein kurzes Schwatzen mit Schlusstriller; Ruf hart „tek". **L** Ganzjährig auf Sardinien und Korsika in Macchie bis ins Gebirge. **V** -.

10 | Balearengrasmücke G 12 cm

Curruca balearica **K** Nur auf den Balearen (außer Menorca), ähnelt Sardengrasmücke, aber kleiner, langschwänziger, mit scharf abgesetzter weißlicher Kehle, Schnabelbasis gelborange (statt rosa). **S** Gesang endet mit rollendem Triller; ruft eher zweisilbig, weicher und nasal „tsr-ek". **L** Verbuschte, steinige Hänge und Küstenfelsen. **V** -.

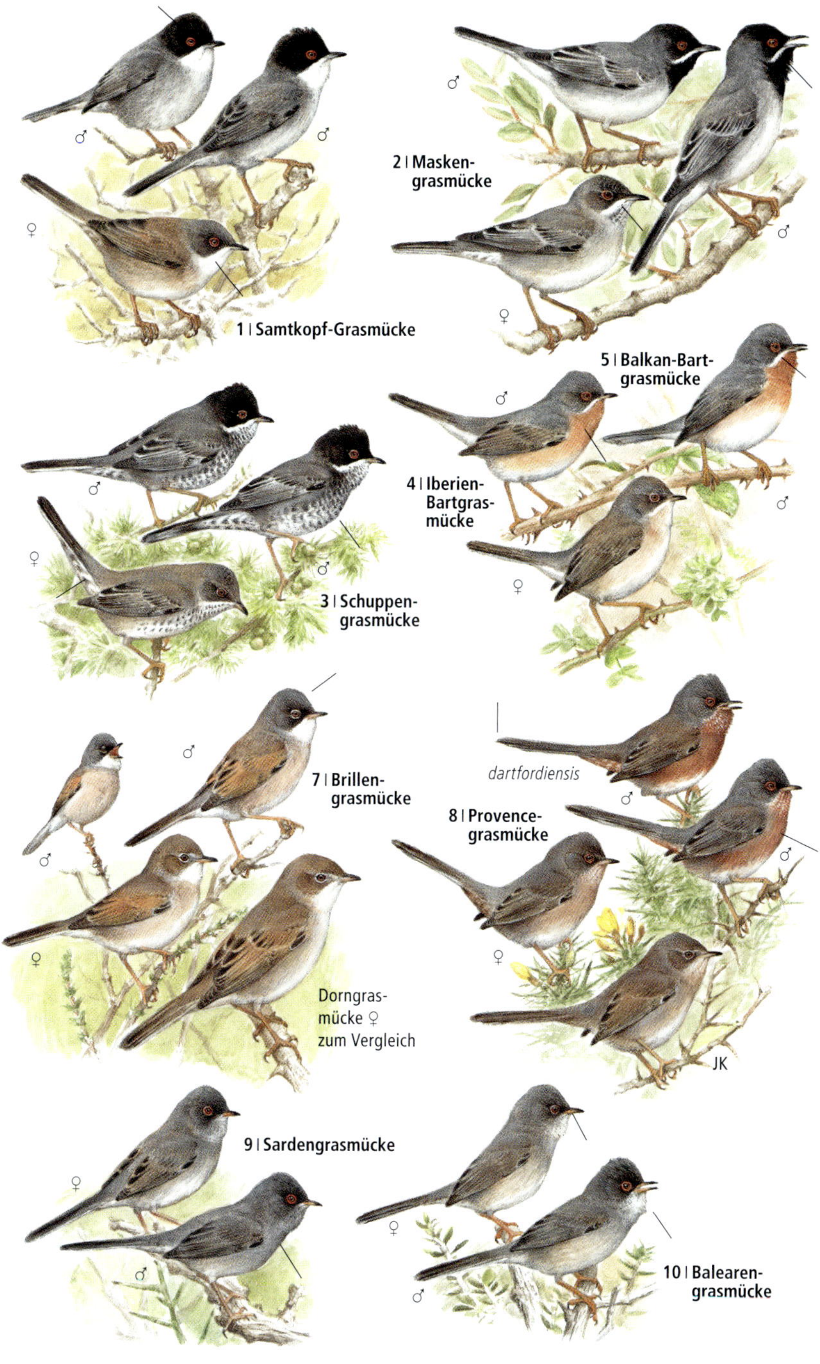

1 | Samtkopf-Grasmücke
2 | Masken-
grasmücke
3 | Schuppen-
grasmücke
4 | Iberien-
Bartgras-
mücke
5 | Balkan-Bart-
grasmücke
7 | Brillen-
grasmücke
Dorngras-
mücke ♀
zum Vergleich
dartfordiensis
8 | Provence-
grasmücke
JK
9 | Sardengrasmücke
10 | Balearen-
grasmücke

Goldhähnchen bis Kleiber

GOLDHÄHNCHEN

1 | Wintergoldhähnchen 360 G 9 cm

Regulus regulus **K** Kleinster Vogel Europas, wirklich winzig mit grünlichem Gefieder und weißlichen Flügelbinden. Im AK Scheitel schwarz umrahmt, in der Mitte beim ♂ orange, beim ♀ gelb leuchtender Scheitelstreif, diffuser heller Augenring hebt das große dunkle Auge hervor. Im nur kurz getragenen JK Kopf ungemustert gräulich. Turnt meist durch das Innere von Nadelbaumkronen und fällt durch die hohe Stimme auf. **S** Singt sehr hoch und auf zwei Tönen vibrierend „sisisisisi", oft mit kurzem Endschnörkel; ruft hoch „sri-sri-sri". **L** Nadel- und Mischwälder, auch Gärten mit Nadelbäumen. **V** BJZW, anders als Sommergoldhähnchen auch im Winter anwesend.

2 | Sommergoldhähnchen 361 G 9 cm

Regulus ignicapilla **K** Klein wie Wintergoldhähnchen und diesem sehr ähnlich, aber in allen Kleidern mit schwarzem Augen- und weißem Überaugenstreif (Merksatz: Sommergoldhähnchen Streif, Wintergoldhähnchen weiß). JK ohne typische Scheitelfärbung, dann ähnlich Gelbbrauen-Laubsänger. **S** Singt sehr hoch, schneller werdend und ansteigend „si si-sisisisisihrr" (Merksatz: Sommergoldhähnchen steigt, Wintergoldhähnchen wankt); ruft geringfügig tiefer als Wintergoldhähnchen, bei Reihung leicht ansteigend. **L** Nadel-, Misch-, teilweise Laubwälder, Parks. **V** BjZ 3-10.

BAUMLÄUFER

3 | Waldbaumläufer 362 G 13 cm

Certhia familiaris **K** Kleiner, oberseits rindenfarbig getarnter, unterseits weißer Vogel mit weißem Überaugenstreif, der spiralförmig und ruckartig an Baumstämmen emporklettert, sich dabei wie ein Specht mit dem Schwanz abstützt und mit dem schlanken, leicht abwärts gebogenen Schnabel in rissiger Rinde nach Insekten sucht. Extrem ähnlich Gartenbaumläufer, aber Oberseite eher rostbraun, Unterseite sauber weiß, Überaugenstreif deutlicher. **S** Gesang hoch und scharf, viel länger als bei Gartenbaumläufer, mit blaumeisenähnlichem Triller endend „zi zi zisirri-zisirirr", Ruf langsamer gereiht „srri srri" und „ti". **L** Parks, Mischwälder, bevorzugt Bergland. **V** BJ.

4 | Gartenbaumläufer 363 G 13 cm

Certhia brachydactyla **K** Oberseite rindenfarbig wie Waldbaumläufer, aber etwas düsterer, unterseits schmutzig weiß mit leicht bräunlich getönten Flanken, Überaugenstreif verwaschener und oft vor Schnabel endend, beiger Flügelstreif gleichmäßiger, ohne Stufe. **S** Singt kurz, holprig, hoch und leicht ansteigend „ti ti titerit sri"; ruft ähnlich Tannenmeise klar „tit" und „ti-tiü", auch in tropfender Serie, manchmal ähnlich Waldbaumläufer „srri". **L** Wälder, Parks, Gärten mit alten Bäumen. **V** BJ.

MAUERLÄUFER

5 | Mauerläufer 364 G 16 cm

Tichodroma muraria **K** Klettert an Felsen, wobei aus dem grauen Gefieder die roten Felder der runden Flügel hervorleuchten. ♂ im PK mit schwarzer Kehle. **S** Singt gepresst „tü trü zrjü"; ruft dünn „zui". **L** Steile Felswände, oft in Wassernähe, im Winter auch tiefere Lagen. **V** bj, in Deutschland nur Alpen.

KLEIBER

6 | Kleiber 365 G 14 cm

Sitta europaea **K** Läuft auch kopfabwärts an Bäumen, durch kurzen Schwanz, Meißelschnabel, graue Oberseite, schwarzen Augenstreif und rostfarbenen Steiß unverwechselbar. Unterseite rostorange, beim ♂ Flanken kastanienbraun. Unterarten Nordost-Europas unterseits weißer, in Italien kräftiger orange. **S** Singt laut pfeifend „tiü tiü tiü" und „wiwiwiwiwi"; ruft voll „twitt" und leise „zit". **L** Wälder, Parks, Gärten, auch Futterhäuser. **V** BJ.

7 | Felsenkleiber 366 G 15 cm

Sitta neumayer **K** Größer und heller als Kleiber mit längerem Schnabel und ohne Rosttöne auf der Unterseite. **S** Sehr stimmfreudig, Gesang und Rufe mit Variationen laut und klar pfeifend bis trillernd. **L** Klettert an Felsen, gerne an antiken Ruinen. **V** -.

8 | Korsenkleiber 367 G 11 cm

Sitta whiteheadi **K** Nur auf Korsika; weißer Überaugenstreif, Scheitel beim ♂ schwarz, beim ♀ grau. Turnt meisenartig in Baumkronen, zimmert Nisthöhle selbst. **S** Singt trillernd „düdüdüdididi"; ruft heiser „tschäh tschäh". **L** Alte Kiefernwälder im Gebirge. **V** -.

9 | Türkenkleiber G 12 cm

Sitta krueperi **K** In Europa nur auf Lesbos brütender Kleiber mit arttypischem orangerotem Brustfleck; ♀ trägt weniger Schwarz auf Stirn. **S** Singt schnell und nasal variabel „tütitüti ..."; ruft grünfinkenähnlich „dwüi" und heiser scheltend „tschä-tschä". **L** Kiefernwald auf Lesbos, sonst Türkei bis Kaukasus. **V** -.

1 | Wintergoldhähnchen
♂
♀
JK
2 | Sommergoldhähnchen
♂
♀
JK
3 | Waldbaumläufer
4 | Gartenbaumläufer
5 | Mauerläufer
♀ / ♂ SK
♂
6 | Kleiber
♀
♂
♂
Nordost-Europa
7 | Felsenkleiber
9 | Türkenkleiber
♂
8 | Korsenkleiber
♂

SEIDENSCHWÄNZE

1 | Seidenschwanz 368 — G 20 cm

Bombycilla garrulus **K** Ein unverkennbarer starengroßer, kakaobrauner Vogel mit auffallender Haube, schwarzem Kinnfleck und gelber Schwanzendbinde, außerhalb der Brutzeit meist in Trupps in Beerensträuchern. Im AK mit gelb und weiß gezeichnetem Winkel auf den Handschwingenspitzen, im 1. W ohne weißen Haken. Flugbild ähnlich Star, aber durch etwas schlankere Silhouette noch dreieckiger, Unterflügel hell (bei Star dunkel), Schwanz gerade abgeschnitten (bei Star leicht gekerbt). **S** Gesang einfach, langsam und leise mit klingelndem Triller und raueren Tönen; ruft silberhell klingelnd „sirrr". **L** Nadelwaldtaiga, im Winter auch Gärten und Parks in Mitteleuropa, manchmal invasionsartig. **V** W 10-4.

STARE

2 | Star 369 — G 21 cm

Sturnus vulgaris **K** In fast ganz Europa häufig und allgemein bekannt. Im SK schillernd schwarzes Gefieder mit hellen, im PK stark reduzierten Flecken. Schnabel im PK gelb (sonst schwärzlich), beim ♂ mit blauer Basis. Ungeflecktes JK variabel hell bis dunkel graubraun, während der Mauser zum 1. W seltsam zweifarbig. Dreieckiges Flugprofil. **S** Abwechslungsreicher Gesang zwitschernd, schwatzend, pfeifend, voller Imitationen; ruft schwirrend „tjürr" und heiser „staar". **L** Höhlenbrüter in Siedlungen, Gärten, Wäldern, Wiesen, außerhalb der Brutzeit oft riesige Schwärme, die in Schilf oder Bäumen übernachten. **V** BZ 3-10, auch W.

3 | Einfarbstar 370 — G 21 cm

Sturnus unicolor **K** Vertritt den Star auf der Iberischen Halbinsel. Gefieder mit eher einheitlichem Purpurglanz, Beine heller rosa, im PK ohne weiße Flecke im Gefieder (♂ mit längeren Kehlfedern als Star), in anderen Kleidern nur kleine helle Flecke auf Unterschwanzdecken und Bauch, nie auf dem Scheitel, sowie schmalere helle Federsäume der Flügelfedern. Im ungefleckten JK durchschnittlich dunkler als Star im JK. **S** Wie Star, Gesang etwas einfacher und durchdringender. **L** Siedlungen (dort meist Koloniebrüter), Gärten, Waldränder, Plantagen. **V** -.

4 | Rosenstar 371 — G 21 cm

Pastor roseus **K** Altvögel durch rosa Körpergefieder, schwarzen Kopf mit herabhängendem Schopf sowie schwarze Flügel- und Schwanzfedern unverkennbar. Im JK viel blasser als Star, Zügel hell (bei Star dunkel), Bürzel noch heller als übrige Oberseite, Schnabel gelblich, kürzer, höher und stumpfer, Beine kräftiger. **S** Singt schwatzend mit rauen und knirschenden Tönen wie Star, aber ohne Imitationen, auch Rufe ähnlich. **L** Offene Landschaften Südost-Europas, gelegentlich bis Ungarn, folgt Heuschreckenschwärmen und brütet in oft gewaltigen Kolonien in Klippen, Steinbrüchen, auch an Häusern und Ställen. **V** A.

5 | Hirtenmaina — G 23 cm

Acridotheres tristis **K** Starengroß, aber robuster, Gefieder dunkel graubraun mit schwärzlichem Kopf, Schnabel, unbefiederte Augenpartie und Beine gelb, im Flug auffallender weißer Handflügelfleck. **S** Sehr lärmend, Gesang erinnert durch Wiederholungen an Singdrossel, aber rauer und krächzender; ruft u. a. „tschääk". **L** Asiatische Starenart, vielerorts eingebürgert (z. B. Moskau, östliche Schwarzmeerküste), meist in Gruppen in menschlichen Siedlungen. **V** Gefangenschaftsflüchtling, selten auch Freilandbruten.

ZAUNKÖNIGE

6 | Zaunkönig 372 — G 10 cm

Troglodytes troglodytes **K** Ein winziger Vogel mit kurzem, oft steil aufgerichtetem Schwanz, dessen Gestalt durch die Kurzhalsigkeit oft kugelig wirkt. Gefieder braun mit feiner dunkler Bänderung, Schnabel recht lang. **S** Gesang erstaunlich laut und schmetternd mit Schlusstriller, etwa „ti lü ti-ti-ti-ti-ti türr-ju-tü-lü tell-tell-tell-tell-tell ju terrrrrrrrrr-zill"; Ruf oft zu hören, schnurrend „zrrrr" und hart „zeck". **L** Wälder, Parks, Gärten mit Gebüsch, gern am Wasser. Baut aus Moos und Blätterrn ein kugeliges Nest mit seitlichem Eingang. **V** BJ.

WASSERAMSELN

7 | Wasseramsel 373 — G 19 cm

Cinclus cinclus **K** Immer am und im Wasser, wippend auf Steinen stehend und von dort tauchend oder schwimmend, folgt im schnellen Schwirrflug dem Bachlauf. Starengroß mit kurzem, oft gestelztem Schwanz, wirkt daher wie ein riesiger Zaunkönig. Großer weißer Brustlatz kennzeichnend, Bauch in den meisten Regionen rotbraun, besonders in Nordeuropa schwarzbraun. Im JK grau und rundum gebändert. **S** Auch im Winter leise zwitschernder Gesang; ruft durchdringend „zrrt". **L** Schnell fließende Bäche und Flüsse mit herausragenden Steinen, besonders im Bergland. Nest oft in Nischen unter Brücken. **V** BJ.

1. W
1 | Seidenschwanz
SK
JK
♂ PK
2 | Star
JK
PK
4 | Rosenstar
3 | Einfarbstar
SK
♂ PK
5 | Hirtenmaina
Nord-
europa
7 | Wasseramsel
6 | Zaunkönig
JK

DROSSELN

1 | Amsel 374 G 26 cm

Turdus merula **K** Bekannteste Drossel Europas, hat in fast allen Regionen den menschlichen Siedlungsbereich erobert. Beim Hüpfen über den Rasen typische Silhouette mit leicht angehobenem Schwanz und etwas hängenden Flügeln. ♂ ganz schwarz mit gelbem Schnabel und Lidring, ♀ dunkelbraun bis schwärzlich, unterseits variabel rostbraun, schiefergrau oder schwarzbraun, auf der Brust oft verwaschen gewölkt oder gestrichelt, Schnabel mehr oder weniger gelb. Im JK braun mit gelblichen Stricheln. Im 1. W und 1. S wie im AK, aber Schwungfedern zu Braun ausgeblichen. **S** Schön flötender, lauter, abwechslungsreicher, oft etwas trauriger Gesang mit hohen und tiefen Tönen, oft zwitschernd beendet, von erhöhten Punkten schon im Morgengrauen und Spätwinter vorgetragen; Rufe vielfältig, z. B. „tschack-ack-ack", tief „gock", sehr hoch „ziih" und rau „srri". **L** Gärten, Baumgruppen, Parks, Wälder. **V** BJZW.

2 | Singdrossel 375 463 G 21 cm

Turdus philomelos **K** Kleine und häufige Drossel mit komplett lehmbrauner Oberseite und rahmweißer, mit dunklen Pfeilflecken versehener Unterseite. Geschlechter gleich gefärbt, im JK mit kleinen beigen Flecken auf Oberseite und Flügeldecken. Etwas heimlicher als Amsel, wirkt im ruckartigen Flug kurzschwänzig und zeigt dabei ockerbraune Unterflügeldecken. **S** Schöner, lauter Gesang aus flötenden und gequetschten Motiven, die jeweils mehrfach wiederholt werden, z. B. „diudut-diudut-diudut kükliwi kükliwi krüü krüü kvi-kvi-kvi tanja tanja piopiopio", meist von Baumspitzen aus vorgetragen, bis tief in die Abenddämmerung hinein; ruft kurz „zip", auch während des nächtlichen Zugs, und warnt scharf scheltend „xixixixi". **L** Wälder, Parks, Gärten; ernährt sich gerne von Gehäuseschnecken. **V** BZ 3-10.

3 | Rotdrossel 376 464 G 21 cm

Turdus iliacus **K** Kleine nordeuropäische Drossel, von der ähnlichen Singdrossel am typischen Kopfmuster mit rahmfarbenem Überaugen- und Bartstreif sowie den rostroten Flanken unterschieden, im Flug ferner an den rostroten (statt hellbraunen) Unterflügeldecken. **S** Einfacher Gesang individuell unterschiedlich aus zwei bis fünf Flötentönen und anschließendem leisem Gezwitscher, z. B. „dri drü dru drudro", „tjerre-tjürre-tjo", während des Heimzugs auch als Chor von rastenden Trupps zu hören; ruft hoch und gedehnt „zii", auch beim nächtlichen Zug. **L** Offene Wälder, zur Zugzeit im Herbst oft in Beerensträuchern, im Frühjahr auf kurzrasigen Wiesen. **V** Z 3-4, 10-11, auch w.

4 | Misteldrossel 377 G 28 cm

Turdus viscivorus **K** Große Drossel, oberflächlich ähnlich der viel kleineren Singdrossel gefärbt, doch langschwänzig, oberseits grauer mit hellen Rändern der Flügelfedern, kräftiger quer getropfter Unterseite sowie im Flug rein weißen Unterflügeldecken und weißen Ecken an der Schwanzspitze. Eher aufmerksam und scheu. **S** Gesang ähnlich Amsel, aber Strophen kürzer, schneller, monotoner, meist ohne zwitscherndes Ende, etwa „truitrüvu tjuriitjuruu"; kennzeichnender Ruf hölzern schnarrend „zerrrr". **L** Wälder, Parks, oft Gebiete mit vielen Misteln. **V** BJZW.

5 | Wacholderdrossel 378 G 25 cm

Turdus pilaris **K** Kräftige Drossel, am Kontrast zwischen kastanienbraunem Mantel zum Grau von Kopf und Bürzel leicht erkennbar, beige bis rostgelbe Brust sowie Flanken stark gefleckt; Unterflügel weiß. Meist in Trupps. **S** Gesang unscheinbar zwitschernd und zeternd, oft im Flug; Ruf elsterähnlich schackernd „tschack-tschack-tschack" und gepresst „giih". **L** Waldränder, Gehölze, Parks, brütet in lockeren Kolonien, zur Zugzeit oft auf Wiesen. **V** BJZW.

6 | Ringdrossel 379 G 25 cm

Turdus torquatus **K** Drossel des Berglands, dunkel und daher ähnlich Amsel, aber in sämtlichen Kleidern mit halbmondförmigem hellem Brustband, beim schwarzen ♂ weiß, beim bräunlich schwarzen ♀ beige und im braunschwarzen 1. W zumindest angedeutet, ferner immer mit aufgehellten Säumen der Flügelfedern. Unterseite durch ebenfalls helle Federsäume geschuppt, wenig bei Unterart *torquatus* in Nordeuropa, stark bei *alpestris* in Mittel- und Südeuropa. **S** Einfacher, melancholischer Gesang aus 2-4 wiederholten Flötentönen, z. B. „trüb-trüb-trüb" oder „siwüh siwüh"; ruft härter als Amsel „tjock". **L** In Nordeuropa bewaldete Fjälls, in Mitteleuropa Nadelwälder der Mittel- und Hochgebirge. **V** bz 4-10 in den Alpen, seltener in Mittelgebirgen.

7 | Erddrossel G 29 cm

Zoothera aurea **K** Große goldbraune Drossel mit auffälligen dunklen, halbmondförmigen Flecken und langem Schnabel, im Flug schwarzweiß gebänderte Unterflügel kennzeichnend; Kleider nicht unterscheidbar. Oft werden Amsel und Misteldrossel im gefleckten JK für diese extrem seltene Art gehalten. Scheu, meist in Dickicht versteckt. **S** Gesang ein monoton wiederholter, langer Pfeifton. **L** Vom Westural ostwärts in unterholzreicher, feuchter sibirischer Taiga. **V** A.

JK
♀
♂
1 | Amsel
2 | Singdrossel
JK
3 | Rotdrossel
4 | Misteldrossel
5 | Wacholder-
drossel
6 | Ringdrossel
♀
♂
torquatus
♂
alpestris
7 | Erddrossel

SCHNÄPPERVERWANDTE

1 | Blaumerle 380 — G 22 cm

Monticola solitarius **K** Fast amselgroßer Felsbewohner mit langem, dunklem Schnabel und langem, langsam auf- und abwärts bewegtem dunklem Schwanz. ♂ rundum dunkelblau, Flügel und Schwanz schwärzlich, ♀ oberseits insgesamt dunkelbraun, unterseits heller gebändert, doch wirken beide aus der Entfernung oft einfach nur dunkel. Scheu und aufmerksam, steht gern auf Steinen, versteckt sich aber auch schnell dahinter. **S** Traurig flötender, lauter, klarer Drosselgesang, dazwischen zitternde Töne, von Warte oder im Flug vorgetragen; ruft klagend „uib uib" und tief „tschuk". **L** Sonnige Felshänge in Südeuropa, auch Gemäuer. **V** A, aber kleines Brutvorkommen in der Schweiz (Tessin).

2 | Steinrötel 381 — G 19 cm

Monticola saxatilis **K** Kräftig gebaut mit kurzem, rostbraunem Schwanz und recht langem Schnabel. ♂ unverwechselbar bunt mit weißem Rückenfleck, ♀ und JK braun und ähnlich Blaumerle, aber auch oberseits gebändert, unterseits mit Orangeton, Schwanz rostbraun. **S** Flötender, amselartiger Gesang, weicher als Blaumerle und oft mit abfallendem Triller beginnend, von Warte oder im hohen Singflug; ruft weich „djü" und „hü-dschak". **L** Steinige Bergwiesen und Blockhalden in Südeuropa bis Südalpen und Ungarn. **V** bz, sehr lokal im Allgäu, sonst österreichische Alpen und häufiger Südschweiz.

3 | Grauschnäpper 382 — G 14 cm

Muscicapa striata **K** Unscheinbar graubrauner Vogel, steht meist aufrecht auf Warten, von denen aus er nach Fluginsekten jagt, und fällt durch den Ruf auf. Oberseits hell graubraun mit schwärzlich gestricheltem Scheitel, unterseits weißlich mit diffus gestreifter Brust. Im JK oberseits und auf Armdeckenspitzen ockerbraun gefleckt. Brutvögel der Balearen, Sardiniens und Korsikas, etwas kleiner, heller, unterseits kaum gestrichelt, werden als eigene Art **Mittelmeer-Grauschnäpper** *M. tyrrhenica* abgetrennt. **S** Unauffälliger Gesang hoch und spitz mit rauen und gepressten Tönen, z. B. „zi zwit tsrri …"; fast ständig geäußerte Rufe scharf und hoch zirpend „zrri", „zit". **L** Offene Wälder, Parks, auch Siedlungen, brütet in Halbhöhlen, auch Mauernischen an Häusern. **V** BZ 5-9.

4 | Zwergschnäpper 383 — G 12 cm

Ficedula parva **K** Meist in Baumkronen versteckt und daher selten zu sehen. Klein und agil, in allen Kleidern mit blass brauner Oberseite, weißlichem Bauch, hellem Augenring und kennzeichnenden ausgedehnt weißen Partien an der Schwanzbasis. Nur ♂ im AK mit grauem Kopf und orangefarbener Kehle, ♀ auf Brust und Flanken beige getönt. Im 1. W wie ♀, aber mit hellspitzigen Großen Armdecken, auch ♂ im 1. S noch wie ♀, im 2. S mit wenig Orange an der Kehle und kaum Grau am Kopf, erst im 3. S ausgefärbt. **S** Gesang beginnt mit spitzen Tönen, gefolgt von rhythmischen zweisilbigen Elementen und abfallendem Schluss, etwa „sri sri wüd wüd eida eida dü dü düh"; ruft zaunkönigartig „srrrt", auch trocken „tck tck", warnt flötend „ilü ilü". **L** Alte Laub- und Mischwälder, oft Buchen. **V** bz 5-9, fast nur im Alpenraum und Osten.

5 | Trauerschnäpper 384 — G 13 cm

Ficedula hypoleuca **K** Recht kräftig gebauter Fluginsektenjäger, zuckt oft mit Flügeln und Schwanz. In allen Kleidern unterseits weißlich, dazu weißes Armflügelfeld und weiße Kanten an der Schwanzbasis. ♂ oberseits variabel gefärbt, von schwärzlich (besonders im Norden) bis graubraun (mittel- bis osteuropäische Unterart *muscipeta*). ♀ und 1. W oberseits braun, Brust und Flanken oft beige getönt, kein weißer Stirnfleck. **S** Rhythmischer Gesang mit verschiedenen Motiven, z. B. „ziwi ziwi tsüli tsüli wütie wütie züli sri"; ruft scharf „pit". **L** Laub- und Mischwälder, Parks, benutzt als Höhlenbrüter auch gerne Nistkästen. **V** BZ 4-9.

6 | Halsbandschnäpper 385 — G 13 cm

Ficedula albicollis **K** Ähnlich Trauerschnäpper, ♂ sofort am im Nacken geschlossenen weißen Halsband erkennbar, ferner Oberseite immer schwarz mit weißlichem Bürzel, Stirnfleck größer, Schwanz ganz schwarz, ♀ etwas grauer als Trauerschnäpper, weißes Feld auf Handschwingenbasen ausgedehnter. **S** Singt ganz anders als Trauerschnäpper langsam mit lang gezogenen, gepressten Tönen, etwa „trüh ziit tru sidi"; ruft lang saugend „hiiip". **L** Laubwälder, Parks in Südost-Europas. **V** bz 5-8, nur Süddeutschland.

7 | Halbringschnäpper 386 — G 13 cm

Ficedula semitorquata **K** Vertritt den Halsbandschnäpper auf dem Südbalkan und wirkt wie eine Kreuzung aus diesem und dem Trauerschnäpper. ♂ oberseits schwärzlich mit etwas mehr Weiß auf den Halsseiten als Trauerschnäpper, mehr Weiß auf Schwanzbasis und -kanten, weißspitzigen Mittleren Armdecken und mehr Weiß auf Handschwingenbasen. ♀ oberseits graubraun, oft mit zweiter Flügelbinde, aber kaum von denjenigen der beiden anderern Arten unterscheidbar. **S** Singt langsamer als Trauer-, ruft tiefer als Halsbandschnäpper. **L** Laub-, Mischwälder und Obsthaine. **V** -.

1 | Blaumerle
♀
♂
2 | Steinrötel
♀
♂
3 | Grauschnäpper
JK
1. W
♂ PK
♀/♂ 1. S
4 | Zwerg-
schnäpper
5 | Trauer-
schnäpper
♂
♂
♀
muscipeta
7 | Halbring-
schnäpper
♂
♀
6 | Halsband-
schnäpper
♂

Schnäpperverwandte

1 | Rotkehlchen 387 G 13 cm

Erithacus rubecula **K** Allgemein bekannter und beliebter kleiner, oft etwas rundlicher und häufig sehr zutraulicher Vogel. Stirn, Kopfseiten und Brust rostrot, Bauch weißlich, Oberseite einschließlich Schwanz einfarbig braun. Geschlechter gleich gefärbt, im nur kurz getragenen JK hell gefleckt und noch ohne Rot. Hüpft viel am Boden und „knickst". **S** Gesang silberhell, erst hohe Töne, dann plaudernde Laute, am Schluss perlender Triller, singt auch im Winter; ruft „tick", auch in schneller Folge, warnt hoch „tsiih". **L** Wälder, Gärten, Parks; besucht auch Futterhäuser. **V** BJZW.

2 | Blaukehlchen 388 G 13 cm

Luscinia svecica **K** In allen Kleidern durch deutlichen weißlichen Überaugenstreif und rostrote Felder an der Schwanzbasis gekennzeichnet, Gestalt sonst ähnlich Rotkehlchen. Kehle des ♂ im Prachtkleid metallisch blau, zum Bauch von schwarzem und rostrotem Band begrenzt, Kehlfleck verschieden groß, bei skandinavischen und hochalpinen Vögeln der Unterart *svecica* rostrot, bei der Unterart *cyanecula* im übrigen Europa weiß, aber oft klein. ♀ mit schwärzlich begrenzter cremefarbener Kehle, manchmal mit einigen blauen und rostroten Federn durchsetzt. **S** Singt silberhell mit Imitationen, oft mit hohem „tri tri tri" einsetzend und sich wie eine Balalaikamelodie beschleunigend, auch nachts; ruft hart „track". **L** In der Ebene vegetationsreiche Feuchtgebiete, Schilf, Sumpf, Grabenränder, in Skandinavien und im Bergland feuchte Weidendickichte, Latschenbestände, Fjällbirkenwald. **V** BZ 4-9.

3 | Blauschwanz 389 G 13 cm

Tarsiger cyanurus **K** Heimlicher Taigavogel, in allen Kleidern dunkel begrenzte weiße Kehle, orangefarbene Flanken und mehr oder weniger blauer Oberschwanz. Oberseits blaues ♂ unverwechselbar, ♀ und unausgefärbte Vögel bis zum 1. S oberseits olivbraun mit weißlichem Augenring. **S** Singt meist von Baumspitze traurig „tjülü-tjülü-tjülürr"; ruft „huid" und „track". **L** Bergige, dunkle Taiga westwärts bis Ostfinnland. **V** A.

4 | Nachtigall 390 G 16 cm

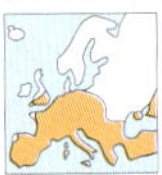

Luscinia megarhynchos **K** Wie alle wirklich großen Sänger optisch eher unscheinbar, oben einfarbig warm braun, Schwanz rostbraun, unterseits bis auf die beige Brust weißlich. Bleibt meist im Dickicht versteckt, Nahrungssuche hauptsächlich am Boden. Vgl. Sprosser. **S** Singt tagsüber und auch nachts flötend, schluchzend, schmachtend, mit Crescendo und schmetternden Folgen, z. B. „diu-düt diu-düt tschurrtschrrtschurr diudi dü düü-duu-düü-diii diudüt"; warnt ansteigend „hijt" und ruft knarrend „karr". **L** Unterholzreiche Wälder, Parks, feuchte Dickichte. **V** BZ 4-9.

5 | Sprosser 391 G 16 cm

Luscinia luscinia **K** Vertritt die Nachtigall im Nordosten, sehr ähnlich gefärbt, aber dunkler graubraun, Brust verwaschen grau gewölkt oder gefleckt („Sommersprossen"), vor den Schirmfedern acht (statt sieben) Handschwingenspitzen sichtbar. **S** Singt langsamer, tiefer und kräftiger als Nachtigall, ohne Crescendo, dafür mit tief schlagendem „tschuck-tschuck-tschuck"; ruft ohne Anstieg „hiit" und rollend „errr". **L** Wie Nachtigall, oft feuchtere Lebensräume, Bruchwälder. **V** BZ 5-9, nur Nordost-Deutschland.

6 | Heckensänger 392 G 16 cm

Cercotrichas galactotes **K** Erinnert etwas an eine Nachtigall, hat aber markant gestreiftes Kopfmuster und längeren, oft gestelzten und gefächerten Schwanz mit schwarzweißen Spitzen. Unterart *galactotes* im Südwesten oberseits rostbeige, *syriaca* im Südosten braungrau. Steht oft frei oder hüpft offen über den Boden. **S** Eiliger, kurzer Gesang drosselartig und wehmütig; ruft hart „tack" und summend insektenartig „bzzzzz". **L** Trockene, offene Landschaft mit Gebüsch, steht gerne auf angepflanzten Kakteen. **V** A.

7 | Hausrotschwanz 393 G 14 cm

Phoenicurus ochruros **K** Als Stadtbewohner allgemein bekannt, durch häufiges Zittern des rostroten Schwanzes unverkennbar. Alte ♂ sonst schwärzlich mit weißem Flügelfeld, einjährig aber oft noch wie ♀ düster graubraun. **S** Kurzer Gesang aus pfeifenden und klappernden Tönen, mit typischen knirschenden Lauten durchsetzt, oft in der Dämmerung, gern von Dächern und Antennen; Ruf „wisd tek-tek". **L** Menschliche Siedlungen, Häuser, Felsen; Nest oft in Mauernischen oder halboffenen Nistkästen. **V** BZ 3-10, vereinzelt w.

8 | Gartenrotschwanz 394 G 14 cm

Phoenicurus phoenicurus **K** Zittert ständig mit dem in allen Kleidern rostroten Schwanz. Das hübsche ♂ unverkennbar, im SK und 1. W immer noch wie eine Pastellversion seines PK. ♀ heller, bräunlicher, wärmer getönt, unterseits heller beige als Hausrotschwanz. **S** Kurzer, wehmütiger Gesang schon in der Morgendämmerung, variabel und mit Imitationen, z. B. „huid trüi-trüi-trüi-sürü"; warnt „huid tick-tick". **L** Offene Wälder, Gärten, Nest in Baumhöhlen oder Nistkästen mit ovalem Einflugloch. **V** BZ 4-9.

1 | Rotkehlchen
JK
2 | Blaukehlchen
♂
svecica
♀
♂
cyanecula
4 | Nachtigall
3 | Blauschwanz
♀
♂
5 | Sprosser
6 | Heckensänger
galactotes
syriaca
7 | Hausrotschwanz
♀ / ♂ 1. S
♂ PK
♂ SK /
1. W
♀
8 | Gartenrot-
schwanz
♂ PK

Schnäpperverwandte

1 | Braunkehlchen 395 G 13 cm

Saxicola rubetra **K** Steht gern auf leicht erhöhten Warten in feuchtem Wiesengelände. Überaugenstreif lang und weißlich, Kehle und Brust orangebraun, braune Oberseite mit schwarzen Fleckenreihen einschließlich Oberschwanzdecken, Schwanzbasis außen weiß. **S** Klarer, zwitschernder, kurzer Gesang mit Imitationen, auch nachts; ruft „jü teck-teck". **L** Feuchtwiesen, Weiden, Heiden, Brachflächen. **V** BZ 4-9.

2 | Schwarzkehlchen 396 G 12 cm

Saxicola rubicola **K** Gestalt und Verhalten ähnlich Braunkehlchen, Brust ebenfalls rostbraun, aber Kopf und Kehle dunkel, Halsseitenfleck weiß, Schwanz ganz dunkel, Bürzel aufgehellt. ♀ blasser gefärbt, im 1. W Kehle weißlich. **S** Kurzer, zwitschernder Gesang, ruft „wiiht track-track". **L** Brachland, Heide, Gebirge. **V** bz 3-10.

3 | Pallasschwarzkehlchen 397 G 12 cm

Saxicola maurus **K** Vertritt das Schwarzkehlchen vom Westural ostwärts. ♂ hat rein weißen Bürzel, schwarze (statt dunkelgraue) Unterflügeldecken, mehr Weiß auf Halsseiten, weniger Orange auf Brust. ♀ und 1. W im Gegensatz zu Schwarzkehlchen blasser, mit ungestreift beigem Bürzel, heller Kehle und angedeutetem Überaugenstreif. **S**, **L** wie Schwarzkehlchen. **V** A.

4 | Steinschmätzer 398 G 15 cm

Oenanthe oenanthe **K** Häufigster Steinschmätzer Europas, steht gern auf niedrigen Warten in offenem Gelände. Weißer Schwanz mit typischem schwarzem Muster wie ein umgedrehtes „T". Im PK oberseits grau, ♂ kontrastreich und unverwechselbar, ♀ blasser gefärbt. Im SK und 1. W jedoch unscheinbarer, oben braun, unten braunbeige. **S** Kurzer, knirschender, harter Gesang mit eingeflochtenem saugendem Artruf „hiit"; ruft auch hart „tschak". **L** Offenes Gelände, Brachland, Felsen. **V** BZ 4-10.

5 | Isabellsteinschmätzer 399 G 16 cm

Oenanthe isabellina **K** Nur in Südost-Europa, kaum von schlicht gefärbtem Steinschmätzer unterscheidbar, etwas größer, kurzschwänziger, kurzflügeliger, hochbeiniger, einheitlicher sandfarben, mit breiter Schwanzendbinde, vor dem Auge deutlicherem Überaugenstreif (bei Steinschmätzer dahinter), aus einheitlich braunem Flügel schwarz hervorstechender Alula (bei Steinschmätzer auch Armdecken dunkel) und hellen (statt dunkler grauen) Unterflügeln. **S** Lange plaudernder Gesang mit typischen Serien von Pfeiftönen und Imitationen; ruft hoch flötend „huit". **L** Steppen. **V** A.

6 | Maurensteinschmätzer 400 G 15 cm

Oenanthe hispanica **K** Diese und die folgende Art werden auch als **Mittelmeer-Steinschmätzer** *O. hispanica* zusammengefasst. Südwest-europäische Art, schlanker als Steinschmätzer, Schwanzendbinde schmaler und ungleichmäßig, kommt gleich häufig in zwei Morphen vor, mit dunkler Kehle oder dunkler Augenmaske. Oberseits warm ocker, später zu zimtbeige verblassend, ♀ weniger kontrastreich und matter gefärbt. **S** Gesang kurz und trocken zwitschernd mit einigen Imitationen; ruft raspelnd „gschr". **L** Offene Landschaft, Macchie. **V** A.

7 | Balkansteinschmätzer G 15 cm

Oenanthe melanoleuca **K** Südost-europäisches Gegenstück zum Maurensteinschmätzer, oft kaum unterscheidbar, weniger warm getönt mit Graustich, beim ♂ im Sommer oft zu Weiß ausbleichend. ♂ ferner mit schmalem schwarzem Stirnband und entweder breiterer Maske oder weiter ausgedehnter schwarzer Kehle. **S** Wie Maurensteinschmätzer. **L** Offenes, steiniges Gelände. **V** A.

8 | Nonnensteinschmätzer 401 G 15 cm

Oenanthe pleschanka **K** ♂ im PK sofort am schwarzen Mantel und der immer schwarzen Kehlfärbung erkennbar, die weit auf die im frischen Gefieder intensiv ockerrötliche Brust reicht. In allen anderen Kleidern dem nah verwandten Balkansteinschmätzer oft bis zur Ununterscheidbarkeit ähnlich, aber oberseits dunkler und kälter grau- bis erdbraun mit deutlicheren hellen Federspitzen, düster graubrauner, diffus begrenzter und weiter auf die Brust hinabreichender Kehlfärbung und oft dunkel ockergrauer Brust. **S** Wie Balkansteinschmätzer, oft kürzer und gepresster. **L** Felsregionen Südost-Europas von Küstenklippen bis ins Gebirge. **V** A.

9 | Zypernsteinschmätzer 402 G 14 cm

Oenanthe cypriaca **K** Brütet nur auf Zypern und ist Nonnensteinschmätzer extrem ähnlich, aber großköpfiger, mit kürzeren Flügeln und Schwanz, breiterer Schwanzbinde, weniger Weiß auf Bürzel und Nacken, mehr rötlichbeiger Unterseite. ♀ kaum matter gefärbt, SK und 1. W oberseits bräunlicher mit braungrauem Scheitel und Nacken, unterseits blass orange. **S** Singt zikadenartig „bizz bizz bizz bizz …"; ruft „bzrü". **L** Steiniges Gelände. **V** -.

10 | Trauersteinschmätzer 403 G 17 cm

Oenanthe leucura **K** Durch mit Ausnahme der weißen Schwanzfärbung komplett schwarzes Gefieder unverwechselbar, ♀ etwas matter braunschwarz. **S** Melodischer Gesang laut flötend und zwitschernd; Ruf abfallend „püip". **L** Felsiges Gelände. **V** -.

1 | Braunkehlchen
2 | Schwarzkehlchen
3 | Pallas-
schwarzkehlchen
♂ 1. W
4 | Steinschmätzer
5 | Isabell-
steinschmätzer
6 | Maurensteinschmätzer
7 | Balkan-
steinschmätzer
8 | Nonnen-
steinschmätzer
9 | Zypern-
steinschmätzer
10 | Trauersteinschmätzer

BRAUNELLEN

1 | Alpenbraunelle 404 G 17 cm

Prunella collaris **K** Lerchengroßer robuster Vogel der Hochlagen von Gebirgen, viel größer als Heckenbraunelle. Auffallende schwärzliche Armdecken, grobe rostbraune Flankenstreifung, erst aus der Nähe gefleckte Kehle erkennbar. Flug leicht wellenförmig; im Winter auch vertraut in Gruppen an Berghütten. **S** Gesang lerchenartig mit tiefen Trillern; ruft gereiht „dschürr", „djürr-rrüp" und „tjüp". **L** Felsiges Gelände mit kurzrasigen Wiesen im Gebirge. **V** bj, nur Alpen, sonst A.

2 | Heckenbraunelle 405 G 14 cm

Prunella modularis **K** Weit verbreitet und häufig, aber unscheinbar und daher oft unbekannt. Oberseits sperlingsähnlich gestreift, doch mit schlankem Schnabel und viel Grau an Kopf und Brust. Läuft oft mäuseähnlich ruckartig am Boden, sucht aber schnell niedrige Deckung auf. **S** Zwitschernder, etwas quietschender schneller Gesang auf einer Tonhöhe, meist von Buschspitze; ruft metallisch „stiiih" und klingelnd „dsidsidsi". **L** Wälder, Parks, Gärten; besucht Futterhäuser. **V** BJZW.

SPERLINGE

3 | Schneesperling 406 G 18 cm

Montifringilla nivalis **K** Sehr großer Sperling alpiner Hochlagen. Viel Weiß in Flügel und Schwanz, grauer Kopf, brauner Mantel (an den beiden letzten Merkmalen immer von Schneeammer unterscheidbar). Schwarzer Kinnfleck nur im PK, dann auch Schnabel schwarz, sonst gelb. ♀ etwas blasser als ♂. **S** Stotternder, unscheinbarer Sperlingsgesang, auch im Flug, etwa „tschi-tui tschi-tui"; ruft unrein „pschieh" und rollend „prrt". **L** Felsgebirge über der Baumgrenze, auch an Berghütten. **V** bj, in Mitteleuropa nur Alpen.

4 | Haussperling 407 G 15 cm

Passer domesticus **K** Allgemein bekannt und häufig, bei näherer Betrachtung aber ganz hübsch. ♂ mit grauem Scheitel, rostbraunem Nacken, schwarzem Kehllatz und grauem Bürzel, Farbintensität und Schwarzausdehnung ändern sich mit dem Abnutzungsgrad des Gefieders und sind im Frühjahr besonders intensiv, dann auch Schnabel schwarz. ♀ und JK an Kopf und Bürzel graubraun, Überaugenstreif gelblich. Fast immer in Trupps zu sehen. **S** Gesang eine Aneinanderreihung von „tschilp"- und „tschürrp"-Rufen, ruft auch „tscherr", „tschetscherett", „kürr", meist aber „tschilp". **L** Überall im menschlichen Siedlungsbereich, brütet an Gebäuden. **V** BJ.

5 | Feldsperling 408 G 13 cm

Passer montanus **K** Weit verbreitet und häufig, in Europa aber kaum in Städten, wohl aber in Dörfern. Kleiner als Haussperling, Geschlechter gleich gefärbt, Scheitel rostbraun, durch im Nacken unterbrochenes graues Halsband begrenzt, Kopfseiten weiß mit schwarzem Fleck. Typisches Kopfmuster bereits im JK angedeutet. Außerhalb der Brutzeit meist in Trupps, auch mit Haussperlingen vergesellschaftet. **S** Singt etwas höher und schneller als Haussperling „tschip tschip …"; ruft u. a. im Flug „tek-tek-tek" und „twit", nasal „töt", auch „tsuit" und „trrrt". **L** Kulturlandschaft, Dörfer, Waldränder und Parks, nach der Brutzeit oft Felder; brütet gern in Nistkästen. **V** BJ.

6 | Weidensperling 409 G 15 cm

Passer hispaniolensis **K** Sperling des Mittelmeerraums, kommt oft neben Haussperling vor und ist ihm sehr ähnlich. ♂ besitzt komplett kastanienbraunen Scheitel, weißen Überaugenstreif und ausgedehnteren schwarzen Brustlatz, ist auf Mantel und Flanken breit schwarz gestreift und hat weißere Ohrdecken. ♀ kaum von Haussperling unterscheidbar, aber mit angedeuteten Brust- und Flankenstricheln, hellerem Bauch und kräftigerem Schnabel. **S** Ähnlich Haussperling, aber etwas tiefer und teilweise komplizierter, oft zweisilbig ansteigend und am Schluss betont, im Flug z. B. typisch „tiefüid". **L** Siedlungen, offene Kulturlandschaft, Halbwüsten in Wassernähe; Koloniebrüter in Büschen **V** -.

7 | Italiensperling G 15 cm

Passer italiae **K** Sieht wie eine Mischung aus Haus- und Weidensperling aus, ♂ vom Haussperling unterschieden durch komplett kastanienbraunen Scheitel, reiner weiße Ohrdecken, meist deutlicheren weißen Überaugenstreif und kontrastreicher gemusterten Mantel. ♀ nicht von Haussperling unterscheidbar. Wird auch als Unterart des Weidensperlings betrachtet. **S** Wie Weidensperling. **L** Brütet von Italien bis zum Südalpenrand sowie auf Kreta; lebt wie Haussperling nur im menschlichen Siedlungsbereich. **V** -, aber bj in der Südschweiz.

8 | Steinsperling 410 G 16 cm

Petronia petronia **K** Kräftiger, robuster Sperling mit markanter Kopfstreifung, dickem Schnabel und weißer Schwanzspitze, typischer gelber Kehlfleck oft schwer erkennbar. **S** Gesang aus den vielfältigen Rufen zusammengesetzt, z. B. nasal ansteigend „bäi", „twäjüid". **L** Steiniges Gelände in Südeuropa. **V** -.

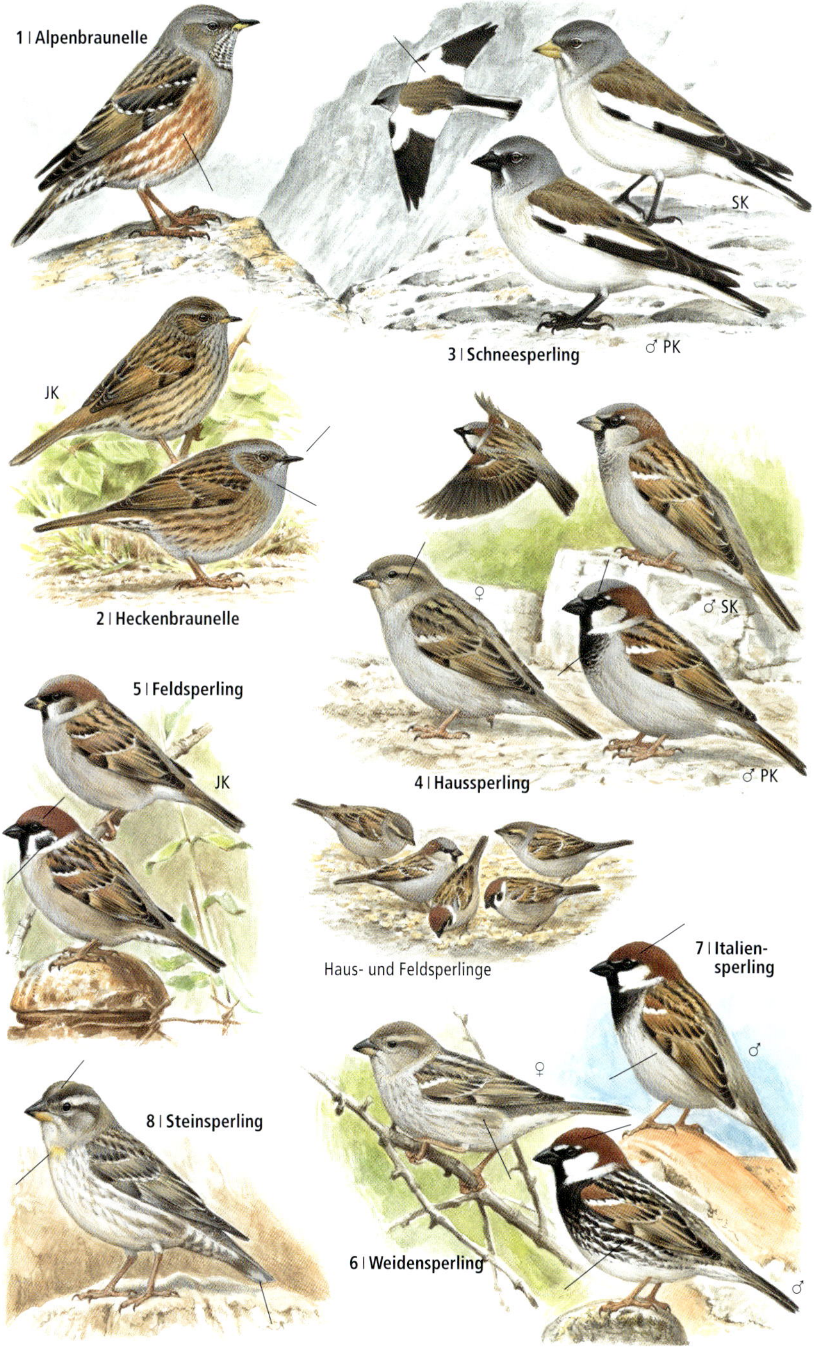
1 | Alpenbraunelle
SK
3 | Schneesperling
♂ PK
JK
2 | Heckenbraunelle
♀
♂ SK
5 | Feldsperling
JK
4 | Haussperling
♂ PK
Haus- und Feldsperlinge
7 | Italien-
sperling
♂
♀
8 | Steinsperling
6 | Weidensperling
♂

Stelzenverwandte

STELZENVERWANDTE

1 | Wiesenpieper 411 G 15 cm

Anthus pratensis **K** Häufigster und weit verbreiteter Pieper, wie die meisten Verwandten leider ohne wirklich auffallende Kennzeichen. Läuft wie alle Pieper bei der Nahrungssuche am Boden, stellt sich bei Gefahr auf niedrige Warten. Je nach Abnutzungsgrad des Gefieders oberseits grau- bis grünlich braun mit deutlicher bis kräftiger Längsstrichelung, unterseits weißlich bis gelblich beige mit schwärzlicher Brust- und (außer im JK) Flankenstrichelung. Beine blass fleischfarben, im Flug weiße Schwanzkanten. Vgl. Baumpieper. **S** Singt meist im Flug hoch und etwas eintönig „tsip tsip tsip tsi tsi tsirr tsia tsjüp"; bestes Kennzeichen typischer hoher, dünner Ruf „hist hist", warnt „tsip tsrip". **L** Offenes, meist feuchtes Gelände, Wiesen. **V** BZ 3-11, w.

2 | Baumpieper 412 G 15 cm

Anthus trivialis **K** In Europa weit verbreiteter und ebenfalls häufiger Pieper, sehr ähnlich Wiesenpieper und am einfachsten an der Stimme erkennbar. Grundton sonst eher gelblich braun und insgesamt sauberer, Kopfmuster deutlicher, Flankenstrichelung dünner, oft stärkerer Kontrast zwischen gelblicher Brust und weißlichem Bauch, Schnabel kräftiger, Hinterkralle kürzer. **S** Schmetternder und trillernder Gesang, meist im Flug, mit „zi zi zi" beginnend und beim Herabgleiten mit „zia zija zija" endend; ruft typisch „psii", ganz anders als Wiesenpieper, warnt „süpp süpp". **L** Waldränder, Lichtungen, auch Streuobstwiesen und baumbestandene Heide. **V** BZ 4-9.

3 | Waldpieper G 15 cm

Anthus hodgsoni **K** Sibirische Art, ähnlich Baumpieper, aber Oberseite kaum gestreift und mit intensivem olivgrünem Ton, Bruststrichel kräftiger, markanter Überaugenstreif vor dem Auge gelblich, dahinter weißlich, am Hinterrand der Ohrdecken auffallender schwarzweißer Fleck. Häufig pumpende Schwanzbewegungen. **S** Singt kürzer, schneller und trockener als Baumpieper. Ruft etwas heller und rauer „psiit", auch ähnlich Rotkehlpieper, aber kürzer. **L** Vom Westural ostwärts in der Taiga. **V** A, meist 10.

4 | Rotkehlpieper 413 G 15 cm

Anthus cervinus **K** Ein Pieper aus der Tundra, im Habitus ähnlich Wiesenpieper. Im AK durch ziegelrote Färbung von Kopfseiten, Kehle und Brust unverwechselbar (beim ♀ etwas schwächer), im 1. W im Unterschied zum Wiesenpieper auf dem Mantel mit breiten weißlichen und dunklen Längsstreifen sowie gestricheltem Bürzel. **S** Singt auch im Flug oft recht lang eine Folge von pfeifenden, trillernden, ratternden und schnarrenden Elementen; ruft hoch, scharf und lang „spiiih". **L** Brutvogel skandinavischer Fjälls, zur Zugzeit gern in Feuchtwiesen. **V** Z 4-5, 9-10.

5 | Bergpieper 414 G 16 cm

Anthus spinoletta **K** Alpiner Pieper mit dunklen Beinen, robuster gebaut als Wiesenpieper. Im PK ungestrichelte Brust rosa, Kopf grau mit weißem Überaugenstreif, Mantel bräunlich, im SK oben düster braun, unten verwaschen breit gestrichelt, Überaugenstreif und Flügelbinden deutlicher als beim Wiesenpieper, Schnabel länger. **S** Singt ähnlich Wiesenpieper, aber länger und kräftiger, ruft heiserer als dieser „wiist wiist". **L** Bergwiesen oberhalb der Baumgrenze, im Winter Feuchtgebiete und Gewässerufer im Flachland. **V** bz (nur Alpen, Böhmer- und Schwarzwald), W bis Norddeutschland.

6 | Strandpieper 415 G 16 cm

Anthus petrosus **K** Pieper nord- und nordwesteuropäischer Felsküsten, sehr ähnlich Bergpieper, ebenfalls mit dunklen Beinen, aber grauen (statt weißen) Schwanzkanten. Ganzjährig recht düster, PK weniger intensiv, SK und 1. W oberseits mit Olivstich. **S** Singt und ruft ähnlich Bergpieper. **L** Felsküsten Nord- und Westeuropas. **V** W 9-3 an Küsten, im Binnenland A.

7 | Brachpieper 416 G 17 cm

Anthus campestris **K** Großer, fahler Pieper von fast stelzenartigem Habitus, der oft mit dem langen Schwanz wippt. Im AK oberseits kaum, unterseits nur auf den Brustseiten fein gestrichelt, Mittlere Armdecken und Zügelstreif dunkel hervortretend. Im JK durch anfangs gestreiften Mantel und Bruststrichel ähnlich Spornpieper, aber mit Zügelstreif, schwächerem Schnabel und kürzerer gebogener Hinterkralle. **S** Monotoner Gesang eine Aneinanderreihung von „tsir-li"-Rufen, ruft sperlingsartig „tschilp". **L** Trockenes, sandiges, offenes Gelände. **V** bz 5-9, lokal, besonders im Osten.

8 | Spornpieper 417 G 18 cm

Anthus richardi **K** Größter Pieper aus Asien, schlank, langhalsig und hochbeinig. Flanken rostbeige, Brustband aus kurzen Stricheln, im Gegensatz zum manchmal ähnlichen Brachpieper im JK Zügel hell, Hinterkralle länger und gerade. Größte Verwechslungsgefahr jedoch Feldlerche. **S** Singt im Wellenflug monoton „dsch-dsche-dsche … tschia-tschia-tschia"; typischer Ruf plötzlich und laut tschilpend „tschriep", „rrürp". **L** Steppen in Sibirien. **V** A, meist 10.

abgetragen
frisch
1 | Wiesenpieper
2 | Baumpieper
3 | Waldpieper
1. W
AK
1. W
4 | Rotkehlpieper
6 | Strandpieper
5 | Bergpieper
1. W
PK normal
1. W
PK
PK bunt
7 | Brachpieper
8 | Spornpieper
JK
PK
1. W

Stelzenverwandte

1 | Bachstelze 418 G 18 cm

Motacilla alba **K** Klein, schlank, wippt ständig mit langem Schwanz, trippelt über offene Flächen. Gefieder schwarz, weiß und grau. ♀ hat im PK weniger Schwarz im Nacken als ♂. Im SK und 1. W Kopf heller, Kehle weiß, nur Brustband schwarz, im JK Kopf und Brust grau. **S** Gesang zwitschernde Folge aneinander gereihter Rufe; ruft zweisilbig scharf „tsi-litt" und kürzer „zlit". **L** Feuchtgebiete, Wiesen, offenes Gelände, auch Siedlungen. **V** BZ 3-10.

2 | „Trauerbachstelze" G 18 cm

Motacilla a. yarrellii **K** Bachstelzen-Unterart der Britischen Inseln, brütet gelegentlich auch an der Nordseeküste zwischen Norwegen und Nordwest-Frankreich. Im PK ♂ mit ganz schwarzer, ♀ und ♂ im 1. S mit grauschwarzer Oberseite, weiße Flügelbinden breiter. Im SK und 1. W oft an fast schwarzem (nicht grauem) Bürzel und dunkelgrauen Flanken erkennbar. **S** und **L** Wie Bachstelze. **V** z im Westen.

3 | Gebirgsstelze 419 G 19 cm

Motacilla cinerea **K** Langschwänzige Stelze der Fließgewässer, in allen Kleidern Kopf und Mantel grau, Bürzel und Steiß gelb, Beine braunrosa (bei allen anderen Stelzen schwärzlich), im Flug auch unterseits breit weißer Flügelstreif. Kehle nur beim ♂ im PK schwarz, sonst weiß bis grau meliert, Brust und Bauch weißlich im JK bis gelb im PK. **S** Einfacher, metallischer Gesang; ruft schärfer als Bachstelze „zis-iss", warnt durchdringend, hoch und ansteigend „züüh-it". **L** Vorwiegend Fließgewässer. **V** BJ.

4 | Zitronenstelze 420 G 17 cm

Motacilla citreola **K** Östliche Stelze offener Feuchtgebiete, etwas langschwänziger und hochbeiniger als die ähnlichen Schafstelzen, in sämtlichen Kleidern mit breiteren weißen Flügelbinden und Schirmfederrändern, Mantel stets grau, Steiß nie gelb getönt. Brust und Bauch gelb, Kopf bei ♂ im PK gelb mit schwarzem Nackenband, bei ♀ und im SK gräulich mit geschlossener gelber Umrandung der Ohrdecken. Im 1. W noch ohne Gelb, aber an weißlicher Umrandung der grauen Ohrdecken, hellem Zügel und den Grundmerkmalen erkennbar. **S** Singt ähnlich Bachstelze, fällt oft durch den Ruf „psrri" oder „tsrip" auf, rauer und härter als Schafstelze. **L** Feuchtgebiete Osteuropas. **V** A, lokal ausnahmsweise bz 4-10.

5-11 | Schafstelze

Motacilla flava Die Schafstelze kommt in Europa je nach Region in sieben manchmal auch als Arten betrachteten Unterarten vor, deren Männchen sich deutlich unterscheiden. Sie werden nachfolgend im Vergleich zur am weitesten verbreiteten „Wiesenschafstelze" separat behandelt.

5 | „Wiesenschafstelze" 421 G 16 cm

Motacilla flava flava **K** Relativ kurzschwänziger als die anderen Stelzen, bei Altvögeln Mantel grünlich, ganze Unterseite gelb, Kopf grau mit weißem Überaugenstreif, diese Färbung bei ♂ im PK am intensivsten, bei ♀ und im SK matter und blasser. Im 1. W oberseits blass olivbraun, unterseits beige mit Gelbton, besonders am Steiß, im JK zusätzlich mit schmalem dunklem Halsband. **S** Sehr einfacher Gesang kratzend „sri-srit sri …", von erhöhter Warte oder im Flug; ruft eher weich „psi" oder „tsrli". **L** Verbreitete Schafstelzenform Europas, bewohnt Wiesen, Feuchtgebiete, gern bei Viehherden, bildet nach der Brutzeit oft große Schlafgemeinschaften im Schilf. **V** BZ 4-9.

6 | „Maskenschafstelze" G 16 cm

Motacilla f. feldegg **K** Südöstliche Form, ♂ gut erkennbar an bis in den Nacken ausgedehnter schwarzer Kopfkappe, fehlendem Überaugenstreif und deutlichem Grünton des Mantels. Auch ♀ mit dunkelgrauer Kappe, aber weißem Kinn und insgesamt blasser, doch recht gut von den anderen Formen unterscheidbar. **S** Ruft rauer als Wiesenschafstelze „zrri". **V** A.

7 | „Thunberg-Schafstelze" G 16 cm

Motacilla f. thunbergi **K** Brütet in Fennoskandien und Nordrussland, ♂ hat dunkelgrauen Kopf, schwärzliche Ohrdecken, oft weißen Wangenstreif. **S** Wie Wiesensch. **V** Z 5.

8 | „Gelbkopf-Schafstelze" G 16 cm

Motacilla f. flavissima **K** Brutvogel der Britischen Inseln, lokal auch der benachbarten europäischen Küsten von Frankreich bis Norwegen. Kopf grünlich gelb mit gelbem Überaugenstreif, Mantel stärker gelb. **S** Wie Wiesensch. **V** z 4.

9 | „Iberienschafstelze" G 16 cm

Motacilla f. iberiae **K** Brütet nur auf der Iberischen Halbinsel. Kopf grau, Kinn, Kehle und schmaler Überaugenstreif weiß. **S** Wie Maskenschafstelze, also rauer. **V** -.

10 | „Aschkopf-Schafstelze" G 16 cm

Motacilla f. cinereocapilla **K** Bewohnt Italien bis Südfrankreich und Südschweiz. Kopf dunkelgrau, Kehle weiß, Überaugenstreif schwach oder fehlend. **S** Wie Maskensch. **V** A.

11 | „Wolgaschafstelze" G 16 cm

Motacilla f. lutea **K** Kommt von der Unteren Wolga bis Nordkasachstan vor. Kopf oft ganz gelb, aber kaum von britischer „Gelbkopf-Schafsterlze" unterscheidbar. **S** Wie Maskenschaftstelze, also rauer. **V** -.

1 | Bachstelze
♂ PK
♀ PK
1. W
SK
2 | „Trauerbachstelze"
♀ PK
♂ PK
♂ SK
♂ PK
1. W
3 | Gebirgsstelze
♂
♀
1. W
4 | Zitronenstelze
7 | „Thunberg-S."
8 | „Gelbkopf-S."
9 | „Iberienschafstelze"
10 | „Aschkopf-Schafstelze"
alles ♂ im PK
11 | „Wolga-schafstelze"
♂
♀
6 | „Masken-schafstelze"
♀
♂
1. W
5 | „Wiesenschafstelze"

Finken

FINKEN

1 | Buchfink 422 G 15 cm

Fringilla coelebs **K** Bekanntester Fink und einer der häufigsten Vögel Europas. Etwa so groß wie Haussperling und in allen Kleidern durch zwei Flügelbinden, weiße Schwanzkanten und grünlichen Bürzel gekennzeichnet. ♂ mit blaugrauem Scheitel und Nacken und braunem Mantel, Kopfseiten und Brust braunrötlich, im SK matter. ♀ und JK oberseits grünlich braungrau, unterseits grau. Außerhalb der Brutzeit oft in Trupps und viel am Boden. **S** Schmetternder Gesang mit abschließendem Schnörkel „dsedse-dsedserit-tscherrit", in vielen Regionen mit angehängtem buntspechtartigem „kick"; ruft u. a. „pink" (oder „fink"), rollend „rrrüh", lang „hiiip" und im Flug „jüpp". **L** Wälder, Parks, Gärten; besucht auch Futterhäuser. **V** BJZW.

2 | Bergfink 423 G 15 cm

Fringilla montifringilla **K** Brutvogel nördlicher Wälder, als Wintergast aber in fast ganz Europa. Zeigt in allen Kleidern eine orangefarbene Brust und ein großes weißes Feld auf Bürzel und Rücken. Kopf des ♂ im PK schwarz (Schnabel ebenso), im SK durch helle Federränder meliert (Schnabel dann gelb). Kopf des ♀ immer braungrau. Meist in Trupps, manchmal in gewaltigen Schwärmen. **S** Gesang sehr schlicht und monoton, wie eine entfernte Säge „rrrrrhü"; typischer Ruf nasal quäkend „äähng", im Flug auch härter und nasaler als Buchfink „jäck jäck". **L** Brütet in nordeuropäischen Wäldern, überwintert gern in europäischen Buchenwäldern, besucht auch Futterhäuser. **V** ZW 10-4.

3 | Kernbeißer 424 G 18 cm

Coccothraustes coccothraustes **K** Großer, kompakter, kurzschwänziger Fink mit gewaltigem dreieckigem Schnabel, großem Kopf und grauem Stiernacken, im Flug zwei Flügelfelder und Schwanzspitze weiß. Schnabel im PK blauschwarz, im SK hornfarben, Armschwingen beim ♂ blauschwarz, beim ♀ grau. Im JK blasser und unterseits gewölkt. **S** Singt sehr leise knirschend; ruft scharf „zick". **L** Wälder, Parks, Gärten; besucht Futterhäuser. **V** BJW.

4 | Gimpel 425 G 16 cm

Pyrrhula pyrrhula **K** Rundlicher Finkenvogel mit kurzem, schwarzem Schnabel, leuchtend weißem Bürzel und Steiß, ganz schwarzem Schwanz, grauem Mantel und weißer Flügelbinde. Im AK Kopfplatte und Kinn schwarz, ♂ unterseits rot, ♀ braungrau. Im nur kurz getragenen JK ganzer Kopf noch graubraun mit hervorstechendem schwarzem Auge. Wenig scheu, außerhalb der Brutzeit meist in kleinen Gruppen. **S** Unbedeutender, leise zwitschernder Gesang mit einigen tiefen Flötentönen; Ruf wehmütig flötend „düh" und „pjüh", bei skandinavischen Vögeln etwas tiefer und bei nordrussischen Populationen nasal „dääh". **L** Wälder, Parks, Gärten; besucht Futterhäuser. **V** BJZW.

5 | Karmingimpel 426 G 14 cm

Carpodacus erythrinus **K** Östliche Art, die sich nach Westen ausgebreitet hat, schlanker und kleiner als Gimpel und ganz anders gefärbt. ♂ im PK (erst ab 2. S) an Kopf, Brust und Bürzel rot, Bauch weiß. ♀, ♂ im 1. S und JK dagegen unscheinbar braungrau mit Olivton, unterseits schwach und diffus gestrichelt, besitzen zwei angedeutete Flügelbinden und fallen oft durch das aus dem ungemusterten Kopf herausstechende schwarze Auge und den rundlichen, gestauchter Schnabel auf. Sehr heimlich, nur die zu Beginn der Brutzeit kurz singenden ♂ fallen auf. **S** Singt laut flötend „tüte-hütja" oder „widje-widje-wü"; ruft „djüi" und warnt ähnlich Grünfink „djäi". **L** Gebüsch, Waldränder, Gehölze an Gewässern. **V** bz 5-8, hauptsächlich Ost- und Süddeutschland.

6 | Hakengimpel 427 G 21 cm

Pinicola enucleator **K** Größter Fink und typischer Taigabewohner. Körper mit kurzem Hals untersetzt, aber Schwanz ziemlich lang, trotzdem bei der Nahrungssuche im Gezweig zu fast akrobatischen Bewegungen fähig. Flügel schwärzlich mit zwei weißen Flügelbinden und weißen Säumen der Schirmfedern, Schnabel kurz, hoch und rund. ♂ karminrot, ♀ und 1. W gelbgrün. **S** Heller, fast jodelnder Flötengesang „didelij djidelü pülipij"; ruft hell flötend „tjülidih" und leiser „bütt-bütt". **L** Nördliche Taiga, im Winter etwas südlich davon gern in Ebereschen. **V** A.

7 | Wüstengimpel 428 G 13 cm

Bucanetes githagineus **K** Kleiner, dickköpfiger Fink mit hohem, hellem Schnabel. Gefieder blass braungrau, beim ♂ im PK (nur dann mit rotem Schnabel) stark, im SK und beim ♀ leicht und im JK noch nicht rosa getönt. **S** Singt nasal trompetend „ääääääähp ööööööp", ruft wie Kindertrompete „ähp". **L** Nordafrikanische Wüsten, brütet in Europa nur in Südspanien (Almería, Murcia). **V** A.

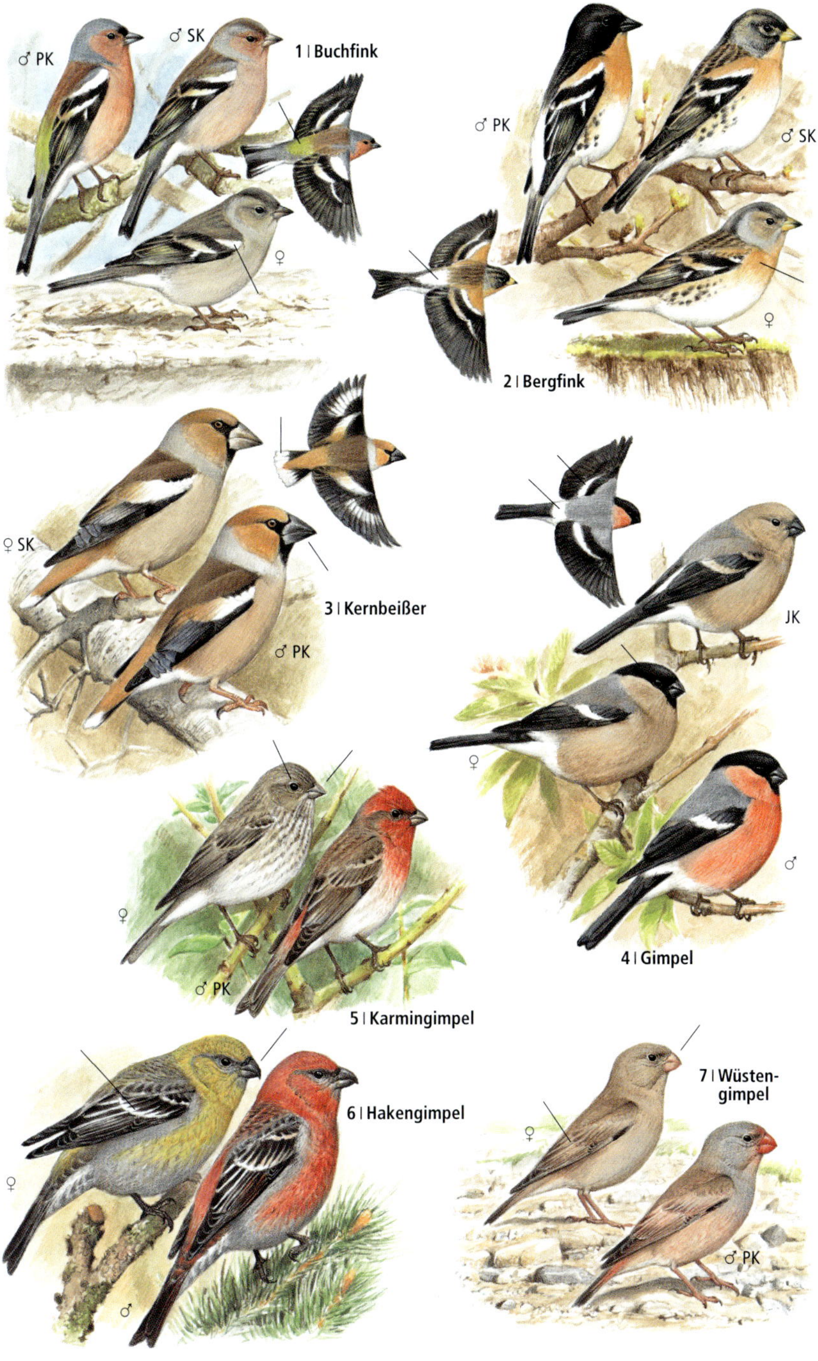

♂ PK
♂ SK
1 | Buchfink
♀
♂ PK
♂ SK
♀
2 | Bergfink
♀ SK
3 | Kernbeißer
♂ PK
JK
♀
♂
4 | Gimpel
♀
♂ PK
5 | Karmingimpel
6 | Hakengimpel
♀
♂
7 | Wüsten-
gimpel
♀
♂ PK

Finken

1 | Grünfink 429 G 15 cm

Chloris chloris **K** Weit verbreiteter und häufiger kräftiger, sperlingsgroßer Fink mit kegelförmigem, hornfarbenem Schnabel, viel Gelbgrün auf Außenfahnen der Handschwingen und Schwanzbasis sowie überwiegend grünem Gefieder. ♂ im PK mit viel Grau auf Armflügel und Kopfseiten, ♀ dumpfer braungrün, leicht gestreift, JK unterseits beige mit starker Streifung. **S** Trillernder Gesang von Warte oder im gaukelnden Flug, mit zwitschernden und rollenden Tönen, einem nasalen „schwuu-insch" und oft sogar Imitationen durchsetzt; ruft „dschuit", „jüp" und „djürrürrürrt". **L** Gärten, Parks, Kulturlandschaft; besucht Futterhäuser. **V** BJ.

2 | Erlenzeisig 430 G 12 cm

Spinus spinus **K** Kleiner Finkenvogel mit relativ langem, spitzem Schnabel, kurzem Schwanz mit an der Basis gelben Seiten, gelbem Bürzel sowie auffallenden gelblichen Flügelbinden. Gefieder sonst gelblich grün mit weißlichem Bauch und schwärzlicher Flankenstrichelung, beim ♂ Scheitel und Kinn schwarz. Außerhalb der Brutzeit bei der Nahrungssuche meist im Trupp meisenartig turnend in äußeren Zweigen von Erlen und Birken. **S** Schneller, rollender, zwitschernder Gesang, auch mit Imitationen, oft mit „tlui" eingeleitet und „knäätsch" beendet; ruft „dliüh" und „tlui", abfliegend meist leise „tätätät". **L** Misch- und Nadelwälder, im Winter auch Parks und Gärten mit Birken und Erlen. **V** B hauptsächlich im Bergland, JZW.

3 | Zitronenzeisig 431 G 12 cm

Carduelis citrinella **K** Kleiner Fink des Berglands, gelblich grün und ungestreift, mit einfarbig dunklem Schwanz, grünlich aufgehelltem Bürzel und zwei unauffälligen Flügelbinden. ♂ mit grauem Nacken und intensiverer Gelbtönung besonders im Gesicht, ♀ etwas blasser. **S** Kurzer, zwitschernder Gesang mit stieglitzähnlichem Beginn und gequetschtem Schlusston; ruft „djit", „dji-di-di", etwas nasal und metallisch klingelnd. **L** Lichte Nadelwälder bis zur Baumgrenze. **V** bjz, in Deutschland nur Alpen und Schwarzwald und stark abnehmend.

4 | Korsenzeisig G 12 cm

Carduelis corsicanus **K** Außer am Beobachtungsort auch am im Vergleich zum verwandten Zitronenzerisig leicht gestrichelten braunen (statt graugrünen) Mantel und der lebhafter gelben Unterseite bestimmbar. **S** Singt besser gegliedert, tiefer, flötender, mehr an Bluthänfling erinnernd als Zitronenzeisig; ruft gedehnter und klarer und warnt gimpelartig „düh". **L** Ganzjährig nur auf Korsika, Sardinien und Elba. **V** -.

5 | Girlitz 432 G 11 cm

Serinus serinus **K** Kleinster Fink mit winzigem Schnabel am groß wirkenden Kopf, leuchtend gelbem Bürzel, ganz dunklem Schwanz und nur schmalen gelblichen Flügelbinden. Beim ♂ Kopf und Brust gelb, anfangs durch grünliche Federränder teilweise verdeckt, bei Abnutzung dann fast wie bei einem Kanarienvogel leuchtend. ♀ weniger intensiv gelb und stärker gestreift. Im JK sind die Gelbtöne durch Beige ersetzt. **S** Singt von Warten und im gaukelnden Flug auf einer Tonhöhe klingelnd; ruft hell klingelnd „zirrrl" (oder „girr-litz"). **L** Parks, Gärten, Waldränder. **V** BZ 3-10, w.

6 | Fichtenkreuzschnabel 433 G 16 cm

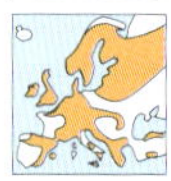

Loxia curvirostra **K** Kräftiger Fink mit gekreuztem Schnabel und großem Kopf, Flügel und Schwanz dunkel, keine auffallenden Abzeichen im Gefieder. ♂ im AK ziegelrot, junge ♂ und ♀ graugrün mit gelblichem Bürzel. Meist im Trupp an Fichtenzapfen hängend. Mehrere Unterarten eher an Kiefern angepasst, daher mit kräftigerem Schnabel und ähnlich Kiefernkreuzschnabel, so *scotica* (Schottland), *balearica* (Mallorca), *corsicana* (Korsika), *mariae* (Krim). **S** Singt von Fichtenspitze ähnlich Grünfink zwitschernd und trillernd, darin eingestreut der variable, etwas metallische Ruf „glipp-glipp glipp" oder „kip kip". **L** Fichtenwälder; brütet auch im Winter. **V** BJZW, besonders im Bergland, manchmal Invasionen aus Nordosten.

7 | Kiefernkreuzschnabel 434 G 17 cm

Loxia pytyopsittacus **K** Kaum vom in der Färbung identischen Fichtenkreuzschnabel unterscheidbar, aber Schnabel kräftiger und höher, die gekreuzte Unterschnabelspitze ragt nicht über Oberschnabel hervor, Kopf und Nacken sind dicker; bevorzugt Kiefernzapfen. **S** Singt wie Fichtenkreuzschnabel; ruft etwas tiefer und kräftiger, eher wie „göp" oder „tüp", was mit Erfahrung bei der Bestimmmung hilft oder als Hinweis dienen kann. **L** Taiga Nord- und Nordost-Europas. **V** A, ausnahmsweise b.

8 | Bindenkreuzschnabel 435 G 15 cm

Loxia leucoptera **K** Ein kleiner Kreuzschnabel, immer durch zwei breite weiße Flügelbinden und weiße Spitzen der Schirmfedern gekennzeichnet (Vorsicht: beides manchmal schmal bei der Variante „*rubrifasciata*" des Fichtenkreuzschnabels ebenfalls vorhanden). Schnabel kaum dünner als beim Fichtenkreuzschnabel, ♂ oft eher himbeerrot, ♀ gelblicher als dieser, Mantel schwarz gefleckt. **S** Gesang variabel, klappernd, klirrend, an Erlenzeisig erinnernd; ruft ähnlich Birkenzeisig trocken „tjeck tjeck" und kennzeichnend nasal trompetend „ääāp". **L** Nordost-europäische Taiga mit vielen Lärchen. **V** A.

1 | Grünfink
♀
♂
♂
JK
2 | Erlenzeisig
♂
♀
5 | Girlitz
♂
♀
3 | Zitronen-
zeisig
♂
♀
4 | Korsen-
zeisig
♂
6 | Fichten-
kreuz-
schnabel
♂
♀
♂
balearica,
scotica
u. a.
JK
7 | Kiefernkreuz-
schnabel
♂
♀
8 | Bindenkreuz-
schnabel
♀
♂

Finken

1 | Stieglitz 436 G 13 cm

Carduelis carduelis **K** Häufiger und hübscher Finkenvogel mit in allen Kleidern breitem gelbem Flügelstreif, weißem Bürzel und schwarzem Schwanz mit weißen Flecken vor der Spitze sowie langem, graurosa gefärbtem, pinzettenartig zugespitztem Schnabel. Im AK durch schwarzweiße Kopfzeichnung mit rotem Gesicht unverwechselbar, im JK Kopf noch unscheinbar grau gestrichelt (bis Frühwinter). Außerhalb der Brutzeit meist in Trupps und gern an Distelsamen. **S** Trillernder und zwitschernder Gesang, sofort erkennbar am ständig eingestreuten Artruf „stige-litt"; ruft seinen Namen „stigelit", auch nur „litt". **L** Offene Kulturlandschaft mit Gebüsch, Gärten, Parks, gerne Brachflächen. **V** BJZW.

2 | Bluthänfling 437 G 13 cm

Linaria cannabina **K** Schlanker, recht langschwänziger kleiner Finkenvogel mit graubraunem Gefieder, Schnabel grau, Schwanzkanten und Außenfahnen der Handschwingen grau und beim Auffliegen als diffus helle Bereiche auf der sonst unmarkierten Oberseite auffallend. Brust und Stirn des ♂ himbeerrot (im SK durch beige Federränder teilweise verdeckt), Kopf grau, Mantel braun. ♀ ohne Rot, matter gefärbt und ober- wie unterseits diffus gestrichelt, Kopf braungrau, über und unter dem Auge sowie auf den Kopfseiten wie beim ♂ beige Aufhellungen, die einen charakteristischen Gesichtsausdruck hervorrufen. **S** Der hübsche Gesang aus schmetternden, zwitschernden, knöternden und rollenden Tönen wird von einer Gebüschspitze aus vorgetragen; ruft im Flug nasal „knetett", Kontaktruf fragend und weich flötend „piiu". **L** Offene Landschaft mit Gebüsch, Gärten, Parks. **V** BZ 3-10, w.

3 | Berghänfling 438 G 13 cm

Linaria flavirostris **K** Der unscheinbarste kleine Fink, brütet nur im Norden. Ähnlich dem ♀ von Bluthänfling, doch graues Handflügelfeld schwächer, helle Flügelbinde etwas deutlicher, ungestrichelte Kehle und feiner gestrichelte Brust ockergelb, Schnabel im SK horngelb, im PK schwärzlich, Beine schwarz. Alle Kleider sonst identisch, nur ♂ besitzen einen kaum erkennbaren rosa getönten Bürzel. Außerhalb der Brutzeit in Trupps an niedrigen Stauden. **S** Gesang zwitschernd und trillernd mit eingestreuten Artrufen und knatterndem „trrrrt"; ruft nasal „twäjt" und „dschätt". **L** Nordeuropäische Küstenheiden. **V** W 10-4 an der Küste, im tieferen Binnenland A.

4 | Birkenzeisig 439 G 12 cm

Acanthis flammea **K** Sehr aktiver, geselliger, graubrauner und stark gestreifter kleiner Fink. Durch rote Stirn, schwarzen Kinnfleck und winzigen gelben Schnabel von allen anderen Arten unterschieden, ferner graubraune Oberseite dunkel gestreift, Flanken des weißen Bauchs gestrichelt, weißliche Flügelbinde recht breit und deutlich. Beim ♂ im AK auch Brust rot getönt. Die Unterart *cabaret* wird als **Alpenbirkenzeisig**, die Unterart *flammea* als **Taigabirkenzeisig** bezeichnet und oft als eigene Art geführt. Die in weiten Teilen Europas lebende Unterart *cabaret* etwas kleiner, insgesamt dunkler und brauner mit beiger Flügelbinde und bräunlichem, gestricheltem Bürzel. Nordeuropäische Brutvögel der Unterart *flammea* durchschnittlich größer (13 cm) und grauer mit weißlichem Bürzel und weißen Flügelbinden. Isländische Unterart *rostrata* zwar groß, aber dunkel. **S** Singt überwiegend im Flug „tettetett tsrrrr"; ruft metallisch „tschett-tschett-tschett" und rau „dschui". **L** Im Norden Fjällbirkenwälder und Heiden, sonst offene Bergwälder, hat sich inzwischen aber in die Ebenen ausgebreitet und besiedelt auch Gärten, Parks und Friedhöfe. **V** BJ, im Winter *flammea* aus Skandinavien ZW.

5 | Polarbirkenzeisig 440 G 13 cm

Acanthis hornemanni **K** Arktischer kleiner Fink, auch als Unterart des Birkenzeisigs betrachtet und dessen Unterart *flammea* oft so ähnlich, dass er kaum unterscheidbar ist, aber „überfroren" wirkendes und lockerer getragenes Gefieder, noch kleinerer Schnabel mit geradem (statt schwach abwärts gebogenem) First, ausgedehnter und ungestreifter weißer Bürzel, ungestrichelte Unterschwanzdecken, schwächere Flankenstrichel, Zimttönung von Gesicht und Brust bzw. beim ♂ im AK die lediglich rosa überhauchte (statt rote) Brust sind in der Kombination typische Merkmale. **S** Alle Lautäußerungen geringfügig weicher und höher als beim Birkenzeisig. **L** Tundra, Weidendickicht und Birken im hohen Norden. **V** A.

6 | Wellenastrild 441 G 11 cm

Estrilda astrild **K** In Spanien und Portugal in Schilfgebieten eingeführte afrikanische Art aus der Familie der Prachtfinken (Estrildidae). Braungrau, rundum mit Wellenmuster, Schnabel, Zügel und Bauchfleck rot, Steiß schwarz. **V** -.

7 | Tüpfelastrild 442 G 10 cm

Amandava amandava **K** Weiterer in Spanien, Portugal und Norditalien eingeführter Prachtfink aus Indien. Bürzel und Schnabel rot, beim ♂ im PK Kopf und Unterseite ebenso, im SK und beim ♀ braunbeige, Zügel immer schwarz. Unter dem Namen Tigerfink oft im Vogelhandel. **V** -.

1 | Stieglitz
JK
2 | Blut-
hänfling
♀
♂
3 | Berghänfling
♀ PK
♂ SK
4 | Birkenzeisig
cabaret
♀
♂
4 | Birkenzeisig
flammea
♀
♂
5 | Polarbirken-
zeisig
♀
♂
6 | Wellenastrild
♂
7 | Tüpfelastrild

TUNDRAAMMERN

1 | Spornammer 443 G 15 cm

Calcarius lapponicus **K** Extrem langflügelige Ammer des Nordens, Schnabel gelb mit schwarzer Spitze, Beine schwarz mit sehr langer Hinterkralle (Name!). Im AK immer mit rostbraunem Nacken, ♂ mit typischer schwarzer Kopf- und Brustzeichnung, diese beim ♀ schwächer und im SK allenfalls angedeutet. Dann und im 1. W auch an durch weiße Flügelbinden begrenztem rostbraunem Feld auf den Großen Armdecken, hellem Scheitelstreif und zimtbraunen Kopfseiten erkennbar. **S** Gesang kurz und typisch klingelnd; ruft trocken „prrrt", meist gefolgt von „tju", auch rau „djüb". **L** Nordeuropäische Tundra, im Winter Brach- und Deichvorland. **V** zw 9-4, besonders Küsten, im Binnenland A.

2 | Schneeammer 444 G 17 cm

Calcarius nivalis **K** Ammer des Nordens, viel Weiß im Schwanz, auf dem Armflügel etwas (♀ im 1. W) bis sehr viel (♂) und daran im Flug sofort bestimmbar. ♂ im PK bis auf schwarzen Mantel fast komplett weiß, beim ♀ Mantel schwarzbraun, Kopf mit graubraunen Flecken. Im 1. W und SK Schnabel gelb, weiße Unterseite auf Brustseiten und Flanken braungelb, ebenso Scheitel und Kopfseiten, Oberseite sandbraun mit schwärzlicher Streifung. Meist in Trupps auf vegetationsarmen Flächen, sehr vertraut. **S** Gesang kurz zwitschernd; Ruf „prirrrit", auch flötend „tjü". **L** Nordeuropäisches Bergland und Tundra. **V** W 10-3, hauptsächlich Küsten.

AMMERNVERWANDTE

3 | Grauammer 445 G 18 cm

Emberiza calandra **K** Größte und schwerste Ammer, unscheinbar graubraun, oben gestreift, unterseits gestrichelt, kräftiger Schnabel mit rosa Basis, Schwanz ohne weiße Kanten. Lässt im etwas schwerfälligen Flug oft die Beine hängen. **S** Einfacher Gesang mit tickender Einleitung und klingelndem oder rasselndem Schluss „tick tick-tick-zick zsrrrrrs"; ruft kurz und scharf „zick". **L** Offene Kulturlandschaft mit Singwarten. **V** BJZ, stark abnehmend.

4 | Goldammer 446 G 16 cm

Emberiza citrinella **K** Häufigste Ammer, am mehr oder weniger gelben Gefieder, ungestreift rostbraunen Bürzel und dem Fehlen eines markanten Kopfmusters leicht erkennbar. ♂ leuchtend gelb, besonders am Kopf, ♀ blasser mit verwaschen grünlich braunen Kopfsteifen, im SK ähnlich, doch im 1. W manchmal sehr wenig Gelb. **S** Singt von erhöhter Warte den ganzen Tag „zi-zi-zi-zi zi-zi züüüh"; ruft „zick", „dsüh" und „zürrrl". **L** Offene Landschaft mit Hecken, Waldränder. **V** BJZW.

5 | Fichtenammer G 16 cm

Emberiza leucocephalos **K** Östliche Vertreterin von Goldammer, bei der die Gelbtöne durch Weiß und Braun komplett ersetzt sind. ♂ durch Kopfmuster mit weißem Wangenfeld unverwechselbar, dieses beim ♀ angedeutet vorhanden. Im 1. W wie weißliche Goldammer ohne gelbe und grüne Töne. **S** Wie Goldammer. **L** Wie Goldammer, aber östlich des Ural. **V** A.

6 | Zaunammer 447 G 16 cm

Emberiza cirlus **K** West- und südeuropäische Art, im Gegensatz zur Goldammer mit olivgrauem Bürzel. ♂ mit schwarzem Kinn und Augenstreif, ♀ von der Goldammer durch Bürzelfärbung, deutlichere Kopfstreifung, feinere Unterseitenstrichel und rostbraune Schulterfedern unterscheidbar. **S** Singt monoton klappernd „tetetetete" und etwas schwirrender „dsredsredsredsredsre"; ruft singdrosselähnlich „dsib" und abfallend „zie". **L** Offene Landschaft, gern an Hängen und in Weinbergen. **V** bjz, in Deutschland selten und nur im Südwesten.

7 | Weidenammer 448 G 15 cm

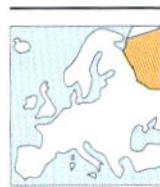

Emberiza aureola **K** Nordost-europäische und sibirische Ammer, die im tropischen Asien überwintert und in letzter Zeit extrem abgenommen hat. ♂ mit schwarzem Gesicht, kastanienbraunem Brustband, Scheitel und Mantel und weißem Armdeckenfeld, aber oft erst im 3. S komplett ausgefärbt. ♀ und 1. W oft schwer bestimmbar, aber mit rosa Schnabel, sehr breitem beigem Überaugenstreif und Scheitelstreif, schwachem bis fehlendem Bartstreif, gelbem, nur auf den Flanken schwach gestricheltem Bauch, graubraunem Bürzel sowie beige und schwärzlich getigerter Mantelstreifung. **S** Singt ähnlich Ortolan, aber weicher, melodischer, mit ansteigenden Flötentönen, sehr variabel, z. B. „trutru trihtrih trütratrotri"; ruft kurz und scharf „zick". **L** Offene Wälder, Wiesen, feuchte Dickichte. **V** A.

8 | Zippammer 449 G 16 cm

Emberiza cia **K** In allen Kleidern durch graue Färbung von Schnabel, Kopf und Brust mit schwarzem Streifenmuster unverwechselbar, Bauch rostorange, ♀ und 1. W nur etwas matter. **S** Langer, schneller, klingelnder, an Heckenbraunelle erinnernder Gesang, oft langsam beginnend und etwas unrhythmisch; ruft hoch und kurz „zip" und länger „zii". **L** Felshänge Südeuropas, Weinberge. **V** bjz, fast nur in Weinbergen im Südwesten.

1 | Spornammer
♀ PK
♂ PK
1. W
2 | Schnee-
ammer
♀ 1. W
♂ SK
♂ PK
♀ 1. W
♂ SK
3 | Grauammer
4 | Goldammer
♀
♂
5 | Fichtenammer
♀
♂
6 | Zaunammer
♀
♂
7 | Weidenammer
♀
♂ PK
8 | Zippammer
♀ / 1. W
♂

Ammernverwandte

1 | Ortolan 450 G 16 cm

Emberiza hortulana **K** Zwar weit, aber lückenhaft verbreitet. In allen Kleidern durch rosa Schnabel, auffallenden Augenring, gelbes Kinn mit dunklem Kinnstreif und rostorange Bauchfärbung charakterisiert. Beim ♂ Kopf und breites Brustband olivgrau, Unterseite ungestrichelt, beim ♀ und im SK Farben matter, graue Partien dunkel gestrichelt, im 1. W Kopf bräunlicher, Strichelung stärker und auf Flanken ausgedehnt. **S** Besitzt viele Gesangsdialekte, fast alle Strophen aber schwermütig klingelnd mit tieferer zweiter Hälfte, z. B. „zie-zie-zie drü-drü-drü"; ruft „plütt" sowie oft abwechselnd „sie" und „tjüh". **L** Offene Kulturlandschaft, oft Sandboden. **V** bz 5-9, stark abnehmend.

2 | Grauortolan 451 G 15 cm

Emberiza caesia **K** Brütet auf dem südlichen Balkan, wirkt wie ein intensiv gefärbter Ortolan: Kopf und Brust blaugrau, Kehle und Unterseite rostrot, Augenring weiß. ♀ etwas blasser, im 1. W verglichen mit Ortolan Bürzel wärmer rostbraun, Augenring sauberer weiß, Unterflügel weiß mit Rost- statt Gelbton. **S** Gesang ähnlich südlichen Dialekten des Ortolans, weniger wohltönend und mit nur einem langen Schlusselement, z. B. „si si si süüh"; ruft ähnlich Ortolan „dsip" und „djü". **L** Steinige Hänge, meist in Küstennähe. **V** A.

3 | Türkenammer 452 G 16 cm

Emberiza cineracea **K** Vorderasiatische Ammer von unscheinbarer Färbung mit überwiegend grauem Gefieder, grauem Schnabel und gelblichem Augenring sowie viel Weiß auf den Spitzen der äußeren Steuerfedern. **S** Singt ähnlich Ortolan „zizizi züza"; ruft „tsik" und „tschip". **L** Steinige Hänge, in Europa nur auf den griechischen Inseln Lesbos, Chios, Ikaria und Skyros. **V** -.

4 | Kappenammer 453 G 17 cm

Emberiza melanocephala **K** Große südosteuropäische Ammer ohne Weiß im langen Schwanz, ♂ mit schwarzem Kopf, rotbraunem Mantel und komplett gelber Unterseite unverwechselbar. ♀ bedeutend blasser und matter gefärbt, Mantel leicht gestrichelt, im SK und 1. W noch kontrastärmer, Bürzel bräunlich, blass gelbe Unterseite ungestrichelt. Schwesterart der Braunkopfammer, s. dort. **S** Gesang eine kurze, etwas abfallende, an Dorngrasmücke erinnernde Strophe; ruft vielfältig, z. B. „pit", „tschöp", „tschüh". **L** Offene, buschbestandene Landschaften, auch Anbaugebiete Südost-Europas; breitet sich derzeit nach Westen aus. **V** A, ausnahmsweise b.

5 | Braunkopfammer 454 G 16 cm

Emberiza bruniceps **K** Asiatische Art, vertritt die Kappenammer in Mittelasien. Kopf und Brust des ♂ rotbraun, grünlicher Mantel gestrichelt, Bürzel gelb. ♀ und 1. W mit Kappenammer nahezu identisch, manchmal an matt braunem und kaum gestricheltem Scheitel und oft grünlich getöntem Bürzel erkennbar. **S** Wie Kappenammer. **L** Offenes Gelände und Steppen östlich der Unteren Wolga. **V** A bzw. Gefangenschaftsflüchtling.

6 | Rohrammer 455 G 15 cm

Emberiza schoeniclus **K** Häufige Ammer in Feuchtgebieten, nur braun, beige, schwarz und weißlich gefärbt. ♂ im PK durch schwarzen Kopf mit weißem Bartstreif und Halsring unverkennbar, ♀ braun gestreift mit deutlichem hellem Bart- und schwärzlichem Kinnstreif. Kopfmuster im SK und 1. W angedeutet. Mehrere einander sehr ähnliche Unterarten, aber im Süden deutlich dickschnäbeliger, z. B. *reiseri* (Südbalkan) und *tschusii* (Schwarzes Meer). Steht häufig auf Schilfhalmen, fällt am Boden durch das ständige nervöse Schwanzfächern auf. **S** Singt monoton „tsit tsrit tsrit tsrelitt" in Variationen; ruft gedehnt und abfallend „ziiüh" sowie rau „dzü". **L** Schilfflächen, auch andere feuchte Dickichte. **V** BZ 3-10, vereinzelt w.

7 | Zwergammer 456 G 13 cm

Emberiza pusilla **K** Kleinste Ammer, alle Kleider sehr ähnlich: Kopfseiten und Scheitelstreif rostbraun, deutlicher weißlicher Augenring, feine Unterseitenstrichelung. Im Herbst manchmal schwer von weiblicher Rohrammer unterscheidbar, aber nicht bis zum Schnabel (mit geradem statt gebogenem First) reichender Wangen- und Augenstreif, rosa Beine. **S** Gesang kurz, hoch, melodisch, sehr variabel mit an andere Ammern erinnernden Motiven; ruft scharf und kurz „zick". **L** Arktische Weidendickichte. **V** A, oft 5 und 9-10.

8 | Waldammer 457 G 14 cm

Emberiza rustica **K** Nordöstliche Art, im PK durch schwarzweißes Kopfmuster, leberbraunes Brust- und Halsband und ebenso gestreifte Flanken eindeutig gekennzeichnet, ♀ oft kaum blasser. Im 1. W ähnlich Rohr- und Zwergammer, beachte Schnabel mit geradem First und rosa Basis, ungestreift rotbraunen Nacken und Bürzel, weiße Flügelbinden, weißen Fleck auf hinteren Ohrdecken, weißen Bauch, rotbraune Brust- und Flankenstrichel. **S** Singt kurz und schön flötend mit Tonhöhenwechseln, z. B. „dideliö-dideliö didi-didu"; ruft „zick" wie Zwergammer. **L** Feuchte, lichte Wälder. **V** A.

1 | Ortolan
♀
♂
1. W
2 | Grauortolan
♀
♂
3 | Türkenammer
♀
♂
4 | Kappen-
ammer
♀
♂
5 | Braun-
kopfammer
♂
6 | Rohrammer
reiseri
♀ 1. W
♀
♂ PK
♀ PK
7 | Zwerg-
ammer
8 | Waldammer
♀ 1. W
♂ PK

Sehr seltene Singvögel

SEHR SELTENE SINGVÖGEL

Die auf dieser Seite vorgestellten Singvögel brüten alle in Asien in Tundra, Taiga oder Wüste und verfliegen sich besonders im Herbst ausnahmsweise nach Europa.

1 | Bartlaubsänger G 12 cm

Phylloscopus schwarzi **K** Ein kompakter, kurzflügeliger, dickköpfiger Laubsänger mit meisenartig kräftigem Schnabel und relativ dicken fleischfarbenen Beinen, bewegt sich meist heimlich im Unterholz. Überaugenstreif vor dem Auge verwaschen beige, dahinter markant weißlich (bei Dunkellaubsänger umgekehrt), Oberseite olivbraun, Brust und Flanken gelblich beige, Steiß und Unterschwanzdecken ockergelb. **S** Ruft leise, etwas nasal schnalzend „twit" und „tschett". **L** Unterholzreiche sibirische Taiga an Gewässern. **V** A.

2 | Dunkellaubsänger 458 G 11 cm

Phylloscopus fuscatus **K** Gestalt erinnert an Zilpzalp, aber kurzflügeliger, sonst auch mit Bartlaubsänger verwechselbar, doch oberseits düster graubraun, unterseits weißlich, Flanken und Steiß beigebraun (letzterer nicht wie bei Bartlaubsänger gelb), Überaugenstreif vor dem Auge scharf begrenzt weißlich, dahinter meist verwaschener beige (bei Bartlaubsänger umgekehrt), Ohrdecken eher einfarbig (bei Bartlaubsänger mehr gefleckt), schlanke, relativ lange Beine düster rotbraun. **S** Sehr ruffreudig, grasmückenartig schnalzend „teck". **L** Dickicht in Gewässernähe. **V** A.

3 | Tienschan-Laubsänger 459 G 10 cm

Phylloscopus humei **K** Vertritt den fast identisch aussehenden Gelbbrauen-Laubsänger (S. 132) in mittelasiatischen Gebirgen, ist durchschnittlich oberseits etwas gräulicher und matter grün, hat verwaschenere obere Flügelbinde und dunklere Beine und Schnabel. **S** Bestes Unterscheidungsmerkmal zum Gelbbrauen-Laubsänger, ruft zweisilbig abfallend „tsiiü" (statt ansteigend) oder kräftig pfeifend „tsuwit" (tiefer, kürzer). **L** Lichte Gebirgswälder. **V** A.

4 | Wüstengrasmücke 460 G 12 cm

Sylvia nana **K** Kleine sandfarbene Grasmücke, auf Flügeln und Schwanz rostbraun, Iris gelb, Augenring weißlich, Beine hell gelblich. Huscht viel am Boden zwischen lückiger Wüstenvegetation, oft in Gesellschaft von Wüstensteinschmätzer. **S** Ruft zänkisch klirrend „tscherrrr" und abfallend schnurrend; Gesang leise schnarrend einsetzend, dann von hohen Trillern gefolgt. **L** Vegetationsarme Wüsten und Halbwüsten von unterer Wolga bis Mittelasien. **V** A.

5 | Wüstensteinschmätzer 461 G 15 cm

Oenanthe deserti **K** Von allen anderen Steinschmätzern sofort am fast komplett schwarzen Schwanz unterscheidbar, kontrastierend zum beigen Bürzel, ferner an dunklen Unterflügeldecken. ♂ mit bis zum Flügelbug herabreichender schwarzer Kehle und weißlichen Schulterfedern (vgl. Balkansteinschmätzer, S. 154); ♀ insgesamt gräulich und blass, Flügel heller als bei anderen Steinschmätzern. **S** Ruft heiser pfeifend „wüi", warnt rasselnd „tik-tschrr". **L** Mittelasiatische Steppen und Halbwüsten, auch Nordafrika. **V** A.

6 | Rubinkehlchen 462 G 15 cm

Calliope calliope **K** Mit der Nachtigall verwandt, ebenfalls versteckt lebend und dieser sehr ähnlich, aber in allen Kleidern mit dunklem Zügel- und weißem Überaugenstreif sowie ohne Rosttöne im Gefieder. ♂ mit schwarz eingefasster rubinrot schillernder Kehle und weißem Bartstreif, dieses Kopfmuster bei alten ♀ und ♂ im 1. W manchmal angedeutet, sonst aber lediglich Bartstreif und Kehle hellgrau. **S** Ruft pfeifend „piijü" und schnalzend „tschäk"; Gesang melodisch flötend mit Imitationen. **L** Unterholzreiche, feuchte Wälder Sibiriens, erreicht bei Perm am Westural Europa. **V** A.

7 | Petschorapieper G 15 cm

Anthus gustavi **K** Erinnert durch weißliche Mantelstreifen und dunklen Halsseitenfleck an Rotkehlpieper im JK, aber Schirmfedern enden vor Flügelspitze, zwei deutlichere weißliche Flügelbinden, Schnabel kräftiger mit rosa Basis, beige Brust oft stärker vom weißen Bauch abgehoben. **S** Flugruf etwas an Gebirgsstelze erinnernd hart und scharf „zwitt". **L** Tundra und offene, feuchte Taiga, nördlich des Ural europäischen Boden erreichend. **V** A.

8 | Schwarzkehldrossel G 24 cm

Turdus atrogularis **K** Knapp amselgroß, aber kurzschwänziger, oberseits immer bräunlich grau, Bauch und Unterschwanzdecken weiß, Unterflügeldecken rostbraun. ♂ mit schwarzer Kehle und Brust, diese im 1. W und bei ♀ breit dunkel gestreift. **S** Ruft „zii" und „tschack". **L** Offene Taiga, westwärts bis Ural. **V** A.

9 | Rostflügeldrossel G 23 cm

Turdus eunomus **K** Gekennzeichnet durch rostrote Flügel (einschließlich Unterflügel), braun und schwarz gefleckte Oberseite, weißen Überaugenstreif und weißliche Unterseite mit schwärzlichen Pfeilflecken, die oft geschlossenes Brustband bilden. ♀ etwas matter und unsauberer gefärbt. **S** Ruft „quä-wäck" und „giih". **L** Offener Wald. **V** A.

1 | Bartlaubsänger
2 | Dunkellaubsänger
3 | Tienschan-Laubsänger
4 | Wüstengrasmücke
♂ 1. W
5 | Wüstenstein-schmätzer
♂
♀
6 | Rubinkehlchen
♂
7 | Petschorapieper
8 | Schwarzkehldrossel
♀ 1. W
♂
9 | Rostflügeldrossel
♂ 1. W

Das große Vogelstimmen-Archiv der App „KOSMOS PLUS"

STIMMEN ALS BESTIMMUNGSMERKMAL

Zu den auffallendsten Eigenschaften der Vögel, aber auch zu ihren besten Bestimmungsmerkmalen gehören die vielfältigen Lautäußerungen. Für den Vogelbeobachter ist deren Kenntnis nicht nur hilfreich und wichtig, sondern für die Bestimmung oft sogar ausschlaggebend.

Natürlich dauert es sehr lange, bis man die einzelnen Rufe und Gesänge so gut im Ohr hat, dass man sie sofort wiedererkennt. Viel lernt man auf gemeinsamen Wanderungen mit anderen Vogelfreunden. Der beste Weg ist jedoch, sich diese Kenntnis selbst zu erarbeiten. Es ist zwar mühsam, jeder unbekannten Vogelstimme so lange nachzugehen, bis man den Urheber endlich entdeckt und auch an seinem Aussehen bestimmt hat. Aber erfahrungsgemäß bleibt das Erlernte am besten im Gedächtnis haften, wenn es mit einem eigenen „Entdeckererlebnis" verbunden ist.

ARTEN VON LAUTÄUSSERUNGEN

Grundsätzlich unterscheidet man zwischen Gesängen und Rufen. Gesänge dienen der Abgrenzung eines Reviers, dem Anlocken von Weibchen und der Paarbindung. Oft sind sie kompliziert aufgebaut und bestehen aus zu Strophen zusammengefügten Elementen und Motiven. Manchmal handelt es sich auch nur um die Aneinanderreihung von Rufen. Einige Arten sind in der Lage, die Stimmen anderer Vögel oder Geräusche aus ihrer Umgebung perfekt zu imitieren. Bei den meisten Arten singen nur die Männchen, manchmal auch oder nur die Weibchen oder es gibt Duettgesang.

Gesang ist keineswegs nur auf die Singvögel beschränkt. Er kommt auch bei den anderen Vogelordnungen mit exakt derselben Funktion vor. Oft klingen deren Gesänge für unser Ohr sogar angenehmer und musikalischer als diejenigen vieler Singvögel. Zwar sind die Gesänge hauptsächlich vor und während der Brutzeit zu hören, aber auch während des Zuges und sogar im Winter, wo sie der Abgrenzung von Nahrungsrevieren oder der Übung dienen können.

Rufe sind meist einfacher aufgebaut und bestehen aus einem oder wenigen Elementen. Oft haben sie unterschiedliche Funktionen, z. B. Art-, Kontakt-, Alarm-, Fütterungs-, Bettel-, Flug- oder Zugrufe. Bei der Bestimmung sollte man darauf achten, ob die Rufe ein- oder mehrsilbig sind und ob sie ansteigen oder abfallen.

Neben den Stimmlauten verfügen einige Vogelarten auch über sogenannte Instrumentallaute, z. B. das bekannte Schnabelklappern des Weißstorchs oder das Trommeln der Spechte. Auch Federn können im Flug durch Vibration Geräusche erzeugen, z. B. bei Bekassine und Schellente.

Vogelstimmen auf dem Papier darstellen zu wollen, ist ein kaum lösbares Problem. Hinzu kommt, dass jeder Mensch sie subjektiv etwas anders wahrnimmt. Die im Haupttext und in den nachfolgenden Lerntabellen gewählten, oft etwas seltsam aussehenden Buchstabenfolgen ergeben ein der tatsächlichen Stimme nahe kommendes Klangbild, wenn man sie nicht in normaler Sprechstärke, sondern in lautem Flüsterton liest. Dabei klingen z. B. Töne mit den Konsonanten d, g und s weicher als die härteren mit t, k oder z. Die Tonhöhe wird mit Vokalen und Umlauten angedeutet, ansteigend etwa vom tiefen u über o, ö, a, ä, e, ü bis zum höchsten i. Ein Abstand zwischen einzelnen Silben oder Elementen ist nicht vorhanden, wenn sie zusammengeschrieben sind, gering bei einem Bindestrich und groß bei einem Zwischenraum. Verdoppelte Buchstaben beschreiben einen längeren Ton.

DIE TONDATEIEN ZU DIESEM BUCH

Wichtiger Bestandteil dieses Buchs ist die App „KOSMOS PLUS". Sie gewährt Zugang zu den Lautäußerungen von über 460 Vogelarten, darunter alle europäischen Brutvögel, die Durchzügler sowie viele nur ausnahmsweise erscheinende Gäste.

Die Nummerierung der Arten folgt ihrer Behandlung im Hauptteil des Buchs, entspricht also ungefähr der systematischen Reihenfolge. Bei den einzelnen Arten sind die verschiedenen Rufe und Gesänge zu hören, oft von unterschiedlichen Individuen. Meist sind die Aufnahmen sehr lang, damit man sich besser „einhören" kann. Umschreibungen der Lautäußerungen und ihrer Funktion finden sich bei den Artbehandlungen.

ACHTUNG

Durch das Naturschutzgesetz ist es verboten, Vögel mit Klangattrappen anzulocken. Um die Vögel nicht bei der Fortpflanzung zu stören, sollte man besonders während der Brutzeit den Lautsprecher des Mobilgeräts keinesfalls so laut stellen, dass die Vögel ihren arteigenen Gesang hören – auch nicht versehentlich.

Vogelstimmen im Jahresverlauf und nach Lebensräumen erlernen

Die folgenden Seiten sollen das Selbststudium der Stimmen von Vögeln der deutschsprachigen Länder etwas erleichtern. Dieser Kurs wird ebenfalls durch die App unterstützt (siehe Kasten). Insgesamt werden hier die Lautäußerungen von 177 Arten textlich noch einmal ausführlich vorgestellt. Selbstverständlich sind die Bestimmungstabellen aber auch völlig unabhängig von den Tonaufnahmen der App nutzbar.

Der Schwerpunkt dieser Zusammenstellung liegt auf den Singvögeln, die in den Übersichten jeweils an erster Stelle stehen und von denen alle in Deutschland regelmäßig brütenden Arten behandelt sind. Daran schließt sich jeweils eine Auswahl weiterer auffallender Stimmen von Angehörigen anderer Vogelordnungen an, die aber nicht vollständig ist, da die meisten von ihnen oft frei sichtbar und daher auch optisch gut bestimmbar sind. Daher wurden hier hauptsächlich versteckt lebende Arten aufgenommen (z.B. alle Spechte), ferner die überwiegend in der Dunkelheit zu hörenden (z.B. alle Rallen und Eulen).

Das Erlernen von Vogelstimmen wird einfacher, wenn man bereits im Winter mit den wenigen, noch überschaubaren Stimmen beginnt und sich schrittweise mit der Rückkehr weiterer Arten aus dem Winterquartier voran arbeitet, statt erst im Mai zu versuchen, den dann vollständig versammelten Chor des Vogelgezwitschers zu entwirren.

Daher behandelt der Kurs die Arten nicht in systematischer Folge, sondern ist eher pädagogisch aufgebaut. Zudem enthält der Text noch Hinweise auf den typischen Lebensraum, Gesangsstandort und Zeitpunkt der Lautäußerungen.

Die ersten vier Abschnitte behandeln nur die häufigsten Arten, die man oft täglich im eigenen Umfeld am Haus, im Garten, Park oder beim Waldspaziergang hört, und zwar nach Jahreszeiten bzw. ihrem Ankunftszeitpunkt: Im Winter, von März bis Mitte April und von Mitte April bis Juni. Die etwas komplizierter zusammengesetzten und einander häufig ähnlichen Gesänge z. B. der Grasmücken, Laub- und Rohrsänger werden in einem eigenen Abschnitt vorgestellt.

Separat werden anschließend erst die Vogelstimmen der Felder, Wiesen und offenen Landschaft, dann des Berglands und schließlich der oft nachts zu hörenden Arten der Gewässer und Feuchtgebiete vorgestellt. Danach sind die nächtlichen Gesänge und Rufe der Eulen zu hören. Den Schluss bilden einige typische Rufe, die man besonders nachts von ziehenden Vögeln hört.

Einige Amphibienstimmen erinnern durchaus an Vögel und werden oft verwechselt. Daher werden auch sie kurz vorgestellt.

Vogelstimmen in der App „KOSMOS PLUS"
Dieses Buch bietet Ihnen zusätzlich Vogelstimmen-Aufnahmen von 478 Arten, die durch dieses 123 Symbol gekennzeichnet sind (siehe Seite 4).

UND SO GEHT'S:

1. Besuchen Sie im Internet den App Store oder Google Play.
2. Laden Sie die kostenlose App „KOSMOS PLUS" auf Ihr Mobilgerät.
3. Öffnen Sie die App, scrollen zum Cover des Buches „Was fliegt denn da? Das Original", schalten dann die Inhalte mit dem Code **Gimpel** frei und laden sich die Vogelstimmen mit den Begleittexten herunter.
4. Um die einzelnen Arten zu hören, geben Sie in die App einfach die im Hauptteil hinter dem Artnamen stehende dreistellige Zahl ein. Sie können die Aufnahmen auf Ihrem Mobilgerät sowohl nach den Nummern als auch alphabetisch nach Vogelnamen sortieren.

Weitere Informationen finden Sie unter **plus.kosmos.de**

Vogelstimmen im Jahresverlauf in Wald, Park und Garten

1. GESÄNGE UND RUFE IM WINTER

Viele der bei uns überwinternden Arten lassen schon im Winter ihren Gesang ertönen, um bereits ihre Brutreviere zu behaupten oder um ein nur im Winter besetztes Nahrungsrevier abzugrenzen. Von vielen Arten sind jedoch hauptsächlich die typischen, hier gleichfalls aufgeführten Artrufe zu hören. Ihre später einsetzenden Gesänge sind dann in der zweiten Gruppe enthalten. Um diese Zeit ist die Artenzahl noch überschaubar, und wegen der fehlenden Belaubung lassen sich die Urheber unbekannter Stimmen meist leicht entdecken und am Gefieder bestimmen. Es ist also die beste Zeit, um mit dem systematischen Erlernen von Vogelstimmen zu beginnen.

292 Kohlmeise (S. 126): Stimme sehr vielfältig; Gesang individuell unterschiedlich, oft wiederholtes, spitz gepfiffenes, rhythmisches „zizidäh", auch „ti-ta ti-ta" oder „siehdäh"; ruft buchfinkenähnlich hell „ping", oft doppelt, Kontakt- und Alarmrufe auch zeternd, gurrend, schnarrend und ratternd. Eine zwar nicht immer, aber doch sehr oft zutreffende Regel lautet: „Eine unbekannte Vogelstimme in Wald und Park stammt meist von der Kohlmeise".

293 Blaumeise (S. 126): Gesang ein heller, silbriger, abfallender, perlender Triller „ti-ti tjürrr" oder „zizi-sürrrr"; ferner warnend „tjerr err-err" und vielfältige, manchmal an Kohlmeise erinnernde Töne.

297 Sumpfmeise (S. 126): Singt mit Wiederholung gleichartiger, voller Elemente, z. B. klappernd „tjüp-tjüp-tjüp-tjüp" oder eher niesend „pitschi-pitschi-pitschi-pitschi"; ruft explodierend „pitschü" und „tschi-ü"; Wälder, Parks, auch Futterhäuser, nicht nur im „Sumpf".

298 Weidenmeise (S. 126): Singt „tiu-tiu tiu-tiu tiu" oder „tzih-tzih-tzih", auf gleicher Tonhöhe oder abfallend (erinnert an Waldlaubsänger); ruft kennzeichnend nasal gedehnt „dääh dääh" oder scharf eingeleitet „zizi-dää-dää-dääh"; Gesang in den Alpen auf einer Tonhöhe; gern in Weichholzauen an Gewässern, auch in Parks und am Futterhaus, in den Alpen auch trockene Lebensräume.

295 Tannenmeise (S. 126): Gesang hoch und rhythmisch „wietze wietze wietze wietze ..." oder „sitju sitju"; ruft klar „ti-eh"; nur Nadelwald, in manchen Jahren aber starker Zug und dann selbst in Gärten.

296 Haubenmeise (S. 126): Spitz beginnend und brodelnd bis burrend endend „zizi-bürrrrl" oder „gürrrr", tiefer als andere Meisen; nur Nadel- und Mischwald.

303 Schwanzmeise (S. 128): Unbedeutender Gesang leise zwitschernd und stotternd; ruft hoch „sri-sri-sri" und kennzeichnend schnurrend „tserrrr"; meist unterholzreiche Wälder, auch Parks, im Winter gern mit Gebüsch und Bäumen bestandene Gewässerränder.

365 Kleiber (S. 144): Gesang ein Triller sowie ein lautes, menschenähnliches Pfeifen „tiüh-tiüh-tiüh-tiüh", auch schneller „witwitwitwit"; ruft ferner „twit twit" und bei Erregung „wätwätwätwät"; Wälder, Gärten, auch an Futterhäusern.

363 Gartenbaumläufer (S. 144): Kurzer, hoher, etwa 1 Sek. dauernder, holpriger Gesang „tit-tit-titeroit tri-ti"; ruft hoch „tiht" oder etwas tropfend „ti ti titi".

362 Waldbaumläufer (S. 144): Hoher, dünner, etwa 3 Sek. anhaltender, an Blaumeise erinnernder Gesang „titi-tzizerri tsrizirrr"; ruft hoch und dünn „zi".

360 Wintergoldhähnchen (S. 144): Gesang ein sehr feines Wispern, glashell und außerordentlich hoch, in der Tonhöhe auf und ab gehend „sisihsisihsisihsisih"; ruft dünn „sri-sri-sri"; brütet nur in Nadel- oder Mischwald, zur Zugzeit auch andere Lebensräume (vgl. Sommergoldhähnchen, Nr. 049).

387 Rotkehlchen (S. 152): Gesang mit klaren, hohen Tönen beginnend, dann schneller werdend, in Tonhöhe und Geschwindigkeit wechselnd, mit perlenden Trillern, zwar silberhell, aber stellenweise etwas wehmütig (auch ♀ singen im Winter!); ruft schnickernd „tick, tick", warnt hoch und dünn „siih".

372 Zaunkönig (S. 146): Überraschend lauter, klarer, hoher, 5-6 Sek. dauernder Gesang mit schmetternden und leiseren Tönen sowie Schlusstriller, etwa „titi-türrr-lilitütü-türr-lülü-zett-zett-zett-türrrrrrrr-ti"; ruft trocken schmetternd „zr zrrrr" und metallisch kurz „zeck", oft gereiht.

373 Wasseramsel (S. 146): Singt rau schwatzend und trillernd, leise und gepresst zwitschernd; ruft im niedrigen Flug über dem Wasser scharf und durchdringend „zrrz"; nur an Fließgewässern.

419 Gebirgsstelze (S. 160): Gesang metallische Tonfolge; warnt schärfer als Bachstelze „zi-zit" und lang gezogen, durchdringend „sii-iht"; meist an Fließgewässern.

422 Buchfink (S. 162): Ruft kräftig „pink pink", auch rau und tief „rrrüf" („Rülschen" oder „Regenruf"), im Flug leiser „djüb djüb".

425 Gimpel (S. 162): Ruft weich flötend, recht leise und etwas klagend „djüh".

429 Grünfink (S. 164): Ruft rau „dschuit" und „dschüüsch", klingelnd „gigigi".

423 Bergfink (S. 162): Ruft nasal gequetscht „quäg"; meist im Trupp, Wintergast, auch am Futterhaus.

424 Kernbeißer (S. 162): Ruft sehr scharf, kurz und hoch „zck" oder „pix".

430 Erlenzeisig (S. 164): Ruft lang gezogen und hell „dlü-iih" oder „tsilüh", auch mürrisch „krrie" und trocken „ketket"; im Winter meist in Trupps, gerne in Erlen und Birken, auch am Futterhaus.

433 Fichtenkreuzschnabel (S. 164): An Grünfink erinnernder, zwitschernder Finkengesang mit eingestreuten „kip"-Rufen, z. B. „ziri-ziri tschrüt-tschrüt-schri kip-kip-kip trttrt tschiri"; kennzeichnender Ruf metallisch „kipp kipp" oder „glip glip glip", Warnruf tiefer „tück"; meist im Trupp, nur in Nadelwäldern.

283 Eichelhäher (S. 122): Gesang leise zwitschernd, selten zu hören; Ruf bussardartig miauend „hiää" und heiser, gedämpft krächzend oder rätschend „gschägschäh, räätsch".

281 Elster (S. 122): Singt leise pfeifend; ruft rau schackernd „tschak-tschak-tschak" oder „tschakerack" und „piak".

289 Rabenkrähe und **Nebelkrähe** (S. 124): Rufen krächzend und rau „krrah", warnen „krrrr".

290 Saatkrähe (S. 124): Klingt etwas nasaler und heiserer als Raben- und Nebelkrähe; fast immer in großen Trupps.

291 Kolkrabe (S. 124): Klangvoll, tief und laut „korrk", schallend „klong", auch glucksende Laute; wird oft paarweise gesehen.

288 Dohle (S. 124): Ruft hell „kjak", warnt lang gezogen „tschäärr".

270 Buntspecht (S. 118): Ruft hart und kräftig „kick" oder „tix", oft auch in längeren Reihen; ferner das für die meisten Spechte während der Balz typische, von beiden Geschlechtern erzeugte „Trommeln", beim Buntspecht knapp 1 Sek. langer, lauter, schneller Trommelwirbel (durch rasches Schnabelhämmern auf morschem Holz o. ä.).

273 Kleinspecht (S. 118): Ruft schwächer als Buntspecht kurz „kik", singt hell „kikikikikiki", an Turmfalken erinnernd; daneben über 1 Sek. langer, langsamer, schwacher Trommelwirbel, oft in kurzen Abständen wiederholt.

272 Mittelspecht (S. 118): Quäkender und klagender Gesang von 4-10 Tönen „qüää quääg quääk quää quää"; ruft auch ähnlich Buntspecht „kük kük kük", aber oft gereiht, trommelt jedoch nicht; meist in alten Eichenbeständen.

265 Grauspecht (S. 116): Gesang dünner als Grünspecht, eher menschlichem Pfeifen als Lachen ähnlich, deutlich abfallend und zum Ende langsamer werdend, etwas klagend „kjükjükjü-kjü-kjü kjü kjü kjü"; Flugruf „kjück"; Trommelwirbel dauert gut 1 Sek., schwächer als beim Buntspecht.

263 Grünspecht (S. 116): Laut schallend und lachend, zum Ende etwas abfallend und schneller werdend „glüh glüh glü glü-glüglüglü"; Flugruf „kjükjükjück"; trommelt seltener als Grauspecht, aber ähnlich.

266 Schwarzspecht (S. 116): Gesang ein grünspechtartiges Lachen, aber heller, wilder, auf einer Höhe „kwoikwikwikwikwikwikwi";Trommelwirbel sehr laut und weithin hörbar, aber langsam, 2-3 Sek. lang; ruft im Flug schirkend „krikrikrikri" sowie nach der Landung meist lang gezogen und laut „kli-öh".

2. GESÄNGE UND RUFE VON MÄRZ BIS MITTE APRIL

Zu den in Gruppe 1 aufgeführten Gesängen kommen nun weitere hinzu. Von den Sängern der Gruppe 3 sind außerdem bereits Zilpzalp, Mönchsgrasmücke und ab Anfang April Fitis zu hören.

374 Amsel (S. 148): Der schöne Gesang ist ein volles, abwechslungsreiches, lautes, schallendes Flöten, oft etwas traurig oder feierlich klingend, am Ende meist fistelnd und höher zwitschernd, schon im Morgengrauen und meist von erhöhter Singwarte vorgetragen, aber individuell sehr variabel; andere Lautäußerungen sehr vielfältig, ruft u. a. bei Beunruhigung tief „gock", warnt „tschackschak" oder im Abflug zeternd „zrakdrakdakdak", bei Gefahr aus der Luft (Greifvogel) hoch „ziih" und ruft während des nächtlichen Zugs „srri".

375 Singdrossel (S. 148): Ein ebenfalls sehr schöner Gesang aus lauten, kurzen Flötenmotiven verschiedenster Art und schrillen Tönen, trotz großer individueller Variation (von geringem Repertoire bis zur Imitationen einschließenden Meisterschaft) leicht daran zu erkennen, dass die Motive jeweils zwei- bis viermal wiederholt werden, z. B. „tatüh-tatüh-tatüh tüte-tüte diudit-diudit-diudit djackdjacktieh tanja-tanja ..."; ruft kurz „zip" (auch beim nächtlichen Zug), warnt schärfer und durchdringender als Amsel „xixixixixi", am Nest auch „dag-dag".

377 Misteldrossel (S. 148): Gesang amselähnlich, aber kürzere, schnellere Strophen, kein Zwitschern am Ende, insgesamt melancholischer flötend; ruft hölzern schnarrend „zerrrrrr".

378 Wacholderdrossel (S. 148): Plärrend und zwitschernd, eher misstönend und ohne drosseltypische Flötentöne, kurz, meist im Flug oder im Baum umherflatternd vorgetragen; ruft etwas elsterähnlich „schackschackschack" und unrein „giääh".

369 Star (S. 146): Von erhöhter Singwarte vorgetragenes kunterbuntes Geschwätz mit Pfiffen, Knattern und Plappern, schnalzend, zischend, teils unrein, teils klar pfeifend, durchsetzt mit Imitationen anderer Tierstimmen (perfekt z. B. Gesang des Pirols), dazwischen immer wieder abfallend pfeifend „staaar"; ruft u. a. „djürr" und „stää".

407 Haussperling (S. 156): Singt mit recht tonloser Folge einsilbiger Tschilptöne, aus denen auch die Rufe bestehen.

408 Feldsperling (S. 156): Unbedeutender Gesang etwas höher als beim Haussperling; ruft nasal „töjt", ratternd „trretrretrret", im Flug „täckäckäck".

422 Buchfink (S. 162): Schmetternder, kräftiger, kurzer Gesang, etwas abfallend und mit rollendem Schnörkel endend, „tsit-tsittsit-schitschitschitsu-schitsurria" („Es gibt noch viel schönere Mädchen als Rrrrosmarrrie"), regional mit einem angehängten, buntspechtähnlichen „kick".

429 Grünfink (S. 164): Aneinander gereihte Triller verschiedener Höhe und Geschwindigkeit, dazwischen nasal und gequetscht „dschu-i" und „dschääit", manchmal abwechslungsreich mit Imitationen, von Singwarte und in schmetterlingsartigem Flug vorgetragen.

436 Stieglitz (S. 166): Finkengesang mit zwitschernden und rollenden Elementen, dem Grünfink oft ähnlich, aber mit eingestreuten „stigelitt"-Rufen; ruft „stige-lit" oder nur „glitt-glitt"; gerne in Gärten.

437 Bluthänfling (S. 166): An Kanarienvogel erinnernder, zwitschernder, rollender, teilweise flötender, abwechslungsreicher Gesang; Flugruf nasal und knöternd „knet-ett"; Gärten, Waldränder.

439 Birkenzeisig (S. 166): Gesang meist im Flug vorgetragen, aus dem metallischen „tschett-tschett-tschett"-Ruf und trocken schwirrendem „trrrr" zusammengesetzt; ruft auch ähnlich Grünfink „dschui".

405 Heckenbraunelle (S. 156): Etwas quietschender, klingelnder, hoher Gesang in hüpfendem Rhythmus, meist von Baum- oder Buschspitze; ruft etwas gebrochen „siih".

393 Hausrotschwanz (S. 152): Singt abwechselnd hell und dünn „titisri", klappernd „tülltülltüll", „zriwiwi", dazwischen trocken knirschend „chrrrch, krrrrsch"; ruft trocken „vit, vit, teckteck"; auf Hausdächern, oft vor Sonnenaufgang als erste Vogelstimme beginnend.

361 Sommergoldhähnchen (S. 144): Sehr hoch und fein, eine Reihe anschwellender und am Schluss ansteigender Tönchen „si si si-si-sisissih“ (Merksatz: *S*ommergoldhähnchen *s*teigt, *W*intergoldhähnchen *w*ankt); nur in Nadel- oder Mischwald.

234 Türkentaube (S. 106): Hohl und monoton dudelnd, dreisilbig, höher als Ringeltaube „duduuh du, duduuh du, ...“; im Flug heiser und nasal „chräa“; fast immer im menschlichen Siedlungsbereich.

232 Ringeltaube (S. 106): Typische dumpfe, gurrende Taubenstimme, 4-6 rhythmisch vorgetragene, tief und hohl klingende Elemente, etwa „grru-gruuh gru, gru gru“.

170 Waldschnepfe (S. 78): Tief quorrende Laute, gefolgt von hohem, explosivem Ton, etwa „uoort-uooort-uooort pitz“, in der Dämmerung während eines gaukelnden Balzflugs ausgestoßen; feuchte Wälder mit Schneisen und Lichtungen.

3. SÄNGER IM VERBORGENEN

Viele Angehörige der folgenden Familien, früher als „Zweigsänger“ zusammengefasst und sich vorwiegend von Insekten ernährend, tragen besonders schöne Gesänge vor, die meist sehr kennzeichnend sind, sich bei einigen Arten aber stark ähneln. Fast alle Arten leben so versteckt, dass man sie nur schwer beobachten kann und die Stimme oft das beste oder sogar einzige Merkmal ist. Dies gilt besonders für Artenpaare, die sich äußerlich kaum unterscheiden, aber ganz verschieden singen (z. B. Zilpzalp/Fitis, Teichrohrsänger/Sumpfrohrsänger). Daher werden diese Familien hier gesondert vorgestellt. Die meisten Arten sind ab Mitte April zu hören.

GRASMÜCKEN

346 Mönchsgrasmücke (S. 140): Gesang wohltönend, fast amselartig flötend, aber leiser und höher, anfangs leise plaudernd und perlend, dann in lange, klare, laute, manchmal wehmütige oder sich überschlagende Flötentöne übergehend, kürzer als Gartengrasmücke, Ende nicht zwitschernd wie Amsel; ruft hart „teck“ und schnalzend „tett-etetet“; Wälder, Gärten.

347 Gartengrasmücke (S. 140): Gesang wohltönend, ähnlich Mönchsgrasmücke, gleichmäßig mittellaut mit amselartigem Klang, aber Strophen länger, eher plappernd oder plaudernd und ohne lange Flötentöne am Schluss; warnt heiser schnalzend „tscheck-tscheck“; Wälder, Parks mit Unterholz.

349 Klappergrasmücke (S. 140): Kurzer, leiser, unterdrückt plaudernder Vorgesang (oft fehlend), dann laut, schnell, monoton, hölzern klappernd „te-dedededede“ (bei Erregung selten auch sehr hoch „zizizizi“); ruft kurz, gereiht „teck“; Waldränder, Gebüsch, Gärten.

350 Dorngrasmücke (S. 140): Singt oft frei auf Zweigspitze stehend kurz und rau schwatzend oder im häufigen Singflug lauter und länger, etwa im Rhythmus von „Wanderer, wo kommst Du her?“; ruft nasal „wäidwäidwädwäd“ und neuntöterartig „dschäähr“; Gebüsch in offener Landschaft, Wegränder, gerne Dornenhecken.

348 Sperbergrasmücke (S. 140): Gesang ähnlich Gartengrasmücke, aber kürzer und rauer, daher auch an Dorngrasmücke erinnernd, oft mit eingestreutem, ratterndem „trrt-at-atatat“, oft frei sehend oder im Singflug; warnt ratternd „rrrt-t-t-t-t“; Dornenhecken in offener Landschaft, fast nur in Ostdeutschland.

LAUBSÄNGER

319 Zilpzalp (S. 132): Singt einprägsam und eintönig seinen Namen „zilpzalpzilpzalp“, auch stammelnd „dilm delmdilmdelm“, „zipzapzipzap, zapzapzipzap“, manchmal eingestreut leise „trrrt“; ruft fast einsilbig „huit“; Wälder, Gärten, Gebüsch.

318 Fitis (S. 132): Weicher, im Rhythmus fast buchfinkenähnlicher Gesang, aber zart, abfallend, mehr in Moll als in Dur „fitisifitisiwoidsisi“ mit gleich hohen Schlusstönen, auch „diedi di düedüe dea deida“; ruft im Vergleich zum Zilpzalp deutlicher zweisilbig „hu-id“; Wälder, Parks, Gebüsch.

321 Waldlaubsänger (S. 132): Silberhell schwirrender Gesang, bei dem einzelne, sich beschleunigende „zip“-Laute im Crescendo einem Schlussschwirren zueilen; daneben alternativ ein an Intensität zunehmendes, traurig flötendes „düh düh düh düüh“, auch kurze Singflüge; warnt „tüh“ und ruft scharf „zip“; Laubwälder, meist in den Baumkronen verborgen.

322 Berglaubsänger (S. 132): Gesang ähnlich dem Schlusstriller des Waldlaubsängers, aber langsamer, klappernder, an helles Klingeln des Grünfinken erinnernd „djüdjüdjüdjüdjü“; ruft auf beiden Silben betont „tu-it“; Bergwälder, fast nur im Süden.

323 Grünlaubsänger (S. 132): Singt bachstelzen- oder zaunkönigähnlich, hoch, laut, hastig, zum Ende schneller werdend und plötzlich abbrechend; ruft bachstelzenartig scharf „zilit“; unterholzreiche Wälder, oft an Hängen in Mittelgebirgen, trifft erst Ende Mai/Anfang Juni ein, brütet in Deutschland nur ausnahmsweise.

SPÖTTER UND ROHRSÄNGER

340 Gelbspötter (S. 138): Gesang ähnlich Sumpfrohrsänger, aber von hoher Warte und nur tagsüber vorgetragen, sehr abwechslungsreich und voller Imitationen und eiliger Wiederholungen, auch mit eingestreuten kratzenden, knarrenden Tönen, „tet“-Lauten sowie miauendem „giääh“; ruft typisch nasal „dide-roid“, warnt schnalzend „tät tät“; Laubwälder, Parks, Gärten.

341 Orpheusspötter (S. 138): An Gelbspötter erinnernder Gesang, aber schneller, nicht so rau, oft weniger Imitationen, aber dafür immer ein kennzeichnendes, sperlingsartiges Tschilpen enthaltend; ruft charakteristisch schmetternd „trrrt“ und „tschet“; offene Wälder, Parks, Gärten, gern Gestrüpp an Bahndämmen, fast nur in Südwest-Deutschland, breitet sich aber langsam aus.

338 Drosselrohrsänger (S. 136): Sehr laut, kraftvoll, knarrend, hart, metronomartig, zu Beginn froschartig quorrend, dann höher „korr korr karre karre kiet kjik kjih“; warnt laut „krr-rek“; Schilfbestände.

334 Teichrohrsänger (S. 136): Leiser als Drosselrohrsänger, unermüdliche Aneinanderreihung rauer, mittelhoher, schnarrender, oft zwei- bis dreimal taktfest wiederholter Laute, etwa „tiri tiri trü trü trett trett trett zeck zeck“, manchmal mit Imitationen; warnt „teck“ und „schurr“; häufigster Rohrsänger in Schilfbeständen.

335 Sumpfrohrsänger (S. 136): Gesang eher an Gelbspötter (doch von niedrigerer Warte, auch nachts und weniger schneidend gesungen) als an andere Rohrsänger erinnernd, voller meisterhafter Imitationen (oft Rauchschwalbe, Blaumeise, aber auch viele im Winterquartier erlernte afrikanische Arten) und mit regelmäßigen Tempiwechseln, dazwischen aber auch trockenere Töne und ein kennzeichnendes, nasales „tsäbih“; ruft „tjeck“ und rasselnd „tschrrr“; singt auch abseits von Gewässern im Gebüsch.

331 Schilfrohrsänger (S. 134): Ähnlich Teichrohrsänger, aber abwechslungsreicher, schneller, mit Imitationen durchsetzt, oft mit sich beschleunigenden Pfeiftönen und auch im Flug vorgetragen (Merksatz: *Sch*ilfrohrsänger *sch*wungvoll, *T*eichrohrsänger *t*räge); ruft „tseck“ und schnarrend „kerr“; Schilf- und Sumpfgebiete.

332 Seggenrohrsänger (S. 134): Klingt wie ein monotoner Schilfrohrsänger, ohne Schwung, Tempiwechsel und Imitationen, meist nur „err didi“ oder mit wenigen Pfeiftönen „err jüjüjüjüjü tschrr didi“, auch im kurzen Singflug; ruft schmatzend „tjeck“ und trocken „err“; Feuchtwiesen und Seggensümpfe im Osten, sehr selten.

333 Mariskenrohrsänger (S. 134): Ähnlich Teichrohrsänger, doch weicher und durch gelegentlich eingestreute ansteigende, melodische, an entfernten Brachvogel erinnernde Flötentöne wie „lülülüü lüüh“ gekennzeichnet; ruft hart schmatzend „tscheck“ und schnarrend „drr drr“; gern in Binsen innerhalb von Schilfgebieten, nur im Süden außerhalb Deutschlands, z. B. am österreichischen Neusiedlersee.

SCHWIRLE

329 Feldschwirl (S. 134): Heuschreckenartig surrender, monoton auf einer Höhe schwirrender, trockener, minutenlang anhaltender, eher an ein Insekt als an einen Vogel erinnernder Gesang, etwa „sirrrrrrrrrrrrrrrr …“; warnt hart „tsik“; singt auch nachts aus dichter, bodennaher Vegetation oder Gebüsch in meist offenem, oft feuchtem Gelände.

328 Rohrschwirl (S. 134): Gesang dem des Feldschwirls ähnlich, klingt aber etwas tiefer, härter und schneller, oft mit rotkehlchenähnlichem Ticken eingeleitet, etwa „tik tik-tik sörrrrrrrrrrrrrrrr …“; ruft ähnlich Kohlmeise „tsching“; singt häufig nachts, oft auch frei auf Halmen stehend, in größeren Schilfgebieten.

327 Schlagschwirl (S. 134): Monotoner, mechanisch wetzender, etwas nähmaschinenartig klingender Schwirlgesang, bei dem die einzelnen Töne aber deutlich voneinander getrennt sind, etwa „dze dze dze dze dze dze …“; ruft „dirr“ und „tzick tzick“; singt besonders nachts in dichtem, feuchtem Gebüsch, meist an Gewässerrändern, überwiegend in Ostdeutschland.

4. GESÄNGE UND RUFE VON MITTE APRIL BIS JUNI

Ab Mitte April wird der Chor der Vogelstimmen für den Beginner sehr verwirrend, wenn er sich in den vorangegangenen Monaten nicht bereits mit einigen Arten vertraut gemacht hat. Die Stimmen dieser Periode werden noch ergänzt durch die Gesänge der Grasmücken, Laubsänger und Spötter von Gruppe 3, die überwiegend ab April und im Mai eintreffen. Durchzügler rasten und singen oft in untypischen Lebensräumen.

394 Gartenrotschwanz (S. 152): Wehmütiger, kurzer Gesang, meist mit „sieh trüh-trüh" beginnend, sehr variabel und gelegentlich durch kurze Imitationen bereichert; warnt „huid" und „huid tick-tick"; singt schon im Morgengrauen, auch in Gärten.

384 Trauerschnäpper (S. 150): Dem Gartenrotschwanz ähnlich, aber kräftiger, rhythmischer, aus 3-6 Motiven zusammengesetzt, z. B. „sitsüli-tsüli writje-writje-tsilili-tsilili wri"; warnt kurz und scharf „pit"; bewohnt meist Laubwälder.

385 Halsbandschnäpper (S. 150): Lang gezogene, zirpende und quietschende, gepresste Töne, dazwischen hoch „hiiip", ganz anders als Trauerschnäpper und eher an Gartenbaumläufer erinnernd; ruft lang gezogen „hiip" und warnt hart „pick"; fast nur im Süden.

383 Zwergschnäpper (S. 150): Beginn ähnlich Trauerschnäpper oder Waldlaubsänger, Schluss abfallend ähnlich Fitis, aber glockenrein, etwa „tink tink tink eideida eida dü dü dlüh"; ruft sanft und klar „tijü" und weicher als Zaunkönig „trrr"; alte Laubwälder, fast nur im Osten, ab Mai.

382 Grauschnäpper (S. 150): Gesang unbedeutende Aneinanderreihung scharfer, hoher, zirpender Laute, z. B. „zirr, zizzieht, zirt zrt"; ruft scharf „zirrt", warnt „zrrt-tek"; auch an Gebäuden.

390 Nachtigall (S. 152): Schön flötend, laut, seelenvoll, mit großem Tonumfang, vielen verschiedenen Strophen, die durch Wiederholungen manchmal an Singdrossel erinnern, kennzeichnenden zart einsetzenden Crescendotönen, die immer lauter, schneller und schwellender werden; ferner weitere schluchzende und schlagende Elemente; warnt leicht ansteigend „jihp" und tief „karr".

391 Sprosser (S. 152): Gesang demjenigen der Nachtigall ähnlich, aber weniger schmachtend, dafür lauter, tiefer, stoßender, kraftvoller, ohne das typische Crescendo, statt dessen mit tiefer „tschuck-tschuck-tschuck-tschuck ..."-Serie (Nachtigall softie- und Sprosser machoartig); warnt auf gleicher Tonhöhe bleibend „iiiht" und tief „errr"; bewohnt feuchtere Dickichte als Nachtigall, fast nur im Osten.

412 Baumpieper (S. 158): Schmetternder Beginn mit Wiederholung mehrerer Elemente in unterschiedlicher Geschwindigkeit, von Baumspitze oder im Singflug vorgetragen, mit einer abfallenden „zia"-Folge beendet, wobei der Singflug in fallschirmartiges Hinabgleiten übergeht, etwa „djidjidji tjatjatja trritrri trri wi wi wiii zia zia zia zia zia"; ruft etwas rau „psi"; Waldränder und Lichtungen.

432 Girlitz (S. 164): Hastiges, hohes Lied, das etwa wie das Knirschen von Glasscherben oder wie ein ungeölter Kinderwagen klingt, von hoher Singwarte oder im schmetterlingsartigen Balzflug vorgetragen; ruft klirrend „tirrlit" (oder „girrlitz"); gerne in Gärten.

426 Karmingimpel (S. 162): Kurze, laut flötende Strophe, durchaus an Pirolpfiff erinnernd, etwa „wüdje-wüdje-wju", „tü-te-hütja"; ruft ähnlich Grünfink rau „dschuj"; Waldränder, Gebüsch, erst ab Ende Mai; breitet sich langsam von Ostdeutschland nach Westen aus.

274 Pirol (S. 120): Wohltönendes, lautes und volles Flöten, z. B. „didlio, dü-de-lio" (daher auch der Name „Vogel Bülow"); ruft eichelhäherartig krächzend „chrää"; Laubwälder, kommt spät zurück (daher auch „Pfingstvogel" genannt); trotz bunter Färbung perfekt im Kronendach getarnt und kaum zu sehen.

305 Rauchschwalbe (S. 128): Hastiger, angenehm zwitschernder Gesang mit einzelnen rauen, gepressten Tönen („Hab' Nadel und Faden und keinen Zwirrrrn"), auch im Flug; ruft „witwit", bei Alarm schärfer „zi-litt".

304 Mehlschwalbe (S. 128): Der wenig auffällige Gesang ist eine Aneinanderreihung vokalloser, gepresster Silben; ruft im Flug kennzeichnend trocken „prrit“.

249 Mauersegler (S. 112): Äußert im reißenden Flug ein ständig wiederholtes, durchdringend schrilles, lautes „srrii“ und „zrrirr“, oft in Gruppen durch Häuserschluchten jagend.

231 Hohltaube (S. 106): Hohl zweisilbig gurrend „uu-uo, uu-uo, uu-uo …“; meist in alten Laubwäldern und Parks.

233 Turteltaube (S. 106): Rollend „turrr-turrr, turrr-turrr …“; offene Wälder, Parks, Auwälder.

267 Wendehals (S. 116): Sehr eigentümliche, nasal quäkende und etwas weinerlich klingende, eintönige Reihen, etwas an Mittelspecht erinnernd „wähd-wähd-wähd-wähd-wähd …“, manchmal in Duett; Parks, Obstgärten, offene Wälder.

254 Kuckuck (S. 112): Lautes „kuck-uck“ oder „gugug, gugukuck“, oft minutenlang; bei Verfolgungsjagden auch heiser „gug-chä-chä-chrä“; ♀ äußert brodelnden, glucksenden Triller „blublublublublub“; singt auch nachts.

256 Nachtschwalbe (S. 112): Nächtliches, schnurrendes, lang anhaltendes „errrrrrörrrrrr“, dazu manchmal knallende Flügelgeräusche und lauteres „fiörr fiörr“; nur nachts an Waldrändern, über Lichtungen, Heiden und Mooren, selten.

Vogelstimmen besonderer Lebensräume

5. VOGELSTIMMEN DER FELDER, WIESEN UND OFFENEN LANDSCHAFT

Sofern sich hier Gebüsch- oder Baumgruppen befinden, kommen natürlich noch weitere Arten aus den vorhergehenden Gruppen hinzu. Von den Sängern aus Gruppe 3 sind für diesen Lebensraum ferner Dorn- (056) und Sperbergrasmücke (057), Sumpfrohrsänger (067) und Feldschwirl (071) typisch. Daneben sind hier einige Arten aufgenommen, die an Gewässerrändern leben, zu denen aus der Gruppe 7 auch das oft tagsüber singende Blaukehlchen (138) sowie in feuchten Wiesen Kiebitz (150), Großer Brachvogel (152) und Bekassine (153) hinzukommen.

309 Feldlerche (S. 130): Der bekannte Gesang ist ein ununterbrochenes Tirilieren und Jubilieren, anfangs vom Boden, später hoch aus der Luft, schon im Morgengrauen beginnend, manchmal mit Imitationen anderer Vogelstimmen durchsetzt (gerne von Watvögeln wie Rotschenkel und Flussregenpfeifer); ruft trocken „trrülüt“ und „bürrt“.

310 Heidelerche (S. 130): Weicher, melodischer, oft aus der Luft vorgetragener Gesang mit sich beschleunigenden, häufig abfallenden Flötentönen, z. B. „lih-lili-lullula“, auch nachts; ruft flötend „dlüi-dlüii“ und „düdlüi“; außer auf Heiden z. B. auch auf Waldlichtungen.

311 Haubenlerche (S. 130): Typischer, tirilierender Lerchengesang, oft mit geraden Pfeiftönen durchsetzt, von Warte oder im Flug vorgetragen; Ruf oft eine Kombination aus Triller und Flötenton, etwa „türrü-plüih“; auch auf offenen Grünanlagen und Plätzen in Städten.

411 Wiesenpieper (S. 158): Eine Folge schneller, scharfer Töne, oft im kurzen Singflug, z. B. „tsip tsip tsip tsip tsü tsü tsü zrr zrr sjü sjü sjü sjü tsirrr“; ruft hoch „isst-isst“.

416 Brachpieper (S. 158): Gesang ein einfaches, im wellenförmigen Flug vorgetragenes „tsürr-li, tsürr-li, …“; ruft sperlingsähnlich tschilpend „tschilip“; selten, erst ab Mai.

446 Goldammer (S. 168): Gesang am Schluss mit gedehntem Ton abfallend „si-si-si-si-sisi süüür“ („Ach-wie-hab-ich-Dich-so liiiieb“), meist von Leitungen und anderen Singwarten; ruft „zick“ und „dzühr“.

445 Grauammer (S. 168): Einfacher Gesang, eine Folge kurzer, scharfer Töne, gefolgt von an Schlüsselbund erinnerndem Klingeln, „zik zik zikzik zrrrrs“; ruft tief und hart „ztick“.

455 Rohrammer (S. 170): Monotoner, stotternd beginnender Gesang mit kurzem Schlussschwirren, etwa „zit zit zit zirirr“ oder „srip srip srip-srip-sirrä“; ruft „ziü“ und rauer „tschü“; mit Schilf bestandene Gräben, Röhricht, feuchte Wiesen.

450 Ortolan (S. 170): Gesang erinnert etwas an eine traurige Goldammer und hat viele lokale Dialekte, meist mit höheren Silben beginnend und mit tieferen endend, z. B. „tri tri tri tri drö drö drö"; ruft meist abwechselnd „sii" und „tiu", ziehend auch „plett"; selten, ab Mai, gern auf sandigen Böden.

447 Zaunammer (S. 168): Gesang ein einfaches, monotones Klingeln, Schwirren oder Klappern von 1 Sek. Dauer in verschiedenen Tonhöhen; ruft „zii", „trü", „zit"; selten, in Deutschland fast nur in Weinbergen im Südwesten.

418 Bachstelze (S. 160): Aus dem Artruf „zi-lit" zusammengesetzter, zwitschernder Gesang; brütet auch in Ortschaften.

421 Wiesenschafstelze (S. 160): Gesang eine kurze Aneinanderreihung rauer Rufe, z. B. „psi sri tsürrl srit"; ruft „psi"; feuchte Wiesen.

301 Beutelmeise (S. 128): Einfacher, leiser, hoher Gesang aus klingelnden Trillern und hellen Lockrufen zusammengesetzt; ruft sehr hoch und abfallend „siiiiu", als würde die Luft herausgelassen; ab April, in Bäumen und höherer Vegetation an Gewässerrändern.

302 Bartmeise (S. 128): Singt unauffällig und unrein z. B. „dsching-dschrrü"; kennzeichnender Ruf nasal-metallisch „dsching", wie wenn ein Kieselstein auf eine Eisfläche geworfen wird; nur in größeren Schilfgebieten, auch im Winter.

307 Uferschwalbe (S. 128): Ruft kurz, trocken und rau „tschrr", auch gereiht; brütet in Kolonien in Steilufern und Sandgruben.

395 Braunkehlchen (S. 154): Gesang kurze Folge rauer, gepresster und flötender Töne, auch Imitationen, von niedriger Singwarte aus vorgetragen; warnt „tek" und „jü tek"; feuchte Wiesen, Brachflächen, ab April, auch nachts zu hören.

396 Schwarzkehlchen (S. 154): Singt mit kürzeren Strophen und monotoner als Braunkehlchen; warnt „track" und „jit-track-track"; bewohnt Wiesen und Brachflächen.

398 Steinschmätzer (S. 154): Gesang eine harte, etwas schmatzende Strophe mit knirschenden Tönen und hohem „hiit", von Warte oder im kurzen Singflug; warnt hart „tschak" und hoch „hiit"; meist in steinigem Gelände.

275 Neuntöter (S. 120): Leiser, abwechslungsreich plaudernder Gesang mit vielen Nachahmungen, dazwischen auch die typischen Artrufe; ruft nasal gedehnt „wäähw" und etwas schmatzend „schackschackschack"; in Gebüsch und Hecken, erst ab Mai.

279 Raubwürger (S. 120): Gesang variabel, aber immer aus wenigen, regelmäßig zusammengesetzten Elementen bestehend; vielfältige Rufe, oft lang gezogen „wäääch" und trillernd „prrre"; singt auch im Winter.

276 Rotkopfwürger (S. 120): Plaudernder, lauter Gesang, oft mit Wiederholungen und Imitationen; warnt „dschärr" und „tschä-tschätschä"; extrem selten, früher in Südwest-Deutschland.

050 Rebhuhn (S. 44): Scharf knarrend, zweisilbig „kirrr-reck"; beim Auffliegen mit burrendem Flügelgeräusch „pick pick pit"; auch nachts zu hören.

053 Jagdfasan (S. 44): Laut krächzend „goook-gock", gefolgt von durch Flügelschlagen erzeugtem, leiserem „brrrt"; beim Auffliegen Flügellärm und lautes „böck böck-böck".

051 Wachtel (S. 44): Flüssiges, lautes, ständig wiederholtes, dreisilbiges „pick-perwick" („Bück-den-Rück"); ab Mai, besonders abends, auch nachts.

146 Wachtelkönig (S. 72): Ständig monoton wiederholtes, hölzernes „rrrrp-rrrrp, rrrrp-rrrrp, rrrrp-rrrrp", besonders nachts; ab Mai in Wiesen, manchmal Feldern.

6. VOGELSTIMMEN IM GEBIRGE

Hier sind nur die typischen Vögel der Alpen sowie der Hochlagen einiger Mittelgebirge aufgeführt. Viele Arten niedrigerer Lagen und der Ebene steigen in den Bergwäldern aber bis zur Baumgrenze und teilweise höher hinauf. Ein typischer Laubsänger (Gruppe 3) dieses Lebensraums ist der Berglaubsänger (061).

379 Ringdrossel (S. 148): Gesang vom Aufbau her durch Wiederholungen ähnlich Singdrossel, durch melancholischen Klang mehr wie Misteldrossel, z. B. „drü drü drü, tjü tjü tjü dagagag tschiri tschiri"; ruft sehr hart „tack tack tack"; bewohnt den Bereich der Baumgrenze, auch in einigen höheren Mittelgebirgen.

404 Alpenbraunelle (S. 156): Gesang erinnert entfernt an das Tirilieren der Feldlerche und ist im Vergleich zur Heckenbraunelle langsamer und weniger hell, mit tiefen, harten Trillern; ruft rollend „drrür", „dscheb" und „tüje"; lebt oberhalb der Baumgrenze auf Matten mit Felsbrocken.

414 Bergpieper (S. 158): Gesang dem des Wiesenpiepers ähnlich, doch meist länger und im Flug vorgetragen; ruft scharf, etwas gedehnter und heiserer als Wiesenpieper „wiist"; auf feuchten Wiesen oberhalb der Baumgrenze.

406 Schneesperling (S. 156): Im gleitenden Balzflug oder im Stehen vorgetragener, stotternd zwitschernder, ammerähnlicher Gesang; ruft „qüää", „pschiü"; Felsen, oft bei Bergstationen.

431 Zitronenzeisig (S. 164): Kurze, klirrende Strophen, die an Girlitz und etwas an Stieglitz erinnern, teilweise im schmetterlingsartigen Balzflug vorgetragen, dazwischen „pipipit"; ruft klingelnd „dididi" und etwas nasal ansteigend „djai"; Nadelwälder mit Bergwiesen.

286 Alpendohle (S. 122): Vielfältige pfeifende bis schwatzende Rufe, z. B. rollend „krüh", durchdringend „tzzzieh", schneidend bis klirrend „tschirrl", „pyrr"; oft um Gipfel kreisend oder bei Berghütten. In der Schweiz kommt im Wallis auch noch die seltene **Alpenkrähe** (S. 122) vor, die schneidend „kjaach" ruft.

284 Tannenhäher (S. 122): Ruft hölzern krähend, manchmal schnell wiederholt „krräh, krraahkraahkraah", schnarrend wie ein altes Uhrwerk und nicht so rätschend wie Eichelhäher; im Nadelwald.

364 Mauerläufer (S. 144): Gesang nur selten zu hören, besteht aus an- und absteigenden Pfeiftönen, daneben kurzes, gepresstes Zwitschern und Trillern.

449 Zippammer (S. 168): Gesang rhythmisch zwitschernd, recht hoch, langsam beginnend „zip zlip, zizirrip zilip zilip"; ruft kurz „zi" und lang gezogen „zihp"; meist an steilen, steinigen Hängen, aber bei uns kein eigentlicher Gebirgsvogel, sondern fast nur in Weinbergen im Südwesten.

381 Steinrötel (S. 150): Singt von einer Warte oder im Singflug mit gespreiztem Schwanz laut und amselartig flötend, auch etwas an Pirol erinnernd, oft mit abfallendem Triller beginnend und mit gepresstem Zwitschern durchsetzt; ruft laut und hell „djüit" sowie härter „dü deck-deck"; ab Anfang Mai sehr selten auf steinigen Bergwiesen und Geröllhängen.

308 Felsenschwalbe (S. 128): Ruft „plih" und kurz „prrt"; Brutplatz eigentlich Felshöhlen, lokal aber an Gebäuden.

251 Alpensegler (S. 112): Kennzeichnender langer, bibbernder Triller; brütet an Felswänden, in Deutschland aber in einigen Städten Baden-Württembergs.

268 Dreizehenspecht (S. 118): Ruf klingt wie beim Buntspecht „kick", oft etwas weicher, mehr „gjük"; trommelt etwas länger, aber langsamer als Buntspecht; alte Wälder, besonders Nadelbäume.

269 Weißrückenspecht (S. 118): Einsilbige, harte Rufe, leiser, tiefer und weicher als bei Buntspecht „gjöck"; Trommelwirbel etwa 2 Sek. lang und sich beschleunigend; ältere Laubbestände.

247 Sperlingskauz (S. 110): Singt in der Dämmerung gimpelähnlich flötend „djüb djüb …", im Herbst ansteigende Tonfolge „tjat tjet tjüt tji tjjt"; ♀ ruft hoch „hiiiss"; alte, offene Wälder, Lichtungen.

058 Birkhuhn (S. 46): Eigentümlich hohles, weithin hörbares Kollern und Burren der ♂ am Gruppenbalzplatz, lauter als Tauben, aber klangverwandt, aus der Nähe Fauchen; ♀ ruft „gock gock-gockgock-görr"; im Morgengrauen an der Baumgrenze oder in Mooren.

059 Auerhuhn (S. 46): Gesang eine Abfolge von sich beschleunigenden, hölzern klappernden, schluckenden und wetzenden Geräuschen; meist morgens in ruhigen Bergwäldern.

060 Haselhuhn (S. 46): Sehr hoch, dünn, an ein Goldhähnchen erinnernd „ziuhi-tsitsitsitsitsitzerizieh"; ♀ warnt sprudelnd „gügügügügügü-güg"; Nadel-, Laub- und Mischwälder, gerne feucht, auch in einigen Mittelgebirgen.

057 Alpenschneehuhn (S. 46): Hölzern „aarrr arrrr", manchmal auch im abwärts führenden Gleitflug; oberhalb der Baumgrenze, oft bei Schneefeldern.

046 Steinhuhn (S. 44): Singt wetzend „tschatzi-bitz, schatzi-bi", dazwischen kleiberähnlich „wit-wit-wit"; im Flug „pitschi"; Steinhalden oberhalb der Baumgrenze, sehr selten.

7. NÄCHTLICHE VOGELSTIMMEN IM SUMPF, SCHILF UND AM SEE

Die hier vorgestellten Stimmen sind etwa von April bis Juni in der Dämmerung und nachts zu hören. Ihre Kenntnis ist besonders wichtig, da man die dazugehörigen Vogelarten wegen der Dunkelheit nicht sehen kann, viele von ihnen aber auch tagsüber völlig versteckt in der Vegetation leben. Hinzu kommen von den in Gruppe 3 behandelten Arten die auch nachts singenden Schwirle und Rohrsänger. Je nach Lebensraum lassen sich mitunter auch Nachtigall (079) oder Sprosser (080), Ziegenmelker (092) und Kuckuck (091) aus Gruppe 4 und Braunkehlchen (Gruppe 5, 108) vernehmen, in wenigen Mooren auch das Birkhuhn (Gruppe 6, 133).

388 Blaukehlchen (S. 152): Endlos perlender, heller Gesang, durchsetzt mit guten Imitationen anderer Stimmen (kann mit Sumpfrohrsänger verwechselt werden!), beginnt oft mit kennzeichnenden, sich beschleunigenden Glockentönen, etwa „tri tri tri ting-tingting"; ruft „track" und „hiit tschakschak"; schon ab Ende März.

063 Haubentaucher (S. 48): Verschiedene, vom Wasser her erklingende Laute, z. B. gackernd „kek-kek-kek", bauchrednerisch „quorr", schnarrend „arrrr"; Jungvögel betteln „billibillibillibilli".

062 Zwergtaucher (S. 48): Balzt mit hohem, bibberndem Triller „bibibibibi", auch im Duett; ruft im Winter oft nur „bi-billibip" und „bibip"; vom Wasser oder aus der Ufervegetation.

086 Rohrdommel (S. 54): Lautes, tiefes, dumpfes, weit zu hörendes „uh-pruumb", wie der beim Blasen über eine leere Flasche entstehende Ton, aus der Ferne nur kuhähnliches „uuhb" vernehmlich; Flugruf heiser bellend „kau"; in größeren Schilfgebieten.

087 Zwergdommel (S. 54): Balzt im Abstand von 2 Sek. dumpf tropfend „wrö wrö wrö wrö wrö …"; ruft bei Alarm „kekeke", auch kurz „kä, kä"; ab Mai, auch an kleineren, vegetationsreichen Teichen, selten.

088 Nachtreiher (S. 54): Vom fliegenden Vogel ein froschähnliches, lautes „kwack"; sehr selten.

093 Graureiher (S. 56): Heiser krächzend „krääk" und „chrä".

008 Graugans (S. 32): Ruft gackernd und nasal trompetend wie Hausgans.

023 Stockente (S. 36): Die von Hausenten her bekannten Rufe, z. B. „rhääb rhääb", auch in abfallender Reihe.

027 Krickente (S. 36): ♂ ruft hell „krick", „krück", ♀ tiefer „kwä".

026 Knäkente (S. 36): ♂ balzt hölzern knarrend „krrrrrk, knärrrrk", nicht regelmäßig und rhythmisch wiederholt, ♀ gackert leise.

022 Pfeifente (S. 36): Hoch pfeifend und laut „wih-wiu" oder nur „wiu".

152 Kiebitz (S. 74): Die meisten Rufe klingen wie der Artname, teils schneidig, teils jämmerlich hervorgebracht „kie-wit"; bei der Flugbalz gereiht „kie-wit, kju-wit-wit-witt", dazu wummerndes Flügelgeräusch.

157 Flussregenpfeifer (S. 76): Ruft „tiu", „pio" und „tititi-tiu", bei der Balz oft schnell gereiht und mit rauem „chrächrächrä" durchsetzt.

163 Brachvogel (S. 78): Ein sich zu einem brodelnden Triller beschleunigendes, lautes und volles Flöten; ruft außerdem flötend „kurli" und „klui".

167 Bekassine (S. 78): Bei der Balz in der Luft ein wummerndes oder meckerndes Geräusch, das durch die beim Hinabstürzen vom Luftzug in Vibration versetzten, abgespreizten äußeren Steuerfedern erzeugt wird (daher früher „Himmelsziege" genannt); singt am Boden wie ein Uhrwerk „tike tike tike tike …"; ruft auffliegend heiser „ätsch".

239 Sumpfohreule (S. 108): Singt dumpf und relativ leise „dudududududu“, dazwischen Flügelklatschen; ruft „gekekek“ und gedämpft kläffend „chriääh“; selten.

136 Kranich (S. 70): Während der Balz trompetend und sehr laut „kruh“, bei Paaren auch im Duett; Bruchwälder, hauptsächlich im Osten und Norden.

138 Teichhuhn (S. 70): Explodierend „kürrk“ und „kjürrük“, hart „keck keck“, während der Balz auch im Flug „kreck kreck kreck ...“; daneben viele teilweise merkwürdig klingende Rufe; vegetationsreiche Gewässer aller Art und meist sehr heimlich, an Parkgewässern aber oft recht vertraut.

139 Blässhuhn (S. 70): Ruft bei nächtlichen Flugrunden zur Balzzeit nasal trompetend „päau“; sonst auf dem Wasser fast gackernd „köck köck“, hoch, scharf und explodierend „pix“, bellend „pöck“, „kau“ und „köw“; Jungvögel betteln rau, ansteigend „frrjieh“; Gewässer aller Art, oft in Trupps.

142 Wasserralle (S. 72): Umfangreiches Stimmrepertoire, z. B. ganzjährig plötzliche, ferkelartig quiekende Töne „grruieh grruit grri grii“, bauchrednerisch blähende und knurrende Laute wie „uuugh, würrrg“; ♂ balzt mit langer, rhythmischer, monoton hämmernder Reihe „köpp köpp köpp köpp ...“; unverpaartes ♀ balzt kürzer „tik tik tjürrr“, im Flug nur „tjürrrrl“; Ufervegetation verschiedenster Art.

143 Tüpfelsumpfhuhn (S. 72): Scharf peitschend in meist langen Reihen in unterschiedlicher Geschwindigkeit „quitt, quitt, quitt ...“; Verlandungszonen, Seggenbestände, überschwemmte Wiesen, ab April.

144 Kleinsumpfhuhn (S. 72): ♂ balzt mit sich zum Schluss beschleunigender und abfallender Reihe etwas quakender Laute „quek quek quek-quek-quek-quäg-uäguäguägägäg“; größere Schilfbestände, fast nur Osten und Südosten, selten, ab April.

145 Zwergsumpfhuhn (S. 72): ♂ singt hölzern schnarrend, nicht sehr laut, auf einer Tonhöhe oder etwas schwankend alle 2-3 Sek. „errrrrrr errrrrr trrrrrr ...“ von etwa 2-3 Sek. Dauer (Verwechslungsgefahr u. a. Wasserfrosch, Knäkente); Seggenbestände, überschwemmte Wiesen, sehr selten, meist erst ab Mai.

146 Wachtelkönig (S. 72): Laut, hölzern und rhythmisch in endloser Folge „rrrp-rrrp rrrp-rrrp rrrp-rrrp ...“, wie wenn man mit einem Streichholz über einen Kamm streicht; ausgedehnte Wiesenflächen, meist feucht, gelegentlich auch Getreidefelder, ab Anfang Mai.

8. EULEN

Bei vielen Eulen setzt die nächtliche Balz bereits im Winter ein und dauert bis in das Frühjahr. Während des übrigen Jahres sind ihre Rufe eher selten zu hören, bei einigen Arten aber die Bettelrufe der Jungvögel im Ästlingsstadium. Man sollte ihnen dann nicht zu nahe kommen, da die Altvögel sehr aggressiv reagieren können.

236 Schleiereule (S. 108): Fauchende und schnarchende, heisere Laute, auch von den Jungvögeln; fast ganzjährig zu hören, auch in Ortschaften und im Flug.

242 Waldkauz (S. 110): ♂ singt „huuh, hu-huhuuh“ in Variationen; ♀ ruft „kju-wick“; daneben verschiedene andere Rufe; Jungvögel betteln „psiiib“; Wälder, Parks.

238 Waldohreule (S. 108): ♂ singt im Abstand von 3 Sek. tief „huu, huu, huu“; ♀ ruft nasal „wääääh“; bei Flugbalz auch Flügelklatschen; Warnruf „kwäk-kwäw“; gedehnte Bettelrufe der Ästlinge und Fauchen im Nest; Wälder, Parks.

240 Uhu (S. 108): ♂ ruft seinen Namen „u-hu“, ♀ antwortet etwas höher; warnt „kwä-kwä-kwä“; alte Wälder, Felsen, auch Gebäude.

246 Steinkauz (S. 110): ♂ singt ansteigend „guuhg“; verschiedene scharfe Warn- und Artrufe; offenes Gelände mit Bäumen und Ställen.

245 Raufußkauz (S. 110): ♂ singt leicht ansteigend und sich beschleunigend „pu pu pupu pupupüpü“; ruft schnalzend „zjuck“; Jungvögel betteln kurz „ksi“; alte Nadel- und Mischwälder, besonders im Bergland.

247 Sperlingskauz (S. 110): ♂ singt im Frühjahr gimpelähnlich flötend „hjüd", manchmal schnell gereiht; ♀ ruft lang, hoch und dünn „psiii"; Herbstgesang tonleiterartig ansteigend; offene alte Wälder, dämmerungsaktiv.

239 Sumpfohreule (S. 108): ♂ balzt dumpf gereiht „dudududududududu"; Flugbalz mit Flügelklatschen; Alarmruf „tschiäff"; offenes, feuchtes Gelände, sehr selten.

237 Zwergohreule (S. 108): Singt „tjü" oder „tjuuk" in langen Folgen, auch im Duett; offene Landschaft mit Bäumen in Südeuropa, sehr selten April bis August in Süddeutschland.

243 Habichtskauz (S. 110): ♂ balzt entweder erst ansteigend, dann abfallend „pu pu pu pu pu pu pu pu" oder siebensilbig „wuhu, wuhu uwuhu"; nur Böhmerwald.

9. STIMMEN NÄCHTLICH ZIEHENDER VÖGEL

Viele Vogelarten ziehen nachts und lassen dabei ihre charakteristischen Rufe hören. Sie sind meist mit den in den Bestimmungstexten beschriebenen Rufen identisch. Vor allem im Herbst ist an der Küste und auf den Inseln während guter Zugnächte ein vielfältiges Stimmengewirr zu hören, neben den Singvögeln meist besonders laut die im Buch auf S. 72-86 beschriebenen Rufe der Watvögel. Doch auch im Binnenland lassen sich besonders von August bis Oktober über den hell erleuchteten Großstädten einige auffallende Rufe vernehmen. Nachfolgend sind die häufigsten und charakteristischsten Stimmen zusammengestellt.

463 Singdrossel (S. 148): Kurz und scharf „zip".

464 Rotdrossel (S. 148): Hoch und lang gezogen „ziih" (ohne Schackern dazwischen).

465 Feldlerche (S. 130): Flüssig rollend „djürrlü" (auch tagsüber).

466 Flussuferläufer (S. 84): Hoch und scharf „hididi" (meist Juli/August).

467 Waldwasserläufer (S. 80): Jodelnd „djüdelü", „tljuit-wit-wit-wit".

468 Grünschenkel (S. 80): Hart flötend zwei- bis fünfsilbig „kjükjükjü".

469 Brachvogel (S. 78): Voll flötend „kürlüh, tlaüh".

470 Alpenstrandläufer (S. 86): Trocken schwirrend „tirrr, drrrd".

471 Goldregenpfeifer (S. 74): Traurig flötend „diüh".

472 Wachtel (S. 44): Flüssig „pick-perwick" (meist Frühsommer), seltener auch „gääh-wä".

473 Graureiher (S. 56): Krächzend „kraark, chräk".

474 Pfeifente (S. 36): Laut pfeifend „wiu".

475 Graugans (S. 32): Wie Hausgans gackernd „ga gagaga".

476 Saatgans (S. 32): Nasal trompetend „ahng"; weniger ruffreudig als andere Gänse.

477 Blässgans (S. 32): Ruft durchschnittlich höher als andere Gänse, dazwischen hell „kjü-jü".

478 Kranich (S. 70): Laut trompetend „kruh", meist in Trupps im Chor; dazwischen im Herbst manchmal das leisere Fiepen der Jungvögel.

10. ÄHNLICHE AMPHIBIENSTIMMEN

Manche Amphibienstimmen erinnern sehr an Lautäußerungen von Vögeln. Der glockenhelle Ruf der **Geburtshelferkröte** (**479**) und das tiefere Flöten von **Rotbauchunke** (**480**) und Gelbbauchunke sind manchmal schwer von der Zwergohreule zu unterscheiden. Das nur selten zu hörende Knurren des **Grasfroschs** (**481**) wird gern mit dem Gesang des Zwergsumpfhuhns verwechselt, ebenso das auch dem Wachtelkönig ähnliche lautere Schnarren der **Kreuzkröte** (**482**). Weiche Triller der **Wechselkröte** (**483**) werden gelegentlich dem Brachvogel oder Triel zugeschrieben. Sogar das Geckern des **Laubfroschs** (**484**) kann verwechselt werden, z. B. mit dem krächzenden Ruf der Blauracke.

Welches Ei ist das?

Kein Ei gleicht dem anderen

Auf den folgenden drei Tafeln werden beispielhaft Eier in Mitteleuropa heimischer Vogelarten in natürlicher Größe gezeigt. Normalerweise bekommt man Vogeleier nicht zu Gesicht, und findet man dennoch einmal ein Nest mit Gelege, muss man sich sofort zurückziehen, um den Bruterfolg nicht zu gefährden. Das Sammeln von Eiern ist durch das Naturschutzgesetz ohnehin untersagt.

Oft findet man taube Eier bei der herbstlichen Reinigung von Nistkästen. Typische Eier solcher Höhlenbrüter sind auf der ersten Tafel dargestellt. Die Eier auf der zweiten Tafel stammen von frei in Bäumen, Büschen oder am Boden brütenden häufigen Arten. Zur Brutzeit entdeckt man sie gelegentlich als leere halbe Eischalen, die von den Eltern nach dem Schlüpfen der Küken aus dem Nest getragen wurden. Schließlich präsentiert die dritte Tafel typische Eier von Arten, die nicht zur Ordnung der Sperlingsvögel gehören.

Grundsätzlich lässt sich fast jedes Vogelei anhand von Größe, Form, Grundfärbung und Musterung auf Artniveau bestimmen. Innerhalb einer Vogelart ist die Variation hingegen meist gering, obwohl auch hier, abgesehen von ungemusterten Eiern, kein Ei dem anderen völlig gleicht.

Kohlmeise (S. 126)

Blaumeise (S. 126)

Sumpfmeise (S. 126)

Gartenbaumläufer (S. 144)

Kleiber (S. 144)

Rauchschwalbe (S. 128)

Mehlschwalbe (S. 128)

Hausrotschwanz (S. 152)

Gartenrotschwanz (S. 152)

Haussperling (S. 156)

Grauschnäpper (S. 150)

Bachstelze (S. 160)

Star (S. 146)

Wasseramsel (S. 146)

Mauersegler (S. 112)

Dohle (S. 124)

Buchfink (S. 162) | Grünfink (S. 164) | Bluthänfling (S. 166) | Stieglitz (S. 166) | Heckenbraunelle (S. 156)

Klappergrasmücke (S. 140) | Gelbspötter (S. 138) | Sumpfrohrsänger (S. 136) | Teichrohrsänger (S. 136)

Zilpzalp (S. 132) | Fitis (S. 132) | Waldlaubsänger (S. 132) | Wintergoldhähnchen (S. 144) | Zaunkönig (S. 146) | Rotkehlchen (S. 152)

Nachtigall (S. 152) | Neuntöter (S. 120) | Braunkehlchen (S. 154) | Goldammer (S. 168) | Feldlerche (S. 130)

Singdrossel (S. 148) | Amsel (S. 148) | Baumpieper (S. 158) | Wiesenpieper (S. 158)

Pirol (S. 120) | Eichelhäher (S. 122) | Elster (S. 122) | Rabenkrähe (S. 124)

Rebhuhn (S. 44)

Kiebitz (S. 74)

Lachmöwe (S. 96)

Flussregenpfeifer (S. 76)

Jagdfasan (S. 44)

Mäusebussard (S. 62)

Sperber (S. 62)

Teichhuhn (S. 70)

Turmfalke (S. 68)

Wer sich intensiver mit der Vogelbeobachtung beschäftigen möchte, dem steht eine kaum überschaubare Medienauswahl zur Verfügung. Daher seien hier einige Titel besonders empfohlen.

ZUM WEITERLESEN

Barthel, P. H., & T. Krüger (2019): Liste der Vögel Deutschlands. Version 3.2. Deutsche Ornithologen-Gesellschaft, Radolfzell.
Regelmäßig aktualisierte offizielle deutsche Artenliste, zum Download unter www.do-g.de.

Dougalis, P. (2025): Mit den Augen eines Vogelzeichners. Kosmos, Stuttgart.
Erfahrungen des Zeichners dieses Buchs.

Hume, R., R. Still, A. Swash & H. Harrop (2023): Die Vögel Europas. Kosmos, Stuttgart.
Umfassendes Bestimmungsbuch auf Fotobasis mit hervorragenden Bildern fast aller Kleider.

Kihl, L.(2021): Handbuch Vögel beobachten. Kosmos, Stuttgart.
Allgemeine Einführung in die Vogelbeobachtung.

Mebs, T., & W. Scherzinger (2020): Die Eulen Europas. 3. Aufl. Kosmos, Stuttgart.
Umfassende Darstellung der Biologie dieser beliebten Vogelordnung, gut illustriert und verständlich geschrieben.

Mischitz, V. (2019): Birding für Ahnungslose. Kosmos, Stuttgart.
Amüsante, lehrreiche Einführung in Vogelbeobachtung und -bestimmung in Form eines Comics.

Moning, C., & C. Wagner & F. Weiß (2012, 2015, 2013): Vögel beobachten in Süddeutschland/Norddeutschland/Ostdeutschland. 3 Bde. Kosmos, Stuttgart.
Drei nach Regionen getrennte Bücher mit ausführlicher Vorstellung interessanter Beobachtungsgebiete samt Karten und Artenlisten.

Schmidt-Rothmund, D., W. Nachtigall & T. Mebs (2021): Die Greifvögel Europas, Nordafrikas und Vorderasiens. 3. Aufl. Kosmos, Stuttgart.
Schön illustriertes Buch mit ausführlichen Texten über die Lebensweise der Greifvögel und Falken.

Svensson, L., K. Mullarney & D. Zetterström (2023): Der Kosmos Vogelführer. 3. Aufl. Kosmos, Stuttgart.
Bestes und umfassendstes, mit hervorragenden Zeichnungen illustriertes Bestimmungsbuch für die Vögel der Westpaläarktis.

VÖGEL AUF DVD

Bergmann, H.-H., & W. Engländer (2019): Die Kosmos-Vogelstimmen-Edition. Kosmos, Stuttgart.
Auswahl von 220 Vogelarten auf 2 DVDs, die während des Singens schnabelsynchron im Film auf dem Bildschirm betrachtet werden können und daher das Erlernen ihrer Stimmen und Kennzeichen erleichtern.

NÜTZLICHE ADRESSEN

Mit Vogelschutz und Vogelbeobachtung beschäftigt sich auch der Naturschutzbund Deutschland, von dem es fast überall Kreis- und Ortsgruppen gibt. Deren Anschriften finden sich im Internet oder bei der Bundesgeschäftsstelle (NABU, Charitéstr. 3, D-10117 Berlin; www.nabu.de).
In der Schweiz hilft der Schweizer Vogelschutz (SVS/BirdLife Schweiz, Wiedingstr. 78, CH-8036 Zürich; www.birdlife.ch).
In Österreich arbeitet die Gesellschaft für Vogelkunde (BirdLife Österreich – Gesellschaft für Vogelkunde, Diefenbachgasse 35/1/6, A-1150 Wien; www.birdlife.at).
Ferner gibt es in vielen Regionen und Städten vogelkundliche Arbeitsgemeinschaften, zu denen man Kontakt suchen kann. Anschriften der einzelnen Landesverbände und Anregungen zur Mitarbeit erhält man auch über den Dachverband Deutscher Avifaunisten (DDA), An den Speichern 2, D-48157 Münster; www.dda-web.de).

VOGELWARTEN

Wenn man einen zu wissenschaftlichen Zwecken beringten Vogel findet, sollte der Ring zusammen mit den genauen Funddaten an die nächste Vogelwarte geschickt werden, ebenso Ablesedaten farbig markierter Vögel.
Für Norddeutschland ist dies das Institut für Vogelforschung „Vogelwarte Helgoland" (An der Vogelwarte 21, D-26386 Wilhelmshaven; www.ifv-vogelwarte.de), für Ostdeutschland die Beringungszentrale Hiddensee (Beringungszentrale Hiddensee, Landesamt für Umwelt-, Naturschutz und Geologie Mecklenburg-Vorpommern, Goldberger Str. 12, D-18273 Güstrow; www.beringungszentrale-hiddensee.de), für Süddeutschland die Vogelwarte Radolfzell (D-78315 Radolfzell; www.ab.mpg.de/beringungszentrale).
Für Österreich ist die Österreichische Vogelwarte (Savoyenstraße 1a, A-1160 Wien; www.vetmeduni.ac.at/de/klivv/oesterreichische-vogelwarte) zuständig und für die Schweiz die Vogelwarte Sempach (Schweizerische Vogelwarte, CH 6204 Sempach; www.vogelwarte.ch).

Register der Vogelnamen

Die Zahlen verweisen auf die Textseiten des Hauptteils. Wissenschaftliche Namen sind kursiv gedruckt

Register der Vogelnamen

Register der Vogelnamen

Register der Vogelnamen

Aktualisierte deutsche Vogelnamen

Mehr entdecken, mehr verstehen

DAS KOSMOS VERSPRECHEN

Expertenwissen seit 1822

Welches Thema dich auch begeistert – auf unsere Expertise kannst du dich verlassen. Und das schon seit über 200 Jahren.

Unser Anspruch ist es, dich mit wertvollem Rat zu begleiten, dich zu inspirieren und deinen Horizont zu erweitern.

BEGEISTERUNG DURCH KOMPETENZ

WISSEN, DAS DICH WEITERBRINGT

SACHVERSTAND, DEN MAN SEHEN KANN

QUALITÄT FÜR HEUTE UND MORGEN

Du hast noch Fragen oder Anregungen?
Dann schreibe uns: kosmos.de/servicecenter

Impressum
Mit 1775 Vogelzeichnungen von Paschalis Dougalis/KOSMOS, 54 Eierzeichnungen von Walter Söllner und 445 Verbreitungskarten von Tanja Barthel.

Mit 478 Vogelstimmen und 6 Amphibienstimmen von Jean C. Roché und 620 Dateien mit Illustrationen von Paschalis Dougalis/KOSMOS auf der App „KOSMOS PLUS".

Umschlaggestaltung von Gramisci Editorial Design (Isabelle Fischer), München, nach einem Gestaltungskonzept der Peter Schmidt Group GmbH, Hamburg, unter Verwendung dreier Zeichnungen: Gimpel (Vorderseite) und Austernfischer (Rückseite). Alle Illustrationen, auch die Säbelschnäbler auf S. 2/3, sind von Paschalis Dougalis/KOSMOS.

Unser gesamtes Programm finden Sie unter **kosmos.de**
Über Neuigkeiten informieren Sie regelmäßig unsere Newsletter, einfach anmelden unter **kosmos.de/newsletter**

Gedruckt auf chlorfrei gebleichtem Papier

FSC www.fsc.org MIX Papier | Fördert gute Waldnutzung FSC® C015829

36. Auflage

Pfizerstraße 5–7, 70184 Stuttgart
kosmos.de/servicecenter

ISBN: 978-3-440-18319-9
Projektleitung: Stefanie Tommes
Gesamtkonzept und Grundlayout: Limicola Verlag, Christine Barthel, Einbeck
Lektorat und Satz: Barbara Kiesewetter
Produktion: Markus Schärtlein
Druck und Bindung: Printer Trento
Printed in Europe / Imprimé en Europe

KLEIDERFOLGE AM BEISPIEL AUSGEWÄHLTER VOGELARTEN

Silbermöwe (S. 98)

Steinadler (S. 60)

Alpenstrandläufer (S. 86)

Amsel (S. 148)